飞行综合控制
Integrated Flight Control

南京航空航天大学　杨一栋　主编
南京航空航天大学　王新华　龚华军　副主编

国防工业出版社
·北京·

内 容 简 介

飞行综合控制是以飞行控制系统为核心,将多个机载子系统进行综合,完成多种飞行控制功能,进而达到总体优化的目的。它是飞行控制系统发展的一个重要飞跃。本书系统地论述了飞机的随控布局与主动控制技术,飞行/推力综合控制,仅控制推力的飞行控制,综合火力/飞行控制,H_∞优化综合控制,实现精确着舰的飞行综合控制、推力矢量控制以及现代飞行管理系统。

本书写作宗旨是突出物理实质,详述设计方法,面向工程实际,力求与国际先进技术接轨。

本书可作为导航、制导与控制相关学科的专业教材,也可供从事相关学科的科研与工程人员参考。

图书在版编目(CIP)数据

飞行综合控制/杨一栋主编 . —北京:国防工业
出版社,2015. 2
ISBN 978-7-118-09863-1

Ⅰ.①飞… Ⅱ.①杨… Ⅲ.①飞行控制系统 Ⅳ.
①V249

中国版本图书馆 CIP 数据核字(2015)第 012475 号

※

国防工业出版社出版发行
(北京市海淀区紫竹院南路23号 邮政编码100048)
三河市腾飞印务有限公司印刷
新华书店经售
*
开本787×1092 1/16 印张17¼ 字数394千字
2015 年 2 月第 1 版第 1 次印刷 印数1—3000 册 定价 48. 00 元

(本书如有印装错误,我社负责调换)

国防书店:(010)88540777   发行邮购:(010)88540776
发行传真:(010)88540755   发行业务:(010)88540717

前　　言

飞行综合控制系统(Integrated Flight Control System)是飞行控制系统发展的一个重要飞跃。它是将自动飞行控制系统与其他多种机载系统综合而形成的控制系统,从而在复杂环境下完成多种飞行任务,实现多种控制功能,达到总体优化的目的。随着飞机性能的不断提高,要求实现的功能越来越多,系统变得越来越复杂,从而要求系统设计人员把多种分系统综合起来,实施统一有效的控制与管理。系统的综合包括三个方面:①功能的综合,即多种功能的协调与配合;②结构的综合,即在布局上的统一设计,使其形成一个整体;③信息的综合,以利资源共享,避免信息源的重复。根据综合化程度的不同,出现了多种形式的飞行综合控制系统,但它们的共同特点是,均以飞行控制为核心或通过飞行控制这一主要途径对系统进行综合。例如综合火力/飞行控制系统,将机载火力控制系统与自动飞行控制系统综合在一起,控制飞机自动地完成对目标的拦截和攻击;又如综合飞行/推力控制系统,将飞行控制与发动机推力控制相综合,以增强飞行轨迹控制能力;又如当前的飞行管理系统,将导航、推力等分系统与飞行控制综合,使飞机自动地实现最佳飞行性能和最佳预定轨迹,以最小的运行成本完成飞行任务。

由于飞机主动控制与综合控制有着密切的联系,因此本书设立第1章,首先阐述飞机的随控布局与主动控制技术。对其中的放宽静稳定性、直接力控制、机动增强与阵风减缓、飞机机动载荷及结构模态等控制技术,均有较详细的论述。作者还创新性地提出飞机中性稳定这一特殊模态,以提高飞机快速反应的能力。

第2章,论述飞行/推力综合控制,对保持速度恒定和迎角恒定这两种主要的飞行/推力综合控制进行了详细分析和对比。

第3章,讲述仅控制推力大小的飞行控制技术,当飞机发生气动控制面故障、舵面损坏或卡死时使飞行员只需对发动机推力大小进行调节,即可实现飞机应急轨迹控制,它是当前民用飞机实行安全飞行的重要途径。

第4章,研究综合火力/飞行控制。论述武器自动攻击、投放,以实现对目标的高精度瞄准攻击的目的。其主要内容有空—空射击作战模态、空—地射击作战模态、空—地轰炸作战模态,以及机动轰炸模态。研究了各模态的工作机理、设计方法及工程实现途径。

第5章,讲述基于LMI的H_∞飞行综合控制技术。提供了多输入多输出飞行综合控制系统的现代控制方法,详述了H_∞综合控制优化设计原理、设计方法及应用实例。

第6章,研究精确着舰导引的综合控制技术,讲述在航空母舰的恶劣着舰环境下,如何运用综合控制策略,提高着舰精度。它对飞行控制中的精确制导有普遍意义。

第7章,论述具有推力矢量控制的综合控制技术。将推力矢量控制与气动舵面控制进行综合,以有效地提高轨迹制导性能。

第8章,讲述飞行管理系统,它集导航、制导与控制于一体,将飞机自动控制推向一个崭新阶段。这对实现民用飞机的导航管理、三维与四维轨迹制导具有重要的意义。

　　本教材虽定位为飞行控制学科的专业教材，但由于现代飞行控制系统几乎全走向综合化，因此本书作者在写作时倾注精力，力求使该书不失为飞行控制界工程技术人员的实用技术参考文献。所以在写作时遵循了如下原则：一是总结过去，展望未来，尽力使内容新颖，与国际接轨。二是十分重视物理概念的陈述，以此为基础展开公式的推导，说明来龙去脉，减少阅读中的"台阶"，以便自学。三是重视工程实际应用与开发，书中列出的众多实例与仿真验证其目的是使内容具有可实现性和可信性。

　　本书的出版得益于近二十年来多种国防科研项目的资助，以及教学实践的经历。十分感谢作者的众多研究生的辛勤劳动，由于他们的支持才能写就此书。感谢南京航空航天大学将该书作为教学成果推荐出版。

　　由于本书是初版，又由于作者水平所限，书中定有谬误与不足，敬请读者批评指正，在此不胜感激。

杨一栋

2014 年 9 月

目　　录

第1章 飞机的主动控制技术

1.1 随控布局与主动控制技术

随控布局(Control Configured Vehicle Technology,CCV)是20世纪60年代以后提出的一种新的飞机设计策略,它要求在设计的初期阶段对飞机外形进行气动布局和操纵面配置时就充分考虑飞行控制技术对提高飞机性能所起的作用,以改变过去传统的做法,即先对气动布局、飞机结构、发动机、飞行控制进行分别设计,然后再进行协调的方法。因此CCV技术实际上是一种充分运用飞行控制技术进行飞机气动布局的设计技术。

为实现CCV所需的飞行控制技术称为主动控制技术(Active Control Technique,ACT)。因此,可以这样认为:随控布局飞机即运用主动控制技术的飞机。

由于CCV飞机在常规操纵面的基础上,增加了一些新的操纵面(图1.1),附加了鸭翼、襟翼、背鳍、腹鳍、扰流片及其他小舵面。这种多控制面的采用能使飞机气动布局达到最佳,可产生各种新的飞行模式。

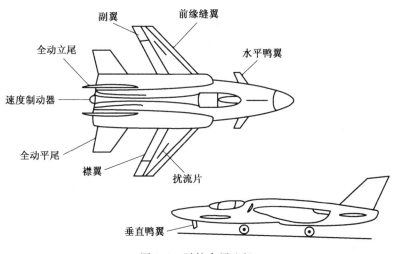

图1.1 随控布局飞机

随控布局及主动控制技术是在解决传统飞机设计无法解决的矛盾时逐步发展起来的。

1949年出现的第一架具有阻尼增稳系统的飞机,用电子反馈的控制方式改善了飞机的运动阻尼与稳定性,成为主动控制的雏形。由于当时电子系统可靠性不如机械系统,因此只允许电子增稳的舵面偏转权限在$1° \sim 6°$,它限制了由电子反馈主动改变飞机性能的能力。人们期待的全时、全权限的控制增稳系统是在20世纪70年代后,由于数字化技术、电子可靠性技术特别是具有故障—安全余度技术成熟后才实现的。

传统的飞机设计为获得稳定性应用较大的平尾与立尾,增加了重量。为保证机动能力需增加发动机的推力,以增加推/重比,这样又导致重量的再增加,并导致阻力与油耗的增加。因此仅就气动、结构及发动机三者已难以综合出一架机动性与稳定性相兼备的飞机。CCV 及其主动控制技术正是力求解决飞机稳定性与机动性之间的设计矛盾。主动控制的作用包括改善飞机的气动特性及改善飞机的结构特性两大方面。

　　在改善气动特性方面主要有:放宽静稳定性(RSS);直接力控制(DLC);机动增强与阵风缓和;机体外形管理;飞行包线防护与应急管理。

　　在改善结构特性方面有:载荷缓解;结构模态控制,包括乘坐品质控制、结构疲劳控制、主动颤振抑制。

　　20 世纪 70 年代至 20 世纪 80 年代是验证 CCV 飞机主动控制技术的兴盛时期。表1.1 列出了采用主动控制技术的部分飞机及验证项目。

1.2　放宽静稳定(Relaxed Static Stability,RSS)

1.2.1　放宽静稳定的途径及收益

　　放宽纵向静稳定是指把飞机的气动中心(焦点 F)向前移,可与飞机重心重合甚至移向重心前面,从而使自然飞机相应成为欠稳定、中性稳定及静不稳定。也就是放宽了自然飞机静稳定性的要求。静不稳定的飞机一般采用减少平尾或鸭式布局来实现,依赖于电子反馈驱动安定面或升降舵,构成全时全权限的控制增稳系统实现飞机的静稳定。放宽后的静不稳定飞机其气动特点是,纵向配平的后部尾翼给出的是正升力(图1.2)。由于减少了安定

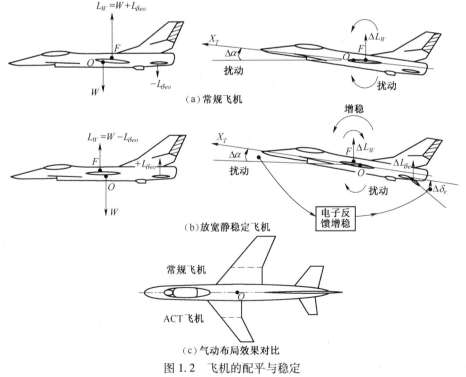

图 1.2　飞机的配平与稳定

面积,减小了配平阻力与重量,增加了燃油效率,其效益十分显著。例如美国波音公司对航程为3200km、200座双发运输机采用了RSS后,水平安定面比常规飞机减小了45%。由于机翼前移108cm,巡航配平阻力降低。洛克希德的L-1011飞机采用RSS后,阻力下降了2%,耗油下降2%。A320采用RSS后省油2.5%。"协和"飞机在亚音速不稳定段升阻比提高10%。F-16飞机当重心位置由25%C_A移到38%C_A时,在9000m高度最大推力下转弯速度增加0.75°/s($Ma=0.9$)~1.1°/s($Ma=1.2$),Ma从0.9增加到1.6其加速时间减少1.8s。Ma为0.8、0.9和1.2时的过载系数分别提高0.2g、0.4g和0.6g。升阻比在亚音速时提高8%,超音速时提高15%。大型轰炸机B-52采用RSS后,试验机平尾面积从84m²降到46m²,减小了45%。对波音运输机,由于RSS航程增大了417km。

1.2.2 放宽静稳定性飞机的静稳定度

飞机的纵向静稳定性用静稳定度 $C_{m_{C_L}}$ 来表示:

$$C_{m_{C_L}} = \overline{X}_G - \overline{X}_F \tag{1.1}$$

式中,$\overline{X}_G = X_G/C_A$,表示飞机重心在平均气动弦上的相对位置;$\overline{X}_F = X_F/C_A$,表示全机焦点在平均气动弦上的相对位置。C_A 为平均气动弦长。如图1.3所示。焦点F是当迎角变化$\Delta\alpha$时,所产生的升力增量ΔL的作用点,$\Delta\alpha$变化对焦点的力矩不变,故焦点是升力增量作用点。亚音速飞行时,二维翼的$\overline{X}_F = 1/4$,超音速时($Ma > 1.5$),二维翼的$\overline{X}_F = 1/2$。超音速飞机一定要经过跨音速,为了减小阻力,并使焦点从亚音速位置有规律单调地移至超音速位置,一般采用薄机翼、小展弦比、大后掠角、三角翼。

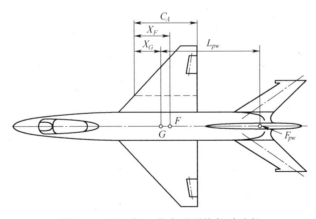

图1.3　飞机重心、焦点及平均气动弦长

$C_{m_{C_L}} < 0$时飞机静稳定;$C_{m_{C_L}} = 0$时飞机中性稳定;$C_{m_{C_L}} > 0$时飞机静不稳定。常规飞机为兼顾一定的自然稳定性与操纵性,对纵向静稳定度应有适度要求,一般亚音速时战斗机最佳$C_{m_{C_L}} = -(3~5)\%C_A$,重型轰炸机与运输机$C_{m_{C_L}}$不小于10%$C_A$。图1.4为一般飞机与放宽静稳定飞机焦点随$Ma$数移动所引起的影响。对于常规飞机如图1.4(a)所示,气动焦点总是在重心之后,升力所构成的低头力矩M_L和由平尾上偏形成的向下升力L_φ所构成的抬头力矩M_{pw}平衡。当作超音速飞行时,由于焦点显著后移,稳定度可增

3

表 1.1 采用主动控制技术的部分飞机

飞机（年代）	国家	余度数	型式	备用型式	主动控制功能	状态	故障等级
F-4 20世纪70年代初	美	4	模拟	直接电气连接	FBW 综合整制合整制	研究	双故障安全
CCVF-4 20世纪70年代中	美	4	模拟		1. 直接力控制 2. 机动载荷控制 3. 放宽静稳定性 4. 机动增强	研究	双故障安全
YF-12	美	3	模拟	电气	1. 机动载荷控制 2. 阵风减缓 3. 颤振抑制 4. 综合飞行/推力控制	双故障安全	双故障安全
F-8C 20世纪70年代末	美	3	数字	模拟	1. 放宽静稳定性 2. 机动增强 3. 阵风减缓 4. 自适应控制	研究	双故障安全
F-16 20世纪70~80年代	美	4	模拟	无	1. 放宽静稳定性 2. 自动迎角限制 3. 机内自检	生产	双故障安全
YF-16 20世纪70年代	美	4	模拟	无	1. 放宽静稳定性 2. 机动增强 3. 直接力控制 4. 阵风减缓 5. 飞行包线检测	研究	双故障安全
AFTI/F-16 CCV 美	美	3	数字	模拟	1. 放宽静稳定性 2. 直接力控制 3. 机动增强 4. 综合飞行/火力控制	研究	双故障安全
F-18 20世纪70年代末~80年代	美	4	数字	机械	可控制主飞行操纵面及前后缘襟翼和后轮	生产	双故障安全
美洲虎 20世纪70~80年代	英	4	数字	无	1. 放宽静稳定性 2. 采用光耦合数据传输	研究	双故障安全
F-104C CCV 20世纪70~80年代	德	4	数字	机械	1. 放宽静稳定性 2. 直接力控制	研究	
狂风 20世纪70年代	英德意	3	模拟	机械	具有与控制增稳系统相结合的双重自动驾驶仪/飞行者导仪	生产	双故障安全
纪影4000 20世纪70年代末	法		模拟	无	1. 放宽静稳定性 2. 自动变弯度	生产	双故障安全
T-2 20世纪80年代	日	3	数字		1. 控制增稳 2. 机动载荷控制 3. 直接力控制 4. 放宽静稳定性		双故障安全

4

加 3 ~ 4 倍,例如某机亚音速时 $C_{m_{C_L}} = -0.065$,$Ma = 1.6$ 时,$C_{m_{C_L}} = -0.26$。此时平尾必须提供很大的配平抬头力矩。从而导致平尾面积增加,平尾配平角增加,当飞机在升限上飞时,平尾配平角几乎到极限位置,减小了机动飞行时的平尾所需的偏角。又由于尾翼偏角增大,导致尾翼承载增大,它的结构重量也增加。另外机翼升力除了平衡重量以外,另需克服尾翼的向下升力,因而可用法向力减小,影响飞机机动能力。为了增加机动性,必须增加迎角,此时诱导阻力骤增,显著减小了升阻比。

采用放宽静稳定飞机如图 1.4(b) 所示,亚音速时设计成静不稳定(例如 $C_{m_{C_L}} = 0.1$),超音速时为静稳定(例如 $C_{m_{C_L}} = -0.05$)。亚音速时,机翼升力形成抬头力矩,此时配平平尾的升力与机翼升力相加,从而使全机升力增加。此时为克服飞机重量所需机翼升力减小,迎角减小,故增加了升阻比。到达超音速时,如图 1.4(c) 所示,由于放宽静稳定飞机的重心比常规飞机靠后,因此正稳定裕度较小,此时配平平尾面积及重量均可减小。故超音速状态仍具有优良的升阻比。

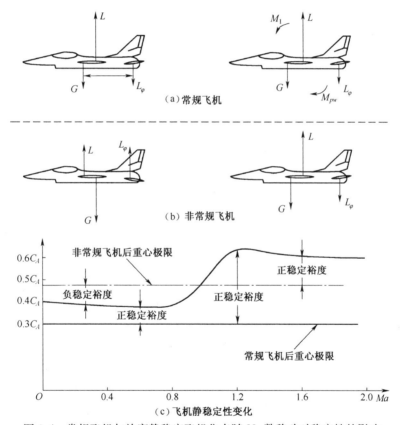

图 1.4 常规飞机与放宽静稳定飞机焦点随 Ma 数移动对稳定性的影响

1.2.3 放宽静稳定飞机的升阻比

为定量比较放宽静稳定飞机与常规飞机的升阻比,应首先列出飞机配平时的升力与阻力,此时纵向力矩处于平衡状态。以力矩系数表示:

$$C_m = C_{m_o} + C_{m_\alpha}\alpha + C_{m_\varphi}\varphi = 0 \tag{1.2}$$

5

式中，C_{m_o} 为平尾偏角 $\varphi = 0°$，迎角 $\alpha = 0°$ 时纵向力矩系数。由上式可得

$$\varphi = \frac{-1}{C_{m_\varphi}}(C_{m_o} + C_{m_\alpha}\alpha) \tag{1.3}$$

由于

$$C_{m_\varphi} = -\frac{L_{pw}}{C_A}C_{L_\varphi} = -\bar{L}_{pw}C_{L_\varphi} \tag{1.4}$$

式中，L_{pw} 为平尾气动焦点 F_{pw} 至飞机重心的距离；$\bar{L}_{pw}$ 为相对尾翼力臂。而纵向静稳定导数：

$$C_{m_\alpha} = \left(\frac{X_G}{C_A} - \frac{X_F}{C_A}\right)C_{L_\alpha} = (\bar{X}_G - \bar{X}_F)C_{L_\alpha} \tag{1.5}$$

将式(1.4)及式(1.5)代入式(1.3)可得

$$\varphi = \frac{1}{\bar{L}_{pw}C_{m_\varphi}}[C_{m_o} + (\bar{X}_G - \bar{X}_F)C_{m_\alpha}\alpha] \tag{1.6}$$

因全机升力系数 C_L 为

$$C_L = C_{L_\alpha}\alpha + C_{L_\varphi}\varphi \tag{1.7}$$

式中，C_{L_α} 为 $\varphi = 0$ 时的升力气动导数；C_{L_φ} 为平尾升力气动导数。将式(1.6)代入上式，得

$$C_L = \frac{C_{m_o}}{\bar{L}_{pw}} + \left[1 + \frac{1}{\bar{L}_{pw}}(\bar{X}_G - \bar{X}_F)\right]C_{L_\alpha}\alpha \tag{1.8}$$

上式对迎角 α 求导，可得出配平时升力导数：

$$\frac{\mathrm{d}C_L}{\mathrm{d}\alpha} = \left[1 + \frac{1}{\bar{L}_{pw}}(\bar{X}_G - \bar{X}_F)\right]C_{L_\alpha} \tag{1.9}$$

上式表明，静稳定时，$\bar{X}_G - \bar{X}_F < 0$，故 $\frac{\mathrm{d}C_L}{\mathrm{d}\alpha} < C_{L_\alpha}$，所以为了得到相同的升力时，配平迎角将增大。放宽静稳定后，由于 $\bar{X}_G - \bar{X}_F > 0$，故 $\frac{\mathrm{d}C_L}{\mathrm{d}\alpha} > C_{L_\alpha}$。此时获得相同的升力时，配平迎角可减小。

由于静稳定飞机与静不稳定飞机配平迎角的区别，从而导致了配平时的诱导阻力的差别。特别是采用小展弦比、大后掠角机翼或三角机翼时，这种升阻比的差别随迎角的增加更为明显。由于升力增加，阻力减小，因此运用静不稳定飞机更有利于作大机动过载飞行，可使机动过载提高30%。图1.5为不同飞机的 $C_L(\alpha)$ 曲线及升阻比曲线。

1.2.4 放宽静稳定对气动导数的影响

1. 对纵向气动导数的影响

(1) C_{L_α} ——迎角的升力气动导数。

若只移动飞机的重心位置，对该系数无影响。

(2) C_{m_α} ——静稳定力矩气动导数。

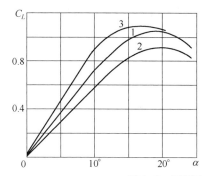 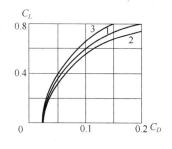

图 1.5 不同飞机的升阻比曲线

1—$\varphi = 0°$,未配平时升力系数 $C_y(\alpha)$ 及升阻比;

2—静稳定飞机配平时 $C_y(\alpha)$ 及升阻比;3—静不稳定飞机 $C_y(\alpha)$ 及升阻比。

$$C_{m_\alpha} = C_{L_\alpha} \cdot C_{m_{C_L}} = C_{L_\alpha}(\overline{X}_G - \overline{X}_F) \tag{1.10}$$

由上式可知,飞机的静稳定性取决于重心与焦点的相对位置。$\overline{X}_G - \overline{X}_F < 0$ 为静稳定,$\overline{X}_G - \overline{X}_F = 0$ 为中性稳定,$\overline{X}_G - \overline{X}_F > 0$ 为静不稳定。

(3) $C_{m_{\delta_e}}$——由升降舵生成的纵向力矩导数。

$$C_{m_{\delta_e}} = - C_{L_{\delta_e}} \frac{L_{pw}}{C_A} \tag{1.11}$$

式中,$C_{L_{\delta_e}}$ 为平尾对升降舵偏角的升力导数;L_{pw} 为平尾气动焦点至重心距离。若重心后移,则由于 L_{pw} 的减小而导致 $| C_{m_{\delta_e}} |$ 的减小。

(4) C_{m_q}——机翼、机身与尾翼共同产生的阻尼力矩导数。

C_{m_q} 中以平尾所产生的阻尼导数 $C_{m_{q_{pw}}}$ 为主。而

$$C_{m_{q_{pw}}} = - 2C_{L_{\alpha_{pw}}} \frac{S_{pw}}{S} (\overline{X}_{F_{pw}} - \overline{X}_G)^2 \sqrt{K} \tag{1.12}$$

式中,$C_{L_{\alpha_{pw}}}$ 为迎角引起的平尾升力气动导数;S_{pw} 为平尾面积;K 为气流阻滞系数。由式 (1.12)可知,若 RSS 引起重心后移,则 $C_{m_{q_{pw}}}$ 随 $(\overline{X}_{F_{pw}} - \overline{X}_G)^2$ 而减小。

(5) $C_{m_{\dot\alpha}}$——下洗流形成的纵向力矩导数。

$C_{m_{\dot\alpha}}$ 是由于迎角变化,引起下洗角变化,形成的附加平尾力矩:

$$C_{m_{\dot\alpha}} = - 2C_{L_{\alpha_{pw}}} \frac{\partial \varepsilon}{\partial \alpha} \frac{S_{pw}}{S} \left(\frac{L_{pw}}{C_A}\right)^2 \sqrt{K} \tag{1.13}$$

式中,$\dfrac{\partial \varepsilon}{\partial \alpha}$ 为下洗角 ε 对迎角的偏导数。上式表明,由于重心的后移,$| C_{m_{\dot\alpha}} |$ 随 $\left(\dfrac{L_{pw}}{C_A}\right)^2$ 比例减小。

2. 重心后移对飞机侧向气动导数的影响

重心后移在侧向只影响立尾侧力所产生的偏航力矩导数。

(1) C_{n_β}——侧滑角 β 所产生的偏航力矩导数。

$$C_{n_\beta} = C_{y_\beta} \frac{L_{lw}}{l} \tag{1.14}$$

7

式中，C_{y_β} 为 β 所产生的侧力导数；L_{lw} 为立尾焦点至重心的距离；l 为翼展长度。由于重心后移 L_{lw} 减小，所以 $|C_{n_\beta}|$ 随 L_{lw} 减小而减小。

（2）C_{n_r}——由偏航角速度而引起的偏航阻尼力矩导数。

$$C_{n_r} = C_{y_r}\left(\frac{L_{lw}}{l}\right)^2 \tag{1.15}$$

式中，C_{y_r} 为偏航角速度 r 而引起的侧力导数。重心后移，$|C_{n_r}|$ 随 $\left(\dfrac{L_{lw}}{l}\right)^2$ 比例减少。

（3）C_{l_r}——由偏航角速率而引起的滚转力矩导数。

$$C_{l_r} = C_{y_r}\frac{L_{lw}h_{lw}}{l^2} \tag{1.16}$$

式中，h_{lw} 为立尾焦点至重心处沿 y 轴距离。重心后移，$|C_{l_r}|$ 随 L_{lw} 减小而减小。

（4）$C_{n_{\delta_r}}$——偏航操纵力矩导数。

$$C_{n_{\delta_r}} = C_{y_{\delta_r}}\frac{L_{lw}}{l} \tag{1.17}$$

式中，$C_{n_{\delta_r}}$ 为方向舵偏转所产生的侧力导数。重心后移，$|C_{n_{\delta_r}}|$ 随 L_{lw} 减小而减小。

由上可知，重心后移，纵向与航向的静稳定性及阻尼力矩减少，也减小了平尾与立尾的力矩效应。由于横航向的交叉导数也减少，故相应减小了横航向间交叉耦合。

1.3　直接力控制（Direct Lift Control, DLC）

1.3.1　概述

直接力控制是通过某种气动操纵面使飞机直接产生一种预期轨迹的力。而不同于常规飞机改变飞行轨迹时运用力矩，使飞机产生转动这样一种操纵方式。以常规飞机为例，如图 1.6 所示。

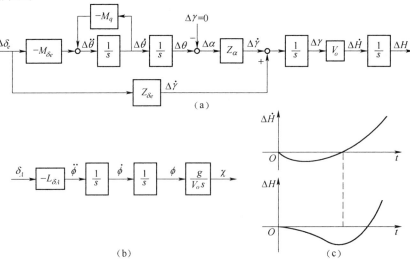

图 1.6　常规飞机操纵轨迹的特性

图 1.6 中，$M_{\delta_e} = -\dfrac{M_\alpha^a}{I_y} = \dfrac{-1}{I_y}(q C_A S_w C_{m\delta_e})$.；$Z_{\delta_e} = \dfrac{1}{mV_o}(q S_w C_{L\delta_e})$。

若平尾上偏，$\Delta\delta_e$ 为负值。飞机产生抬头的操纵力矩形成 $\Delta\ddot{\theta}$，在不计阻尼力矩情况下，经过二次积分才产生姿态的变化 $\Delta\theta$，因此时轨迹角还未变，而形成迎角增量 $\Delta\alpha$ 从而产生升力变化，导致法向过载变化，产生正的 $\Delta\dot{\gamma}$，两次积分后，形成轨迹高度的变化 ΔH。但是由于平尾上偏后形成的负升力增量，所产生的负 $\Delta\dot{\gamma}$ 不是转动机身，而是直接产生的。故首先由它形成的高度变化 ΔH 是下沉的。一直到机翼由于 $\Delta\alpha$ 形成的正的 $\Delta\dot{\gamma}$ 超过了平尾负升力形成的 $\Delta\dot{\gamma}$ 后飞机才开始上升，如图 1.6 所示。大型飞机比小型飞机的操纵滞后更为严重。

正常型飞机的轨迹响应滞后特性在着陆近地平飞，遇到顺风干扰时，会形成撞地危险，如图 1.6(c) 所示。因顺风使飞机空速减小，引起飞机下沉，飞行员拉杆在初始阶段会加大下沉速率，造成近地飞行撞地隐患。但鸭式布局飞机则不会形成上述危险。

侧向操纵通过副翼改变飞行航迹也会产生类似的滞后现象。如图 1.6(b) 所示，副翼至航迹偏转角 χ 的变化需进行三次积分。这与纵向的 $\Delta\delta_e$ 至航迹倾斜角 γ 的变化需经三次积分一样。

1.3.2 完成特殊使命的气动布局

为阐述具有特殊使命的气动布局，回顾一下常规飞机的主、次操纵机构，如图 1.7 所示。

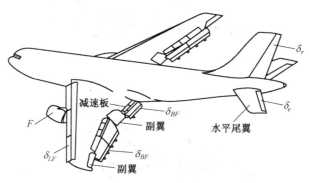

图 1.7 常规飞机操纵机构

主操纵面——用以控制与稳定飞机状态，操纵面有：升降舵偏角 δ_e，方向舵偏角 δ_r，副翼舵偏角 δ_A。

次操纵机构——调节定常飞行状态，飞行速度，主要有：

- 升降舵配平调节，通过调节升降舵或安定面，建立力矩平衡。
- 起飞与着陆时增大机翼面积和机翼弯度的增升装置，主要有后缘襟翼 δ_{BF} 与前缘襟翼 δ_{LF}，如图 1.8 所示。
- 减速板 δ_S，又称扰流板，陡降时增大阻力，减小升力。它亦可辅助副翼工作。
- 发动机推力调节的油门节流度 δ_T，推力作为唯一调节飞机能量的控制量，已发展成为飞行控制必要的调节量。

现代高性能飞机，由于作战任务需求，形成了如下特殊操纵形式：

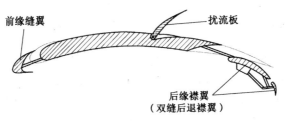

图 1.8　飞机翼剖面

（1）在机翼翼端安装的发动机短舱可转动 0°~90°,平飞时产生向前推力,垂直起落悬停时产生升力,调整推力亦可控制姿态,如图 1.9(a)所示。

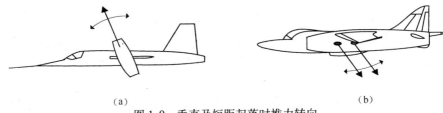

（a）　　　　　　　　　　　　　（b）

图 1.9　垂直及短距起落时推力转向

（2）喷流转向——控制发动机尾喷管转动(例如鹞式飞机),产生附加的升力与操纵力矩,如图 1.9(b)所示。

（3）增设附加操纵面产生直接升力与侧力,如图 1.10 所示。在飞机前部分别设置水

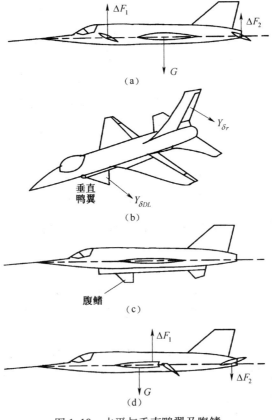

图 1.10　水平与垂直鸭翼及腹鳍

平与垂直鸭式舵面，或附加的腹鳍舵。例如水平鸭翼的对称偏转与平尾的结合，如图 1.10(a)所示。它们的纵向力矩互相对消，则可产生向上升力，曾在 F-4 CCV 飞机上采用。借助于垂直鸭翼与方向舵协调偏转，可产生直接侧力，曾在 YF-16 CCV 飞机上验证，如图 1.10(b)所示。

(4) 利用现有的操纵面调制出直接升力与侧力，例如在 X31A 飞机上应用的同方向偏转副翼，在 YF-16 飞机上应用的后缘襟翼同向偏转，产生直接升力，差动偏转时产生滚动力矩，故又称为襟副翼(flaperon)。它与平尾同时偏转产生直接升力效果，如图 1.10(d)所示。

(5) 由附加面与尾翼一起，协调偏转产生侧向直接力。如图 1.11 所示。图 1.11(a)为由飞机尾部的双立尾转动，(b)为安装于机翼下面的双垂直面转动。图 1.10(b)为垂直鸭翼偏转。它们的力矩效应由尾部方向舵偏转抵消。

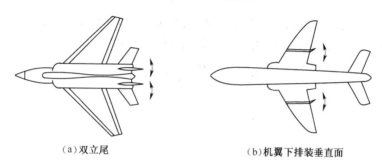

(a)双立尾　　　　　　　　　(b)机翼下排装垂直面

图 1.11　用于侧力操纵的操纵面

1.3.3　直接力控制的气动作用点位置

以直接升力为例，直接升力的作用点为了对飞机不构成力矩，其作用点不一定在重心上。它取决于作战模态。

设飞机在某高度作等速(V_0)直线定常飞行，此时

$$\sum M = M_0 + M_\alpha^a \alpha_P + M_{\delta_e}^a \delta_{eo} = 0 \tag{1.18}$$

式中，α_P 为定常平飞迎角；δ_{eo} 为升降舵配平角；M_0 为 α 及 δ_{e0} 均为零时的纵向力矩。

若给出升降舵阶跃偏转，经历短周期过程后，进入稳态的定常曲线飞行，并认为此时速度仍为 V_0，此时纵向力矩平衡式为

$$\sum M = M_0 + M_\alpha^a \alpha + M_q^a q + M_{\delta_e}^a \delta_e = 0 \tag{1.19}$$

式(1.19)减去式(1.18)，即为

$$M_\alpha^a \Delta\alpha + M_q^a q + M_{\delta_e}^a \Delta\delta_e = 0 \tag{1.20}$$

由于静稳定

$$M_\alpha^a = (X_G - X_F)L_\alpha$$

又由于曲线定常飞行稳态后：

$$q \approx \Delta\dot\gamma \approx \frac{1}{mV_0}\Delta\alpha \cdot L_\alpha$$

将上述两式代入式(1.20)即得

$$\Delta\delta_e = \frac{-1}{M_{\delta_e}^a}\left[(X_G - X_F) + \frac{M_q^a}{mV_0}\right] \cdot L_\alpha \cdot \Delta\alpha \tag{1.21}$$

法向过载增量为

$$\Delta n_Z = \frac{\Delta L}{G} = \frac{L_\alpha}{G}\Delta\alpha \tag{1.22}$$

式(1.21)除以式(1.22)可得产生单位过载的舵偏角：

$$\Delta\delta_e^{n_z} = \frac{\Delta\delta_e}{\Delta n_Z} = \frac{-G}{M_{\delta_e}^a}\left[X_G - \left(X_F - \frac{M_q^a}{mV_0}\right)\right] \tag{1.23}$$

令

$$X_M = X_F - \frac{M_q^a}{mV_0} \tag{1.24}$$

X_M 表示平均气动弦前缘至机动点 M 的距离,如图1.12所示。由于阻尼力矩系数 M_q^a 总是负值,故 X_M 总大于 X_F。将式(1.24)代入式(1.23)可得

$$\Delta\delta_e^{n_z} = \frac{-G}{M_{\delta_e}^a}[X_G - X_M] \tag{1.25}$$

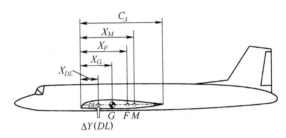

图1.12　直接升力的作用点 X_{DL}

在直接力作用下的动力学为

$$\begin{cases} mV_0\Delta\dot\gamma = L_\alpha\Delta\alpha + L_{DL}\Delta\delta_{DL} \\ M_\alpha^a\Delta\alpha + (X_G - X_{DL})L_{DL}\Delta\delta_{DL} + M_q^a q = 0 \end{cases} \tag{1.26}$$

由于进入稳态飞行, $q = \Delta\dot\gamma$,又 $M_\alpha^a = (X_G - X_F)L_\alpha$,故式(1.26)可写作

$$\begin{cases} mV_0\Delta\dot\gamma = L_\alpha\Delta\alpha + L_{DL}\Delta\delta_{DL} \\ (X_G - X_F)L_\alpha\Delta\alpha + M_q^a\Delta\dot\gamma = (X_{DL} - X_G)L_{DL}\Delta\delta_{DL} \end{cases} \tag{1.27}$$

由上式可得

$$\Delta\dot\gamma = \frac{[(X_{DL} - X_G) + (X_G - X_F)]L_{DL}\Delta\delta_{DL}}{[(X_G - X_F) + M_q^a/mV_0]mV_0} \tag{1.28}$$

将式(1.24)代入上式可得

$$\Delta\dot\gamma = \frac{[X_{DL} - X_F]L_{DL}\Delta\delta_{DL}}{[X_G - X_M]mV_0} \tag{1.29}$$

所以稳态过载系数增量为

$$\Delta n_Z = \frac{\Delta L}{G} = \frac{mV_0}{G}\Delta\dot\gamma = \frac{[X_{DL} - X_F]L_{DL}}{G[X_G - X_M]}\Delta\delta_{DL} \tag{1.30}$$

当工作在直接升力工作模态时（$\Delta\alpha = 0$），亦即仅有 $\Delta\delta_{DL}$ 产生过载 Δn_Z，所以上式应有如下关系：

$$\Delta n_Z = \frac{L_{DL}}{G}\Delta\delta_{DL}$$

故必须有 $X_{DL} - X_F = X_G - X_M$ 或 $X_G - X_{DL} = X_M - X_F$，因此直接升力作用点 DL 如图 1.12 所示，它离重心 G 的位置与机动点 M 离焦点 F 的距离相等。直接升力作用点与重心不重合的物理原因是稳态拉升时存在阻尼力矩 M_q。DL 不与重心 G 重合，其目的是由 L_{DL} 对重心构成的力矩去平衡直接升力模态稳态时的阻尼力矩 M_q。由下式可证明单位直接升力偏转角所构成的力矩等于由它引起的拉升阻尼力矩。

$$L_{DL}(X_G - X_{DL}) = L_{DL}(X_M - X_F)$$
$$= \frac{-L_{DL}}{mV_0}M_q^a = -\Delta\dot{\gamma}M_q^a \doteq -M_q^a q \qquad (1.31)$$

1.3.4　纵向直接力控制模态

飞机直接力控制是通过一些控制面的协调配合直接产生升力或侧力，操纵飞机作"非常规"机动飞行。这对提高现代飞机作战能力，诸如提高飞机机动性，提高轰炸准确度，进行精确飞行轨迹控制具有重要意义。直接力控制分纵向直接力控制与侧向直接力控制及阻力/推力控制。以下仅以 YF - 16 CCV 飞机为背景，论述纵向、侧向直接力控制基本工作模态的构成及工作机理。

纵向直接力控制采用襟副翼的对称偏转及平尾的协调来实现。产生如图 1.13 所示的四种模型的工作模态。

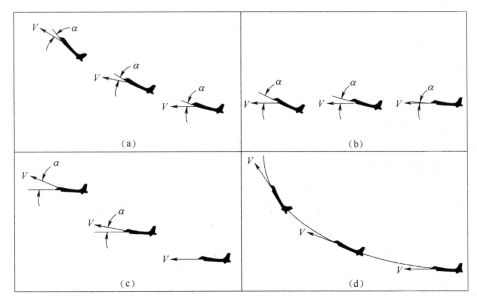

图 1.13　四种纵向直接力控制模态

（1）直接升力模态（$M_{\Delta\alpha = 0}$）。在迎角不变条件下（$\Delta\alpha = 0$），控制飞机法向加速度，迅速而直接地控制纵向轨迹，以利于作战状态的迅速轨迹拉起。

（2）机身俯仰指向（$M_{\Delta\gamma=0}$）。在纵向飞行轨迹不变（$\Delta\gamma=0$）条件下,改变飞机的俯仰姿态,以利于空地射击时延长接火时间。

（3）垂直机身平移（$M_{\Delta\theta=0}$）。在不改变俯仰姿态条件（$\Delta\theta=0$）下,控制飞机轨迹上下平移,以利轨迹的精确修正。

（4）机动增强/阵风缓和模态（M_{ME}）。将常规俯仰控制与直接升力控制组合,以增强对法向加速度指令的响应能力;或抑制垂直阵风扰动能力。

1. 纵向基本控制模态 M_B

以上四种直接力控制是在飞机基本控制模态基础上,通过解耦及修正而形成的。所以首先论述其基本模态的构成。

所谓基本模态即电传操纵的飞行控制系统。由于采用了放宽静稳定技术,使飞机在亚音速飞行时为静不稳定,超音速时由于焦点后移成为静稳定。所以由图1.14可知,自然飞机的迎角在亚音速时构成正反馈,超音速时构成负反馈。故基本模态中设置由迎角传感器构成的迎角反馈增稳回路。并根据不同 Ma 数,按预定的程序改变反馈信息的大小与极性,使飞机在亚音速与超音速均具有适中的稳定裕度。

设置法向加速度 Δa_z 反馈,使驾驶杆力信号与飞机法向加速度一一对应,从而使飞机操纵特性不随飞行速度、高度及飞机带外挂物时外形变化而改变。加速度计设置迟后网络以滤去高频噪声。所设置的速率陀螺反馈以增加机体俯仰运动阻尼。速率陀螺回路设置洗出网络,以滤去低频稳态信号,使系统对飞机稳态运动信息不起阻尼作用。

当执行平飞加速（发动机加大油门）时,驾驶杆不施力。控制系统能随速度的改变而自动改变舵面与迎角大小,实现自动配平。当飞机进入跨音速时,由于压力中心后移所引起的配平改变,回路也能进行自动补偿,即 Ma 数配平。但是基本模态系统有静差时,压力中心后移引起的低头力矩,使飞机产生向下的法向加速度静差,从而产生少量的速度不稳定性。为改善飞机操纵性,必须在基本模态的正向通道引入积分,以增加系统无差度。为改善基本模态的动特性,有时在正向通道中还引入超前网络。

为了确保大范围内飞行安全,基本模态设置指令过载限制及迎角限制。超音速飞行时迎角往往不大,法向过载易超过;而低速飞行时,过载往往不大而迎角可能过大。因此需要分别设置限制。过载限制只需在指令中设置限幅器,而迎角限制需要引入迎角的非线性反馈,如图1.14所示。为了使迎角限制具有良好效果,非线性斜率较陡。为了使强的迎角反馈下系统仍有良好的稳定性,因此需在反馈中引入超前补偿。

2. 直接升力模态 $M_{\Delta\alpha=0}$

直接升力模态要求控制法向加速度,保持原有迎角不变。飞行员操纵驾驶杆顶部直接升力按钮,输出电信号驱动襟副翼对称偏转,与此同时还相应输出信号驱动平尾偏转,以保持力矩平衡,保持原有迎角不变。另外操纵直接升力过程中,驾驶杆并不施力,直接升力产生的法向加速度和俯仰速率将受到基本模态法向加速度反馈和俯仰速率反馈的阻尼。亦即法向加速度控制回路此时将改变迎角力图保持法向加速度为零。因此在操纵直接升力面时必须相应地输出信号分别抵消俯仰速率及法向加速度的反馈信号,如图1.15所示。

由图可知,直接升力模态和基本模态的联系只是通过三个传递函数$\left(\dfrac{U_{\delta_e}}{U_{\delta_f}}\right)$、$\left(\dfrac{U_{\dot\theta}}{U_{\delta_f}}\right)$、

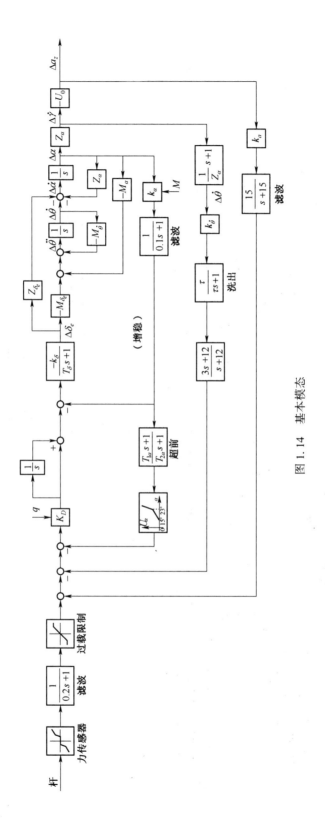

图 1.14 基本模态

15

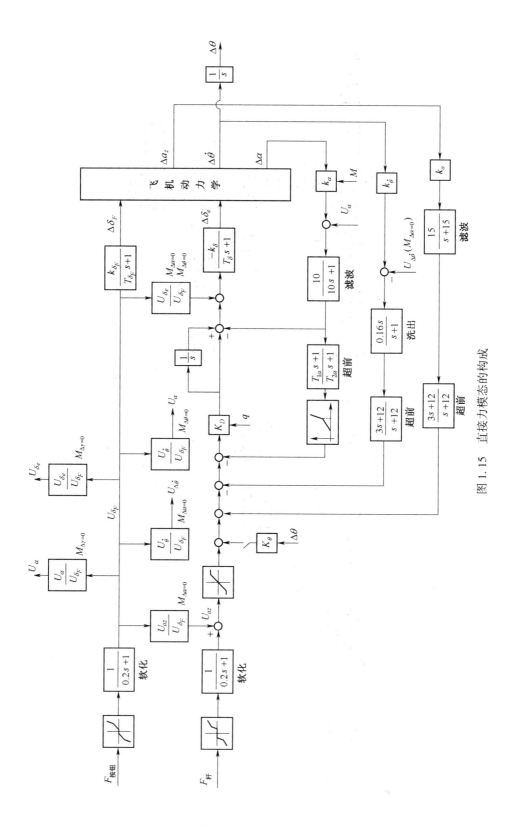

图 1.15 直接力模态的构成

$\left(\dfrac{U_{a_Z}}{U_{\delta_f}}\right)$ 的引入,其目的是为了使系统解耦与补偿。它们的引入不影响基本模态动特性。

这三个传递函数如欲达到动态过程的补偿是较困难的,实际上只求稳态补偿。传动比 $\dfrac{U_{a_Z}}{U_{\delta_f}}$ 没有直接加到法向加速度的输出端,而是加到基本模态过载限幅器之前。其设计思想是,当直接升力过大超过法向过载允许范围时,该信号 U_{a_Z} 受到限制,法向加速度反馈信号一旦超过 U_{a_Z} 信号的限幅值,基本模态就驱动舵机减小迎角,以确保过载的限制。

直接升力控制通道中也引入软化环节,以使飞机的机动不致过于剧烈。

传动比:$\left.\dfrac{U_{\delta_e}}{U_{\delta_f}}\right|_{\Delta\alpha=0}$,$\left.\dfrac{U_{a_Z}}{U_{\delta_f}}\right|_{\Delta\alpha=0}$,$\left.\dfrac{U_{\dot\theta}}{U_{\delta_f}}\right|_{\Delta\alpha=0}$ 的选择可根据它们的作用,列出主通道和补偿通道结构图,令其综合点稳态输出为零即得,如图 1.16 所示。

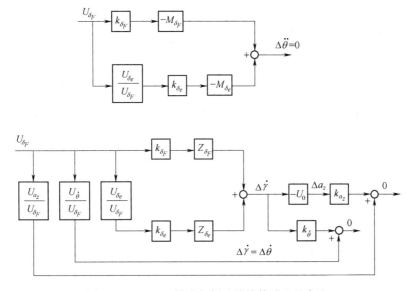

图 1.16 $M_{\Delta\alpha=0}$ 模态解耦及补偿传动比的求取

由图可求出:

$$\left.\frac{U_{\delta_e}}{U_{\delta_F}}\right|_{\Delta\alpha=0}=\frac{k_{\delta_F}}{k_{\delta_e}}\cdot\frac{M_{\delta_F}}{M_{\delta_e}}$$

$$\left.\frac{U_{a_Z}}{U_{\delta_F}}\right|_{\Delta\alpha=0}=U_0 k_{\delta_F}\left(Z_{\delta_F}+\frac{M_{\delta_e}}{M_{\delta_F}}Z_{\delta_e}\right)k_{a_Z}$$

$$\left.\frac{U_{\dot\theta}}{U_{\delta_F}}\right|_{\Delta\alpha=0}=\left(\frac{M_{\delta_F}}{M_{\delta_e}}k_{\delta_e}Z_{\delta_e}+k_{\delta_F}Z_{\delta_F}\right)k_{\dot\theta}$$

以上传动比均为气动导数的函数,需随飞行状态(M,q)的变化进行调节。

为保证控制精度,仅靠开环补偿是不够的,必须加上使迎角 $\Delta\alpha=0$ 的闭环修正。而基本模态中的迎角反馈回路正是兼顾了这一要求。图 1.17 给出了 $M_{\Delta\alpha=0}$ 模态控制过程。

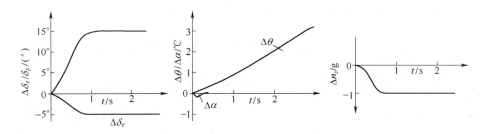

图 1.17　$M_{\Delta\alpha=0}$ 模态的控制特性

3. 机身俯仰模态 $M_{\Delta\gamma=0}$

机身俯仰模态要求飞行轨迹不变（$\Delta\gamma=\Delta\dot{\gamma}=0$）的条件下,改变俯仰角（$\Delta\theta$）,亦即改变迎角（$\Delta\alpha$）。因此在偏转襟副翼产生直接升力时,必须同时偏转平尾使迎角减小,以保持法向加速度不变。由于基本模态中的迎角反馈会阻止迎角的变化,因此必须同时输出相应信号以抵消迎角反馈信号。所以,在构成 $M_{\Delta\gamma=0}$ 模态时,必须设置 $\left(\dfrac{U_{\delta_e}}{U_{\delta_F}}\right)\bigg|_{\Delta\gamma=0}$

及 $\left(\dfrac{U_{\alpha}}{U_{\delta_F}}\right)\bigg|_{\Delta\gamma=0}$ 两补偿传动比。除开环补偿外,同样需要法向加速度的闭环修正。基本模态中的法向加速度反馈回路本身可起到此修正作用。由图 1.18 可求得上述补偿传动比。

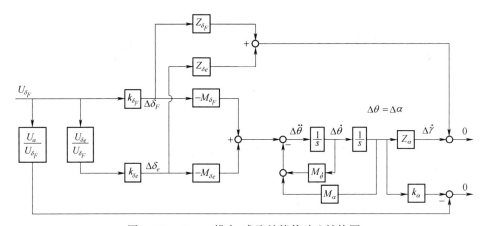

图 1.18　$M_{\Delta\gamma=0}$ 模态,求取补偿传动比结构图

$$\frac{U_{\delta_e}}{U_{\delta_F}}\bigg|_{\Delta\gamma=0}=\frac{k_{\delta_F}[M_{\delta_F}Z_{\alpha}-Z_{\delta_P}M_{\alpha}]}{k_{\delta_e}[Z_{\delta_e}M_{\alpha}-M_{\delta_e}Z_{\alpha}]}$$

$$\frac{U_{\alpha}}{U_{\delta_F}}\bigg|_{\Delta\gamma=0}=\frac{-k_{\alpha}}{M_{\alpha}}\left[k_{\delta_F}M_{\delta_F}+\frac{U_{\delta_e}}{U_{\delta_F}}\bigg|_{\Delta\gamma=0}k_{\delta_e}M_{\delta_e}\right]$$

图 1.19 为 $M_{\Delta\gamma=0}$ 动态过程。应指出的是 $\Delta\delta_e$ 的偏转一方面要平衡 $\Delta\delta_F$ 所引起的力矩,另外还需克服 $\Delta\alpha$ 引起的静稳定力矩。两者共同的作用下 $\Delta\delta_e$ 比模态 $M_{\Delta\alpha=0}$ 时的偏转量减小。

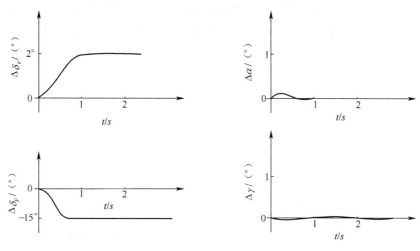

图 1.19 $M_{\Delta\gamma=0}$ 动态过程

4. 垂直平移模态 $M_{\Delta\theta=0}$

$M_{\Delta\theta=0}$ 模态要求保持俯仰姿态不变条件下,控制飞机的垂直速度。因此在偏转襟副翼的同时必须相应偏转平尾。使力矩达到平衡,其传动比 $\left.\dfrac{U_{\delta_e}}{U_{\delta_F}}\right|_{\Delta\theta=0}$ 与 $\left.\dfrac{U_{\delta_e}}{U_{\delta_F}}\right|_{\Delta\alpha=0}$ 相同。在直接升力作用下,产生轨迹角变化($\Delta\gamma$),由于姿态不变,故迎角要发生变化,因此需设置传动比 $\left.\dfrac{U_{\alpha}}{U_{\delta_F}}\right|_{\Delta\theta=0}$,作为 α 反馈的偏置。由于迎角改变后引起飞机稳定力矩的改变没有得到补偿,为了保证俯仰姿态不变,因此需引入姿态保持系统,以平衡飞机稳定力矩。在接入姿态保持的同时,应断开法向加速度回路,以不阻止垂直速度的建立过程,如图1.15 所示。

$M_{\Delta\theta=0}$ 模态的迎角偏差量传动比 $\left.\dfrac{U_{\alpha}}{U_{\delta_F}}\right|_{\Delta\theta=0}$ 的求取,如图 1.20 所示。

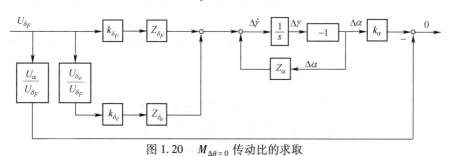

图 1.20 $M_{\Delta\theta=0}$ 传动比的求取

由图可得

$$\left.\frac{U_{\alpha}}{U_{\delta_F}}\right|_{\Delta\theta=0}=\frac{-k_{\alpha}}{Z_{\alpha}}\left(k_{\delta_F}Z_{\delta_F}+\left.\frac{U_{\delta_e}}{U_{\delta_F}}\right|_{\Delta\theta=0}k_{\delta_e}Z_{\delta_e}\right)$$

$$=\frac{-k_{\alpha}k_{\delta_F}}{Z_{\alpha}}\left(\frac{M_{\delta_F}}{M_{\delta_e}}Z_{\delta_e}+Z_{\delta_F}\right)$$

图 1.21 为该状态的动态过程。在 $\Delta \delta_F$ 作用下,开始时建立法向加速度,当建立一定的迎角变化后,法向加速度趋向于零。飞机在姿态不变条件下以一定的轨迹角飞行。

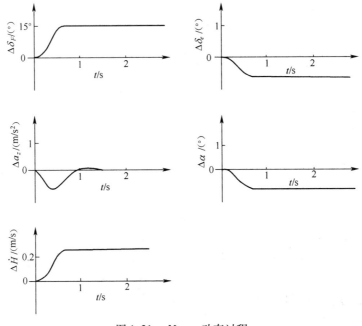

图 1.21 $M_{\Delta\theta=0}$ 动态过程

5. 机动增强/阵风减缓模态 M_{ME}

本节以 YF-16-CCV 飞机为背景,阐述机动增强/阵风减缓这一直接力控制模态的构成及设计。作战飞机在法向过载控制的基本模态基础上,附加后缘襟副翼对称偏转的直接力控制,即可构成机动增强/阵风减缓这一主动控制模态。由于它力图按 C^* 飞行品质指标要求,加快对俯仰速率和法向过载的动态响应速度,因此改善了作战飞机空中捕获目标、机动跟踪的能力。飞机对阵风的响应得到明显的衰减,提高了武器的投放精度。在对地目标的攻击中可作大角度俯冲,快速拉起,有效地躲避地面炮火的袭击。

机动增强/阵风减缓这一直接力控制模态是附加在基本模态之上的,如图 1.22 所示。

图中气动导数为

$$Ma = 1.2, H = 0$$

$$\begin{pmatrix} Z_\alpha = 4.183 & M_\alpha = 123.2 & M_{\delta_F} = 31.26 \\ Z_{\delta_F} = 0.340 & M_\theta = 3.092 & M_{\delta_e} = 85.95 \\ Z_{\delta_e} = 0.3137 & M_{\dot\alpha} = -0.2733 \end{pmatrix}$$

为减小飞机过稳定性,故采用人工迎角正反馈 $k_\alpha = -0.5$。

为表明基本模态及 M_{ME} 模态在垂风扰动下的响应特性,将垂风 W_Z 折算成等效迎角扰动 $\Delta \alpha_d$,且

$$\Delta \alpha_d = \arctan \frac{W_Z}{V_0} \approx \frac{57.3}{V_0} W_Z (°)$$

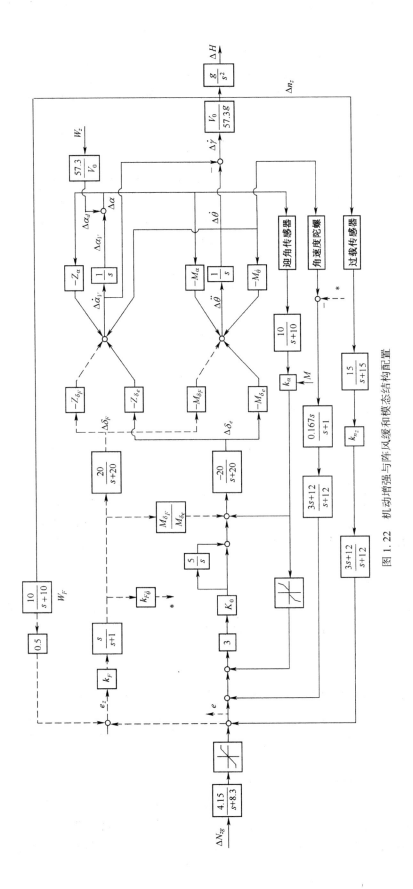

图 1.22 机动增强与阵风缓和模态结构配置

21

按图 1.22 所示,将该扰动加入系统结构图。

在仿真时已计及平尾、襟副翼及迎角的限制值:

$$\Delta\delta_{e\max} = \pm 25°, \Delta\dot\delta_{e\max} = \pm 60°/s, \Delta\delta_{F\max} = \pm 20°, \Delta\dot\delta_{F\max} = \pm 56°/s, \alpha_{临界} = \pm 15°$$

为衡量基本模态的动态响应品质,采用 $C^*(t)$ 综合飞行指标。

$$C^*(t) = \Delta n_Z(t) + \frac{V_{c0}}{g}\Delta\dot\theta(t)$$

通常取 $V_{c0} = 120 \sim 130$,并设 C_{c0}^* 为 $C^*(t)$ 的稳态值,则 $C_N^*(t) = C^*(t)/C_{c0}^*$ 可表征系统动态响应品质。对该模态经仿真与计算,可得出如图 1.23 所示的 $C_N^*(t)$ 曲线。由此可知,常规模态未完全进入 MIL‑F‑8785B 的 I 级操纵品质指标范围内。

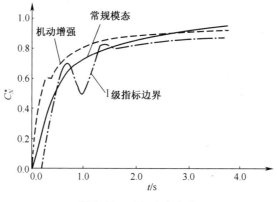

图 1.23 C^* 响应曲线

机动增强与阵风缓和模态由图 1.22 所示的虚线部分构成。其基本原理是借助于过载指令的动态误差 e_Z 去控制襟副翼的对称偏转,从而产生直接升力增量,由此机动载荷加快飞机动态响应过程,使 e_Z 迅速归趋于零。若 e_Z 信号是由控制指令作用下所产生的误差,此时襟副翼工作实现机动增强;若 e_Z 信号是由阵风扰动引起的误差,则襟副翼的偏转实现阵风减缓。

M_{ME} 的实现应采取如下技术途径:

(1)稳态力矩解耦。为使襟副翼的偏转产生直接升力的效果,在襟副翼偏转的同时必须偏转水平尾翼 $\Delta\delta_e$,以实现稳态力矩解耦,且:

$$\Delta\delta_e = -\frac{M_{\delta_F}}{M_{\delta_e}}\Delta\delta_F$$

(2)襟副翼通道信号的形成。襟副翼通道中的 e_Z 及基本模态中的 e 信号(图 1.22)均表征法向过载误差,但为方便,以 e 取代 e_Z 去控制襟翼,这将引起控制过程的严重振荡。为了使襟翼通道的工作不致于扰乱基本模态的工作,应使襟副翼的动作与水平尾翼的偏转在时间相位上进行协调。为此,另开辟带有滞后网络 W_F 的反馈支路,且要求滞后网络 W_F 比基本模态的滞后网络 W_A 更富有低通性。

(3)k_F 及 $k_{F\dot\theta}$ 参数的确定。机动增强的宗旨是加速对指令的动态响应,而基本模态中的角速率反馈所形成的人工阻尼不利于机动增强的功能,为此如图 1.22 所示,设置环节 $k_{F\dot\theta}$,对角速率反馈进行偏置,以削弱系统阻尼。为调整副翼通道的工作强度,设置环节 k_F 。显然合理选择系数 $k_{F\dot\theta}$ 及 k_F 将成为该模态设计的核心内容。要找到一种解析设计法是极其困难的,可采用参数优化方法结合计算机仿真技术确定 $k_{F\dot\theta}$ 及 k_F 值。

优化的目标函数的选取应结合 C^* 飞行综合指标,使 C^* 尽快达到要求的稳态值 $C^*(\infty)$,也即使如图 1.24 所示的动态误差积分值最小。

故目标函数为

$$\min Q(k_F,k_{F\dot\theta}) = \int_0^t |C^*(t) - C^*(\infty)| \, \mathrm{d}t$$

采用单纯形法的参数优化设计,运用计算机仿真技术直到求出满足给定数字精度时的最优 $k_{F\dot\theta}$ 及 k_F 值,最后选取($k_F = 11$, $k_{F\dot\theta} = 0.64$)。

（4）襟副翼通道设置洗出电路。为了确保飞行安全,设置了迎角限制器,使迎角限制在 25° 内,实际上迎角到达 15° 时,迎角限制器就开始削弱控制指令。若飞机在接近临界迎角的飞行状态下,再作大机动飞行操纵,此时由于迎角限制器工作, e_z 信号长时间回不到零,从而使襟翼一直处在偏转状态,使飞机增加不应有的阻力。若在襟副翼通道中设置洗出网络 $\frac{s}{s+1}$,则仿真证明将有效地消除了襟翼的稳态偏转。

图 1.25 为飞机接近临界迎角时,作过载 $\Delta N_{Z_g} = 8$ 大机动飞行,襟翼通道有无洗出网络时的襟翼偏转过程,实线为无洗出网络时襟翼作长时间偏转。

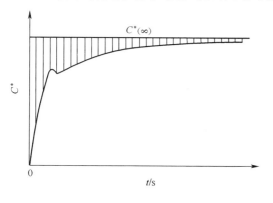

图 1.24　目标函数 Q 的确定

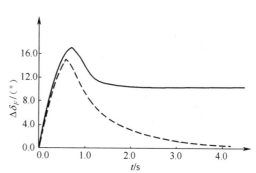

图 1.25　设置洗出网络的作用

经仿真表明,机动增强时的 $\Delta\dot\theta(t)$ 、 $\Delta N_Z(t)$ 动态过程迅速加快,如图 1.26 虚线所示,实线为基本模态时的动态过程。图 1.27 表明,该模态对阵风缓和是十分有效的,在 "1 - cos" 矢量阵风的作用下,抑风效果十分明显(虚线所示为 M_{ME} 模态,实线为基本模态)。

1.3.5　侧向直接力控制模态

侧向直接力的几种控制模态与纵向相类似。在基本侧向模态的基础上,借助于安装在机头腹部的垂直鸭翼 δ_c 产生直接侧力,也可通过推力转向产生。利用方向舵 δ_r 及副翼舵 δ_a 的协调偏转进行解耦,按不同模态要求进行开环补偿及闭环修正。可产生以下三种模态,如图 1.28 所示。

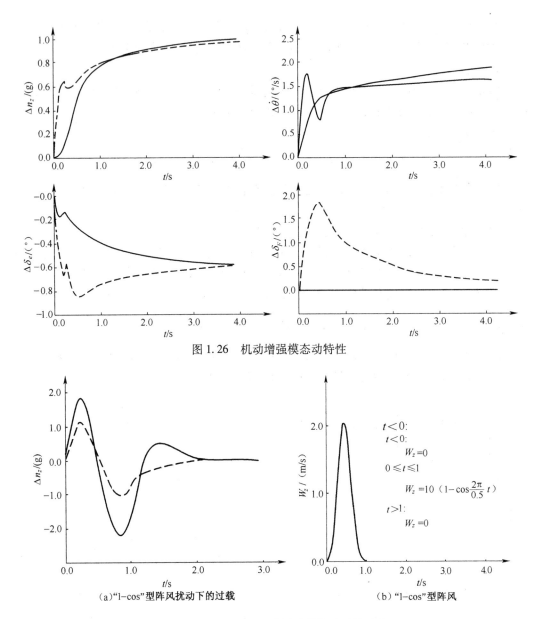

图 1.26　机动增强模态动特性

（a）"1-cos"型阵风扰动下的过载　　　　（b）"1-cos"型阵风

图 1.27　"1 - cos"型阵风及其扰动下的过载

（1）直接侧力模态 $M_{\beta=0}$。在侧滑角 $\beta = 0°$，无滚转 $\phi = 0°$ 条件下，控制飞机的侧力或侧向加速度，实现飞机"平转弯"。可用于空战，空—地投放武器后快速转弯。

（2）机身偏航指向模态 $M_{\chi=0}$。在航迹（侧向加速度）不变条件下，控制飞机偏航姿态角 ψ。可使飞机延长接火射击时间。

（3）侧向平移模态 $M_{\psi=0}$。在不改变偏航姿态（$\psi = 0°$）条件下控制飞机侧向加速度，达到左右平移。以利侧向航迹的精确修正，着陆的抗侧风修正及编队飞行。

1. 侧向基本模态 M_y

侧向基本模态的构成遵循副翼与方向舵协调控制的规则：由副翼舵通道执行控制指令使飞机产生滚转，产生侧向加速度 $\Delta a_y = v_0 \Delta \dot{\chi}$，完成对航迹角 χ 的控制，由方向舵通道

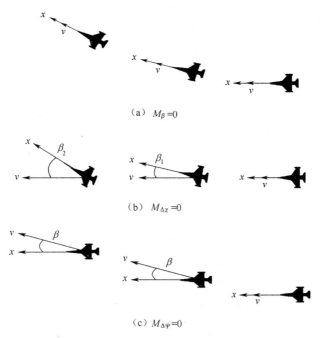

（a） $M_\beta = 0$

（b） $M_{\Delta\chi} = 0$

（c） $M_{\Delta\Psi} = 0$

图 1.28　侧向直接力控制模态

完成协调控制,力求机头跟踪速度矢量,以消除侧滑角 β 。当实现大迎角机动飞行时,要求飞机绕速度矢量轴进行滚转的控制要求。侧向基本模态的结构配置如图 1.29 所示。

飞机侧向小扰动动力学方程为

$$\begin{cases} \dot{\beta} = -y_\beta\beta - y_{\delta_r}\delta_r - y_\phi\phi + \alpha_0 p - r - y_{\delta_c}\delta_c \\ \dot{p} = -L_\beta\beta - L_p p - L_r r - L_{\delta_a}\delta_a - L_{\delta_r}\delta_r - L_{\delta_c}\delta_c \\ \dot{r} = -N_\beta\beta - N_p p - N_r r - N_{\delta_r}\delta_r - N_{\delta_a}\delta_a - N_{\delta_c}\delta_c \end{cases} \tag{1.32}$$

运动学方程为

$$\begin{cases} \dot{\phi} = p + \tan\theta_0 r \\ y_\phi = -\dfrac{g\cos\theta_0}{u_0} \\ \dot{\psi} = \dfrac{1}{\cos\theta_0}r \\ \chi = \psi + \dfrac{\beta - \sin\alpha_0\phi}{\cos\gamma_0} \\ \dot{y}_a = u_0\cos\gamma_0\chi \end{cases} \tag{1.33}$$

为表明各物理量关系,列出其相应结构图,如图 1.30 所示。

飞机侧向运动的状态方程为

$$\dot{x} = Ax + Bu \tag{1.34}$$

式中

$$x = [\beta, p, r, \phi]^\mathrm{T} \quad , \quad u = [\delta_a, \delta_r, \delta_c]^\mathrm{T}$$

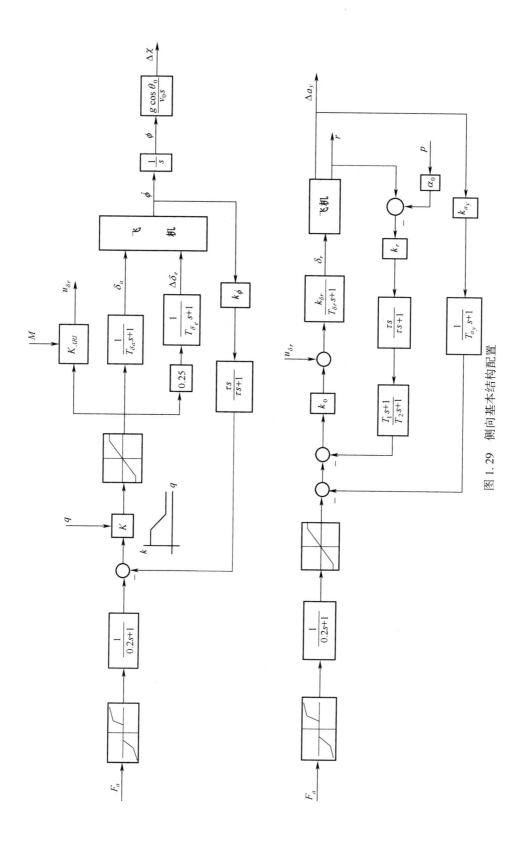

图 1.29 侧向基本结构配置

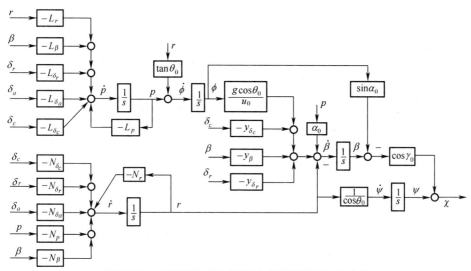

图 1.30 飞机侧向动力学及运动学结构图表达形式

$$\boldsymbol{A} = \begin{bmatrix} -y_\beta & \alpha_0 & -1 & -y_\phi \\ -L_\beta & -L_p & -L_r & 0 \\ -N_\beta & -N_p & -N_r & 0 \\ 0 & 1 & \tan\theta_0 & 0 \end{bmatrix}, \quad \boldsymbol{B} = \begin{bmatrix} 0 & -y_{\delta_r} & -y_{\delta_c} \\ -L_{\delta_a} & -L_{\delta_r} & -L_{\delta_c} \\ -N_{\delta_a} & -N_{\delta_r} & -N_{\delta_c} \\ 0 & 0 & 0 \end{bmatrix}$$

为便于仿真研究,列出某歼击机在一定基准状态下的参数。u_0 为马赫数 0.5,$H =$ 0km,$\alpha_0 = 12°$,$\gamma_0 = -3.5°$,$\phi_0 = \psi_0 = \beta_0 = 0°$,$p_0 = r_0 = 0$。

$$\boldsymbol{A} = \begin{bmatrix} -0.3549 & 0.2094 & -1.000 & 0.057 \\ -63.32 & -2.446 & 0.822 & 0.000 \\ 4.73 & 0.0488 & -0.433 & 0.000 \\ 0.000 & 1.000 & 0.1495 & 0.000 \end{bmatrix}$$

$$\boldsymbol{B} = \begin{bmatrix} 0.000 & 0.04872 & -0.038 \\ -20.90 & 7.953 & -0.0240 \\ -0.5054 & -2.653 & -1.38 \\ 0.000 & 0.000 & 0.000 \end{bmatrix}$$

由图 1.29 所示的 M_y 模态的方向舵 δ_r 通道控制律构成的机理分析:

(1)在 δ_r 中引入 r 反馈,对方向舵作用的荷兰滚模态进行阻尼。

图 1.31 的曲线 1 为 δ_r 脉冲作用下,自然飞机响应,曲线 2 为引入 r 反馈响应后,飞机对 δ_r 响应,从而明显地显示了 r 反馈对阻尼荷兰滚模态作用。

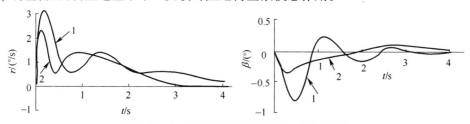

图 1.31 δ_r 通道具有不同控制律时的动特性

（2）在 δ_r 中引入 $\alpha_0 p$ 作用。

由侧力方程

$$\dot{\beta} = -y_\beta \beta - y_\phi \phi + \alpha_0 p - r - y_{\delta_r} \delta_r \qquad (1.35)$$

可知,若将 $\alpha_0 p$ 信息引入 δ_r 通道,如图 1.29 所示,使 $r = \alpha_0 p$,则可消除由基准迎角 α_0、滚转角速率 p 而引起的 $\dot{\beta}$。其物理实质是:引入 $\alpha_0 p$ 至 δ_r,且使 $r = \alpha_0 p$,相当于使飞机绕稳定轴 x_s(速度矢量 $\boldsymbol{u}$)进行滚转,因为由图 1.32 可知,若

$$p\sin\alpha_0 - r\cos\alpha_0 = 0 \qquad (1.36)$$

也即

$$r \doteq \alpha_0 p \qquad (1.37)$$

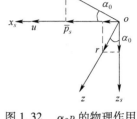

图 1.32 $\quad \alpha_0 p$ 的物理作用

因此在较大迎角 α_0 下,δ_r 通道采用图 1.29 控制律可使飞机绕速度矢量 $\boldsymbol{u}$ 转动,以利于消除侧滑。另外,由图 1.32 可知,

$$r_s = r\cos\alpha_0 - p\sin\alpha_0 \doteq r - \alpha_0 p \qquad (1.38)$$

所以,图 1.29 中角速率通道控制律可写成

$$\delta_r = \frac{k_{\delta_r}}{T_{\delta_r} s + 1} \cdot \frac{\tau s}{\tau s + 1} \cdot \frac{T_1 s + 1}{T_2 s + 1} k_r k_0 (r - \alpha_0 p) \qquad (1.39)$$

因此,引入 $r - \alpha_0 p$ 至方向舵,相当于对稳定轴 x_s 的滚转进行阻尼。

（3）在 δ_r 中引入 Δa_y 信息。

由侧滑角 β 引起的侧向加速度

$$\Delta a_y = v_0 \Delta \dot{\chi} = -v_0 y_\beta \beta \qquad (1.40)$$

故引入 Δa_y 反馈,相当于引入侧滑角 β 反馈,从而实现消除 β 的闭环修正。

（4）在 δ_r 中引入副翼舵 δ_a 的信息。

将副翼舵 δ_a 的信息引入至方向舵通道,其目的是消除由于 δ_a 工作而引起的侧滑。由飞机动力学方程可知:

$$\frac{\beta(s)}{\delta_a(s)} = \frac{N_{\delta_a}^\beta(s)}{\Delta(s)} \qquad (1.41)$$

欲使 $N_{\delta_a}^\beta(s) = 0$,则能消除由 δ_a 偏转而产生的侧滑。而

$$N_{\delta_c}^\beta(s) = (N_{\delta_a} - \alpha_0 L_{\delta_a}) s^2 + [N_{\delta_{aL}}(L_p + L_r \alpha_0) - L_{\delta_a}(N_p + N_r \alpha_0 - y_\phi)] s$$
$$+ L_{\delta_a} y_\phi N_r - N_{\delta_a} L_r y_\phi = A s^2 + B s + C \qquad (1.42)$$

故实现 $\beta = 0°$ 的自然飞机气动条件须满足:

当 $AS^2 = 0$ 时: $\qquad\qquad N_{\delta_a} = \alpha_0 L_{\delta_a} \qquad (1.43)$

当 $BS = 0$ 时: $\qquad\qquad N_p = y_\phi + \alpha_0 p \qquad (1.44)$

当 $C = 0$ 时: $\qquad\qquad N_r = \alpha_0 L_r \qquad (1.45)$

由式（1.43）可知,由副翼 δ_a 而引起的滚转力矩应绕速度轴 u 转动,由式（1.45）表明,由偏航速率 r 而引起的滚转阻尼力矩也应绕速度轴 u 转动。然而,依靠自然飞机本身是难以实现上述条件的,为此,可在 δ_r 通道中引入如下交联信息:

$$\delta_r = K_{ARI}\delta_a + K_{ARP}p \tag{1.46}$$

这样, $K_{ARI}\delta_a$ 的引入相当于改变了如下两个舵操纵气动导数:

$$L_{\delta_a,e} = L_{\delta_a} + K_{ARI}L_{\delta_r} \tag{1.47}$$

$$N_{\delta_a,e} = N_{\delta_a} + K_{ARI}N_{\delta_r} \tag{1.48}$$

而交联项 $K_{ARP}p$ 引入 δ_r, 相当于改变两个轴转动的阻尼特性:

$$L_{pe} = L_p + K_{ARP}L_{\delta_r} \tag{1.49}$$

$$N_{pe} = N_p + K_{ARP}N_{\delta_r} \tag{1.50}$$

将式(1.47)~(1.50)代入式(1.42),则可求得

$$N_{\delta_a}^{\beta}(s)\mid_{\delta_r = K_{ARI}\delta_a + K_{ARP}p} = As^2 + Bs + C = 0$$

的条件:

当 $AS^2 = 0$ 时: $\qquad N_{\delta_a} + K_{ARI}N_{\delta_r} = (L_{\delta_a} + L_{\delta_r} \cdot K_{ARI})\alpha_0 \tag{1.51}$

当 $BS = 0$ 时: $\quad \alpha_0(L_p + K_{ARP} + \alpha_0 N_r) = \alpha_0 N_r + (N_p + K_{ARP}) - y_{\phi} \tag{1.52}$

当 $C = 0$ 时: $\qquad (L_{\delta_a} + K_{ARI}L_{\delta_r})N_r = (N_{\delta_a} + K_{ARI}N_{\delta_r})L_r \tag{1.53}$

由式(1.51)及式(1.53)可分别求得满足式(1.51)及式(1.53)的 K_{ARI}:

$$K_{ARI} = \frac{\alpha_0 L_{\delta_a} - N_{\delta_a}}{N_{\delta_r} - L_{\delta_r}\alpha_0} \qquad \text{或} \qquad K_{ARI} = \frac{N_{\delta_a}L_r - L_{\delta_a}N_r}{L_{\delta_r}N_r - N_{\delta_r}L_r} \tag{1.54}$$

K_{ARI} 可通过仿真按上式折中地确定。

由式(1.52)可确定另一交联增益 K_{ARP} 值(在图1.28所确定的基本模态 M_y 中没有引入此项)

$$K_{ARP} = \frac{\alpha_0(N_r - L_p) + N_p - y_{\phi}}{\alpha_0 L_{\delta_r} - N_{\delta_r}} \tag{1.55}$$

图1.33为 δ_r 中引入 r、$\alpha_0 p$、Δa_y 及 $K_{ARI}\delta_a$ 信息后,侧滑角 β 对副翼舵 δ_a 的脉冲响应。其中曲线1为自然飞机时,曲线2为 δ_r 中只引入 r、$\alpha_0 p$ 及 Δa_y 时的响应,曲线3为增加了副翼对方向舵通道的交联 $K_{ARI}\delta_a$ 信息后 β 动态响应。显示了 $K_{ARI}\delta_a$ 对消除侧滑的明显效果。

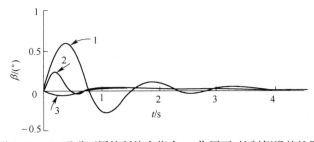

图 1.33　δ_r 通道不同控制律在指令 δ_a 作用下,抑制侧滑的效果

2. 直接侧力模态(Direct Side Force Mode) $M_{\beta=0}$ 实现策略

飞行员操纵直接侧力控制时,使机头处的垂直鸭尾偏转 δ_c,从而产生改变航迹的直接侧力。为了使飞机由于 δ_c 而仍使偏航力矩与滚转力矩保持平衡,在此设置力矩解耦系数 $\dfrac{U_{\delta_r}}{U_{\delta_c}}$ 及 $\dfrac{U_{\delta_a}}{U_{\delta_c}}$ 使方向舵 δ_r 及副翼舵 δ_a 作相应偏转,如图1.34所示,以实现平转弯。另外

通过 $\dfrac{U_{\dot\psi}}{U_{\delta_c}}$ 及 $\dfrac{U_{a_y}}{U_{\delta_c}}$，产生偏航速率及侧向加速度偏置信号，以消除基本模态对平转弯的阻止作用。为了机头跟踪速度矢量使 $\beta=0$，设置了 β 反馈至 δ_r 的闭环修正回路。故最终的 $M_{\beta=0}$ 模态的实现策略如图 1.35 所示。力矩解耦及偏置信号的求解，可参阅图 1.36。

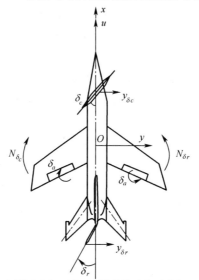

图 1.34　$M_{\beta=0}$ 模态的力与力矩

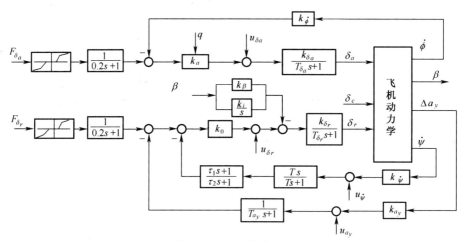

图 1.35　侧向直接力诸模态的实现策略

由图 1.36 可得

$$\frac{u_{\delta_r}}{u_{\delta_c}} = -\frac{k_{\delta_c}N_{\delta_c}}{k_{\delta_r}N_{\delta_r}} \tag{1.56}$$

$$\frac{u_{\delta_a}}{u_{\delta_c}} = \frac{k_{\delta_c}}{k_{\delta_a}L_{\delta_a}}\left[\frac{N_{\delta_c}L_{\delta_r}}{N_{\delta_r}} - L_{\delta_c}\right] \tag{1.57}$$

$$\frac{u_{a_y}}{u_{\delta_c}} = u_0 k_{a_y}\left[\frac{k_{\delta_c}N_{\delta_c}y_{\delta_r}}{N_{\delta_r}} - k_{\delta_r}y_{\delta_c}\right] \tag{1.58}$$

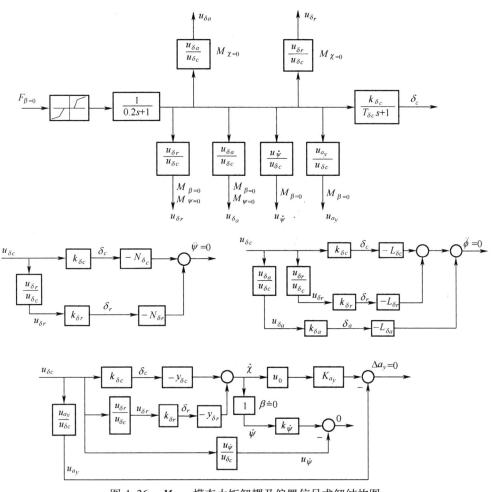

图 1.36　$M_{\beta=0}$ 模态力矩解耦及偏置信号求解结构图

$$\frac{u_{\dot{\psi}}}{u_{\delta_c}} = k_{\dot{\psi}}k_{\delta_c}\left[\frac{N_{\delta_c}y_{\delta_r}}{N_{\delta_r}} - y_{\delta_c}\right] \tag{1.59}$$

$M_{\beta=0}$ 模态的动态过程如图 1.37 所示，δ_c 偏转 $25°$。

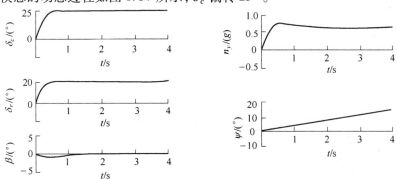

图 1.37　$M_{\beta=0}$ 模态控制的动态过程

3. 机身偏航指向模态(Fuselage Yaw Pointing Mode) $M_{\chi=0}$ 的实现策略

该模态要求在不改变航迹角 $\Delta\chi = 0$ 条件下,控制飞机的偏航姿态。例如需要向右偏航瞄准目标,飞行员给出指令使 δ_c 右偏,产生左侧力及左偏力矩,如图 1.38 所示。

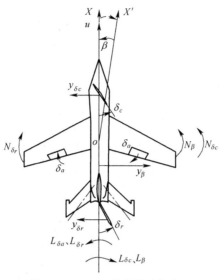

图 1.38 $M_{\chi=0}$ 模态的力与力矩

此时给出方向舵协调信号 $\dfrac{u_{\delta_r}}{u_{\delta_c}}$,使方向舵右偏,且它给出的力矩大于 δ_c 的偏航力矩,使飞机右偏航,出现左侧滑。由左侧滑所产生的侧力 y_β 与 δ_c 、δ_r 所产生的侧力相平衡,从而保持航迹不变。而侧滑所产生的力矩又与 δ_c 、δ_r 生成的合成力矩相平衡。另外,通过 $\dfrac{u_{\delta_a}}{u_{\delta_c}}$,产生副翼偏转,其滚转力矩与 δ_c 、δ_r 及 β 所产生的滚转力矩相平衡,从而保持机翼水平。图 1.39 为求取 $\dfrac{u_{\delta_r}}{u_{\delta_c}}$ 及 $\dfrac{u_{\delta_a}}{u_{\delta_c}}$ 的结构图。

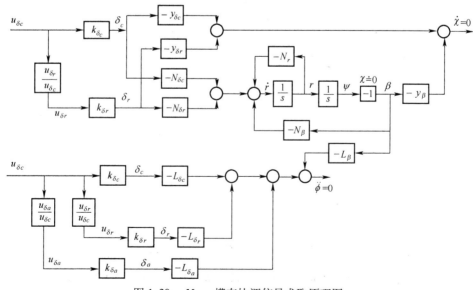

图 1.39 $M_{\chi=0}$ 模态协调信号求取原理图

由图可求得

$$\frac{u_{\delta_r}}{u_{\delta_c}} = \frac{- k_{\delta_c} \left[N_\beta y_{\delta_c} + N_{\delta_c} y_\beta \right]}{k_{\delta_r} \left[N_\beta y_{\delta_r} + N_{\delta_r} y_\beta \right]} \tag{1.60}$$

$$\frac{u_{\delta_a}}{u_{\delta_c}} = \frac{k_{\delta_c}}{k_{\delta_a}} \left[\frac{N_{\delta_c} L_\beta}{L_{\delta_a} N_\beta} - \frac{L_{\delta_c}}{L_{\delta_a}} \right] + \frac{u_{\delta_r}}{u_{\delta_c}} \left[\frac{L_\beta N_{\delta_r}}{L_{\delta_a} N_\beta} - \frac{L_{\delta_r}}{L_{\delta_a}} \right] \frac{k_{\delta_r}}{k_{\delta_a}} \tag{1.61}$$

模态 $M_{\chi=0}$ 的动态过程如图 1.40 所示。一般航向指向模态可使机头偏转 $\pm 5°$，该模态用于空-空、空-地攻击中，可相应地扩大攻击范围。

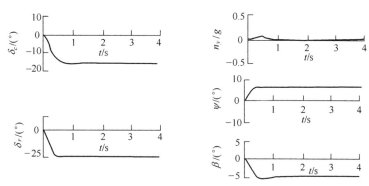

图 1.40　$M_{\chi=0}$ 动态响应

4. 侧向平移模态(Lateral Translation Mode) $M_{\psi=0}$

侧向平移是在不改变飞机航向姿态角($\Delta\psi=0$)及滚转角($\Delta\phi=0$)的条件下,控制飞机的侧向速度 u_y,使飞机进行平移。其动力学如图 1.41 所示。当需向右平移速度为 u_y 时,驾驶员发出指令,使 δ_c 左偏,同时给出方向舵协调信号 $\dfrac{u_{\delta_r}}{u_{\delta_c}}$,使 δ_r 向左偏,由其产生的

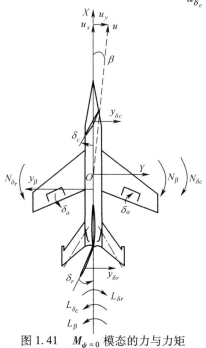

图 1.41　$M_{\psi=0}$ 模态的力与力矩

33

偏航力矩与 δ_c 偏航力矩相反,起平衡作用。δ_r 的侧力与 δ_c 侧力相一致。两个侧力的合力使飞机产生侧向加速度及侧向平移速度 u_y,并引起侧滑角 β,为了不使由 β 引起的偏航力矩产生右偏航,应接通航向角稳定系统。与此同时,为了保持滚转力矩平衡,还应接通副翼通道的稳定系统。由于稳态时,由 β 引起的侧力与 δ_r,δ_c 的引起的侧力平衡,飞机以恒定 u_y 作平移。$\dfrac{u_{\delta_r}}{u_{\delta_c}}$ 及 $\dfrac{u_{\delta_a}}{u_{\delta_c}}$ 的求取与模态 $M_{\beta=0}$ 相同。其动态过程如图 1.42 所示。侧向平移过程响应较慢,一般需 10s 左右。与垂直平移模态一样,主要用于小幅值、慢响应的修正,如空中加油、编队飞行的小位移修正及抗侧风着陆。

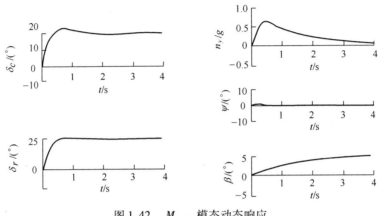

图 1.42 $M_{\psi=0}$ 模态动态响应

1.3.6 抗侧风着陆的主动控制技术

由于侧风对安全着陆的危害,以及常规飞机侧风着陆系统的固有缺陷,使飞机设计者的目光日益投向主动控制设计技术。曾有众多学者纷纷提出:将直接侧力这一主动控制技术用于抗侧风起飞与着陆。为便于对比,本节将提出三种不同的抗侧风控制系统,即常规控制的侧航法和侧滑法以及主动控制直接侧力控制法。主动控制技术是在常规控制的基础上引申与发展起来的,故首先阐述抗侧风着陆的常规控制技术,并作出评述。

1.3.6.1 抗侧风着陆的常规控制

飞机理想着陆的基本要求是:

(1) V_d 与跑道中心线方向一致,即航迹偏转角 $\Delta \chi = 0$,本节假设中心线指北,故 $\Delta \chi = \chi$。

(2) 机体轴 X 与跑道中心线方向一致,以使起落架滑跑方向与跑道中心线一致;由以上两项可知,V_d 所构成的侧滑角 $\beta_d = 0$。

(3) 机翼处于水平位置,即飞机滚转角 $\phi = 0$,以避免大翼展飞飞机翼尖触地。

(4) 飞机相对于跑道中心侧向偏移 $\Delta Y = 0$。

显然,其中 V_d 与跑道中心线方向一致,为着陆最基本要求。在侧风作用下,为保证地速仍与跑道中心一致,通常有所谓侧航法(crabbed approach)和侧滑法(sideslipping),或两者的折中结合。

1. 侧航法

如图 1.43 所示,这是一种侧风作用下无侧滑的着陆形式,机头迎着侧风方向转过一偏航角 ψ。与空速 V_K 重合,即 $\psi = -\beta_w$,其中 β_w 为侧风所引起的等效扰动侧滑角,且

$$\beta_w \approx -W_y / V_d$$

此法的缺点是,抵消侧风气动效果是靠机头转向。这就要求在接地前飞机挠航向 Z 轴纠正偏航角,进行所谓反侧航机动(decrab maneuver),使起落架随飞机而转向跑道中心线方向。图 1.44 为侧航法的波束导引着陆系统结构图,由副翼与方向舵两通道组成,副翼 δ_a 通道的任务是在侧风作用下使飞机的航向稳定在跑道中心线上。力求使波束偏差角 $\lambda = 0$;而方向舵通道由侧滑角传感器构成系统负反馈,使机头跟踪空速 V_k,完成无侧滑飞行。系统较全面地考虑了在侧风作用下的横侧向互相交联关系。侧向波束偏差纠正系统是在横滚角控制回路基

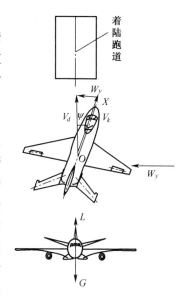

图 1.43 侧航法着陆示意图

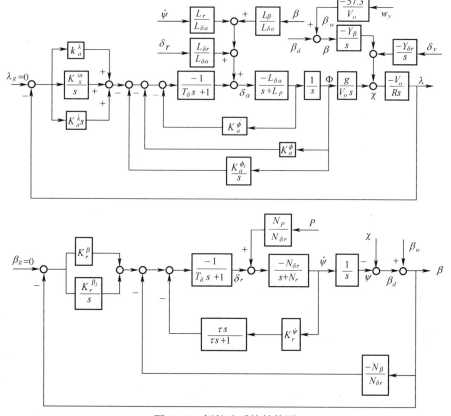

图 1.44 侧航法系统结构图

础上,采用误差的 PID 控制而构成的,其中所增加的角积分负反馈相当于波束偏差角的微分信号,以进一步改善系统动特性。图 1.45、图 1.46 分别为 $-10\mathrm{m/s}$ 阶跃侧风及"1-cos"型阵风作用下三种抗侧风着陆系统动态响应,其中标志为 1 的是侧航着陆系统的动态响应。

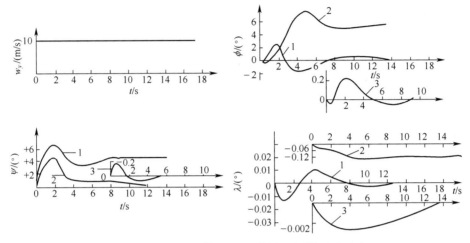

图 1.45 阶跃侧风作用下不同抗侧风系统动态响应

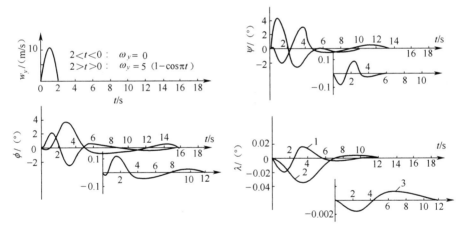

图 1.46 "1-cos"风作用不同,抗侧风系统动态响应

2. 侧滑法

地速 V_d 和飞机纵轴 X 均指向跑道中心线。在侧风作用下,带侧滑角 β_w 飞行,如图 1.47 所示。为平衡由于侧滑而引起的气动力,飞机最终必须有一滚转角 ϕ 以平衡侧滑而引起的侧力。因此,必须偏转相应的副翼 δ_a,与方向舵 δ_r 平衡由于侧滑而引起的滚转与偏航力矩,即

$$L\sin\phi + Y_\beta\beta_w = 0$$

图 1.47 为 $W_y = -10\mathrm{m/s}$ 阶跃作用下,侧滑着陆系统 ϕ、δ_a、δ_r 的动态响应。

可知,对短距起落飞机,由于起飞着陆速度的减小,侧风将等效成较大的 β_ω,从而要求有较大的横滚角 ϕ,这种非对称着陆显然增加了大翼展飞机着陆时翼尖触地的危险。

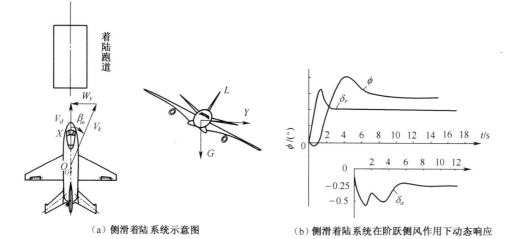

（a）侧滑着陆系统示意图 （b）侧滑着陆系统在阶跃侧风作用下动态响应

图 1.47 侧滑着陆系统

侧滑着陆系统结构图,其副翼通道与侧航法的图 1.44 一致。而方向舵通道由航向陀螺提供航向角的负反馈,以实现航向稳定。为便于比较,图 1.45 和图 1.46 中标志为 2 的曲线为侧滑着陆时系统动态响应。

1.3.6.2 抗侧风着陆的主动控制技术

所谓抗侧风的主动控制技术,即用直接力的气动效应以平衡侧风所致的侧滑气动效应,从而使图 1.48 所示的理想着陆状态成为可能。在有侧风情况下,机头 X 及地速 V_d 均对准跑道中心线,而飞机无需滚转 $\phi = 0$,产生侧力的途径是多种的,但采用机头垂直鸭翼 δ_c 的优点是为平衡 δ_c 所需方向舵 δ_r 的偏转增强了侧力控制作用,另外也有利于排除有害的气流干扰影响。

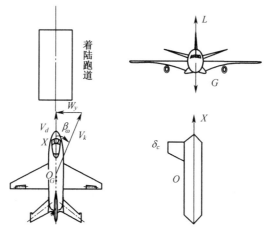

图 1.48 主动控制技术抗侧风着陆

由于飞机带侧滑着陆,β 的存在将生成侧力效应 $Y_\beta\beta$、滚转力矩效应 $L_\beta\beta$ 及偏航力矩 $N_\beta\beta$ 效应,为实现如图 1.48 所示理想着陆状态,系统进入稳态后必须相应地偏转 δ_c、δ_a、δ_r 三控制面,以获得侧力、横滚力矩及偏航力矩平衡,此时侧向运动动力学方程应为

37

$$\dot{\chi} = -Y_\beta\beta - Y_{\delta_r}\delta_r - Y_{\delta_a}\delta_a - Y_{\delta_c}\delta_c = 0$$

$$\dot{P} = -L_\beta\beta - L_{\delta_r}\delta_r - L_{\delta_a}\delta_a - L_{\delta_c}\delta_c = 0$$

$$\dot{r} = -N_\beta\beta - N_{\delta_r}\delta_r - N_{\delta_a}\delta_a - N_{\delta_c}\delta_c = 0$$

也即

$$\begin{bmatrix} Y_{\delta_c} & Y_{\delta_r} & Y_{\delta_a} \\ L_{\delta_c} & L_{\delta_r} & L_{\delta_a} \\ N_{\delta_c} & N_{\delta_r} & N_{\delta_a} \end{bmatrix} \begin{bmatrix} \delta_c \\ \delta_r \\ \delta_a \end{bmatrix} = -\begin{bmatrix} Y_\beta \\ L_\beta \\ N_\beta \end{bmatrix}\beta \tag{1.62}$$

由上式可得如下传递关系：

$$\begin{cases} K_\beta^{\delta_c} = \dfrac{\delta_c}{\beta} = \dfrac{D_\beta^{\delta_c}}{D} \\[3mm] K_\beta^{\delta_r} = \dfrac{\delta_r}{\beta} = \dfrac{D_\beta^{\delta_r}}{D} \\[3mm] K_\beta^{\delta_a} = \dfrac{\delta_a}{\beta} = \dfrac{D_\beta^{\delta_\alpha}}{D} \end{cases} \tag{1.63}$$

式中

$$D = \begin{vmatrix} Y_{\delta_c} & Y_{\delta_r} & Y_{\delta a} \\ L_{\delta_c} & L_{\delta_r} & L_{\delta_a} \\ N_{\delta_c} & N_{\delta_r} & N_{\delta_a} \end{vmatrix}, \qquad D_\beta^{\delta_c} = \begin{vmatrix} -Y_\beta & Y_{\delta_r} & Y_{\delta_a} \\ -L_\beta & L_{\delta_r} & L_{\delta_a} \\ -N_\beta & N_{\delta_r} & N_{\delta_a} \end{vmatrix}$$

$$D_\beta^{\delta_r} = \begin{vmatrix} Y_\delta & -Y_\beta & Y_{\delta_a} \\ L_{\delta_c} & -L_\beta & L_{\delta_a} \\ N_{\delta_c} & -N_\beta & N_{\delta_a} \end{vmatrix}, \qquad D_\beta^{\delta_a} = \begin{vmatrix} Y_{\delta_c} & Y_{\delta_r} & -Y_\beta \\ L_{\delta_c} & L_{\delta_r} & -L_\beta \\ N_{\delta_c} & N_{\delta_r} & -N_\beta \end{vmatrix}$$

当着陆状态的气动导数已知时，则可由侧滑角传感器感受出扰动角 β_w，并按式 (1.63)所表达的传动比去控制 δ_c、δ_r、δ_a 以实现如图 1.48 所示的稳定着陆关系，本节称为开环补偿控制。但由于飞机本身的固有惯性与阻尼，横滚与航向之间的气动交联，伺服作动器的惯性迟后，以及其他外界干扰等因素，仅开环补偿是不能达到预期性能的，还必须按图 1.49 那样，进行闭环修正。也即仍然由副翼通道稳定波束偏差角 λ；由方向舵通道实现航向稳定。开环补偿控制分别加在三伺服舵回路之前，从而形成如下控制规律：

$$\delta_c = \frac{1}{T_\delta s + 1}\left(K_\beta^{\delta_c}\beta \right)$$

$$\delta_r = \frac{1}{T_\delta s + 1}\left(K_\beta^{\delta_r}\beta + \frac{\tau s}{\tau s + 1} K_r^{\dot\psi}\dot\psi + K_r^\psi\psi + K_r^{\psi i}\int\psi\,\mathrm{d}t \right)$$

$$\delta_a = \frac{1}{T_\delta s + 1}\left(K_\beta^{\delta_{ar}}\beta + K_a^\phi\phi + K_a^{\phi_i}\int\phi\,\mathrm{d}t + K_a^\lambda\lambda + K_a^{\dot\lambda}\dot\lambda + K_x^{\lambda_i}\int\lambda\,\mathrm{d}t \right)$$

图 1.49 为采用垂直鸭翼 δ_c 后的侧力平衡方程。在理想情况下，由于 δ_c 的偏转已按式(1.63)补偿了侧滑 β 及方向舵 δ_r 所生成的侧力，故航迹偏转角 χ 及波束偏差角 λ 均为零；χ_ϕ 是横滚角 ϕ 所生成的航迹偏转角，它正体现了系统闭环修正所提供的补偿量。同

38

理,综合点(2),(3)则分别为具有垂直鸭翼 δ_c 后的横滚力矩及偏航力矩平衡关系式。图 1.45 及图 1.46 中曲线 3 为采用主动控制技术后侧风扰动系统动态响应。各动态响应均在副翼通道总增益不变前提下进行,也即采用调参数 K_α^λ 随距离 R 的减小而减小。仿真表明,本节提出的主动控制抗侧风着陆系统是十分接近理想着陆要求的。以 -10m/s 阶跃侧风为例,动态过程中机头最大偏转角 $\psi < 0.2°$,仅为侧航法的 3%;最大滚转角 $\phi < 0.27°$,仅为侧滑法的 4%;最大波束偏差角 $\lambda < 0.0028°$,仅为侧航法的 20% 及侧滑法的 3%,当 $R_0 = 2660$m 时,偏离跑道中心的最大距离 $Y = 0.13$m。本系统控制对象为某海平面着陆状态的运输机,气动导数如表 1.2 所示。

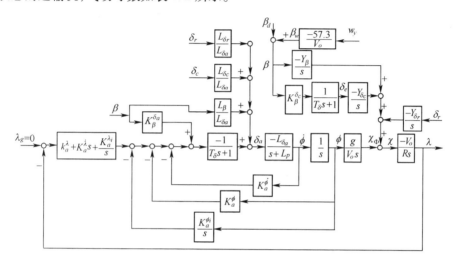

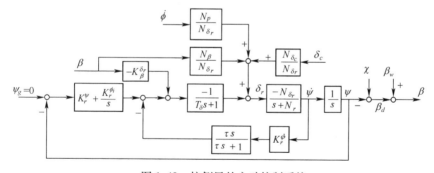

图 1.49　抗侧风的主动控制系统

表 1.2　某运输机着陆状态气动导数

Y_ϕ	-0.0730	L_p	2.029	L_{δ_r}	-0.4807	N_{δ_r}	1.3793
Y_β	0.1273	L_{δ_a}	22.018	N_P	-0.05827	N_{δ_a}	-0.0367
Y_{δ_r}	-0.0363	L_r	-0.4697	N_r	0.2724	L_{δ_c}	0.0240
Y_{δ_c}	-0.0380	L_β	2.091	N_β	-1.655	N_{δ_c}	-1.380

1.3.7　飞机中性稳定的直接力控制模态

　　飞机直接力控制这一主动控制技术应用于火力/飞行综合控制,可有效地提高火控精度,延长接火时间,提高命中概率。但欲进一步提高攻击的姿态跟踪精度已受到自然飞机惯性动力学的限制。本节提出飞机中性稳定机身瞄准这一新型模态,其途径是使用后缘襟副翼的对称偏转,对迎角小扰动变化进行气动解耦,从而构成飞机中性稳定,使飞机动力学由惯性振荡型转变为非周期型,有效地加速了飞机在攻击区的姿态跟踪动态过程,抑制了动态误差,明显地提高了抑制阵风干扰能力,并实现了姿态控制过程中航迹基本不变的机身瞄准模态控制要求。

1.3.7.1 一般飞机姿态跟踪系统

火力/飞行控制系统进入空—空射击攻击区时,飞行控制计算机对飞机进行姿态跟踪控制,使与机体固连的机炮精确跟踪前置弹着点,其纵向小扰动控制结构图如图1.50所示。

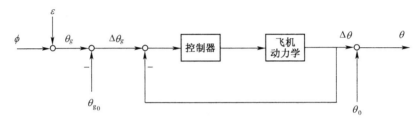

图 1.50 飞机纵向姿态跟踪系统

图中 ε 是由火控计算机给出的前置角,ϕ 是飞机与目标方位角,θ_g 为炮线指令,即给出的姿态控制角。飞机小扰动动力学为

$$\begin{bmatrix} \Delta \dot{\alpha} \\ \Delta \ddot{\theta} \end{bmatrix} = \begin{bmatrix} Z_\alpha & 1 \\ -m_\alpha & -m_q \end{bmatrix} \begin{bmatrix} \Delta \alpha \\ \Delta \dot{\theta} \end{bmatrix} + \begin{bmatrix} -Z_{\delta_e} \\ -m_{\delta_e} \end{bmatrix} \Delta \delta_e \qquad (1.64)$$

式中,$m_\alpha = M_\alpha - M_{\dot{\alpha}} Z_\alpha$;$m_q = M_{\dot{\alpha}} + M_q$;$m_{\delta_e} = M_{\delta_e} - m_{\dot{\alpha}} Z_{\delta_e}$。

自然飞机迎角变化 $\Delta \alpha$,形成升力变化效应($Z_\alpha \Delta \alpha$),产生稳定力矩效应($M_\alpha \Delta \alpha$),又因飞机本身的惯性和阻尼,从而导致飞机做小扰动振荡运动。

$$s^2 + (M_{\dot{\alpha}} + M_{\dot{\theta}} + Z_\alpha) s + (M_\alpha + Z_\alpha M_{\dot{\theta}}) = 0 \qquad (1.65)$$

图 1.51 为 YF-16 飞机在 $H=0$,$M_\alpha = 1.2$ 飞行状态下,经人工增稳后的等效机体($k_\alpha = -0.5$),简称自然等效机体。图 1.52 中的实曲线为该机体对 $\Delta U_{eg} = 1V$ 阶跃输入动态响应,其振荡过程十分明显。将该等效机体作为控制对象,经控制律设计,最终所得姿态跟踪系统如图 1.53 所示。该系统对姿态 $\Delta \theta$ 及其速率指令 $\Delta \dot{\theta}$ 的稳态跟踪误差为零。图 1.53 为该系统在 $\Delta \theta$ 阶跃指令作用下的动态响应。以 $\Delta \theta(t)$ 为例,响应呈现 30% 的超调,2s 左右的动态过程。为使空—空火炮最大允许瞄准误差小于 0.34°,减小瞄准误差,本节提出另一途径,采用飞机中性稳定直接力机身瞄准模态。利用后缘襟副翼偏转 $\Delta \delta_F$ 所产生的直接力效果 $Z_{\delta_F} \Delta \delta_F$ 及 $M_{\delta_F} \Delta \delta_F$,在一定的控制律制约下,去抵消迎角扰动 $\Delta \alpha$ 所形成的气动效果 $Z_\alpha \Delta \alpha$ 及 $M_\alpha \Delta \alpha$,使飞机不再出现静稳定力矩,故定义为中性稳定。此时飞机小扰动动力学为非周期环节。控制对象的这一"改造",加快了姿态跟踪过程。由于消除了 $\Delta \alpha$ 的气动作用,使飞机在姿态跟踪过程中航迹基本不变,保持了直接力机身瞄准模态特点。

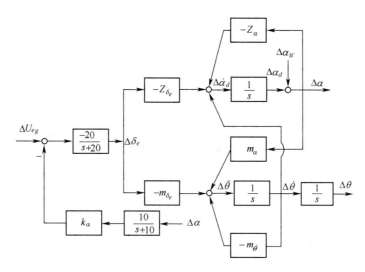

图 1.51 自然等效机体

($Z_\alpha = 4.1830$, $Z_{\delta_e} = 0.3137$, $m_\alpha = 124.3$, $m_{\delta_e} = 86.04$, $m_{\dot\theta} = 2.818$)

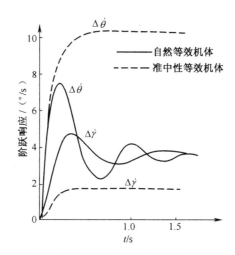

图 1.52 不同等效机体的阶跃响应

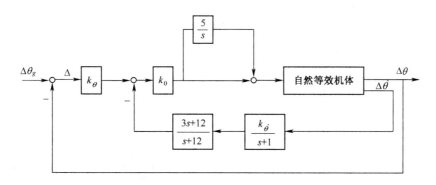

图 1.53 自然飞机姿态跟踪系统

($k_0 = 2.25$; $k_{\dot\theta} = 0.17$; $k_\theta = 1$)

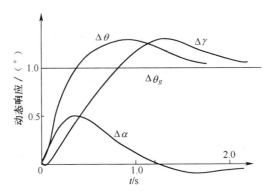

图 1.54 自然飞机姿态跟踪系统动态响应

1.3.7.2 飞机中性稳定及其特性

襟翼参与工作的飞机小扰动动力学

$$\begin{bmatrix} \Delta\dot{\alpha} \\ \Delta\ddot{\theta} \end{bmatrix} = \begin{bmatrix} -Z_\alpha & 1 \\ -m_\alpha & -m_{\dot\theta} \end{bmatrix} \begin{bmatrix} \Delta\alpha \\ \Delta\dot\theta \end{bmatrix} + \begin{bmatrix} -Z_{\delta_e} & -Z_{\delta_F} \\ -m_{\delta_e} & -m_{\delta_F} \end{bmatrix} \begin{bmatrix} \Delta\delta_e \\ \Delta\delta_F \end{bmatrix} \tag{1.66}$$

式中，$m_{\delta_F} = M_{\delta_F} - M_{\dot\alpha} Z_{\delta_F}$。舵转角 $\Delta\delta_e$ 由姿态指令所给出的舵转角 $\Delta\delta_{eg}$ 及实现中性稳定所需的"交联舵" $\Delta\delta_{eF}$ 所组成

$$\Delta\delta_e = \Delta\delta_{eg} + \Delta\delta_{eF} \tag{1.67}$$

由上两式可得如图 1.55 所示的中性稳定飞机结构图。为实现中性稳定，应偏转 $\Delta\delta_F$ 及 $\Delta\delta_{eF}$，使下式成立：

$$\begin{bmatrix} Z_\alpha \\ m_\alpha \end{bmatrix} \Delta\alpha + \begin{bmatrix} Z_{\delta_F} \\ m_{\delta_F} \end{bmatrix} \Delta\delta_F + \begin{bmatrix} Z_{\delta_F} \\ m_{\delta_e} \end{bmatrix} \Delta\delta_{eF} = 0 \tag{1.68}$$

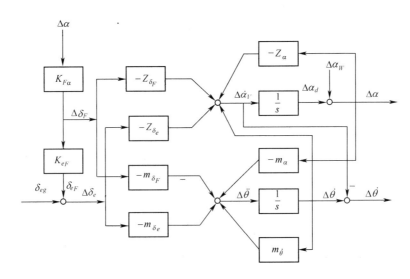

图 1.55 中性稳定飞机结构图
（ $Z_{\delta_F} = 0.3692$，$m_{\delta_F} = 31.368$ ）

将式(1.67)、式(1.68)代入式(1.66),则得中性稳定飞机动力学

$$\begin{bmatrix} \Delta\dot{\alpha} \\ \Delta\ddot{\theta} \end{bmatrix} = \begin{bmatrix} 1 \\ -m_{\dot{\theta}} \end{bmatrix} \Delta\dot{\theta} - \begin{bmatrix} Z_{\delta_e} \\ m_{\delta_e} \end{bmatrix} \Delta\delta_{eg} \tag{1.69}$$

由此可得相应飞机传递函数

$$\frac{\Delta\dot{\theta}(s)}{\Delta\delta_{eg}(s)} = -\frac{m_{\delta_e}}{s + m_{\dot{\theta}}} \tag{1.70}$$

$$\frac{\Delta\dot{\gamma}(s)}{\Delta\delta_{eg}(s)} = -Z_{\delta_e} \tag{1.71}$$

$$\frac{\Delta\dot{\alpha}(s)}{\Delta\delta_{eg}(s)} = -\frac{Z_{\delta_e} + m_{\delta_e} + m_{\dot{\theta}}Z_{\delta_e}}{s + m_{\dot{\theta}}} \tag{1.72}$$

其等效结构图如图 1.56 所示。

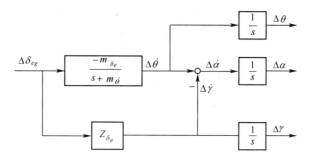

图 1.56　中性稳定飞机等效结构图

由此可知:

(1) 姿态角速率 $\Delta\dot{\theta}$ 对控制舵 $\Delta\delta_{eg}$ 的响应已成为非周期环节,时间常数取决于气动阻尼 $m_{\dot{\theta}}$。

(2) 当升降舵(或平尾)偏转所产生的法向效果 Z_{δ_e} 较小时,由式(1.71)可知,控制舵偏转对航迹的影响将显著减小,这正是直接力机身瞄准模态所寻求的。由图 1.55 得中性稳定控制律

$$\Delta\delta_F = K_{F\alpha}\Delta\alpha \tag{1.73}$$

$$\Delta\delta_{eF} = K_{eF}\Delta\delta_F = K_{F\alpha}K_{eF}\Delta\alpha \tag{1.74}$$

系数 $K_{F\alpha}$、K_{eF} 由式(1.68)可直接导出

$$\left(m_{\delta_F} - \frac{m_\alpha Z_{\delta_e}}{Z_\alpha}\right)\Delta\delta_F + \left(m_{\delta_e} - \frac{Z_{\delta_e}M_\alpha}{Z_\alpha}\right)\Delta\delta_{eF} = 0 \tag{1.75}$$

故

$$K_{eF} = \frac{\Delta\delta_{eF}}{\Delta\delta_F} = \frac{m_\alpha Z_{\delta_F} - m_{\delta_F}Z_\alpha}{m_{\delta_e}Z_\alpha - m_\alpha Z_{\delta_e}} \tag{1.76}$$

同理

$$\left(m_\alpha - \frac{m_{\delta_e}Z_\alpha}{Z_{\delta_e}}\right)\Delta\alpha = \left(\frac{m_{\delta_e}Z_{\delta_F}}{Z_{\delta_e}} - m_{\delta_F}\right)\Delta\delta_F \tag{1.77}$$

故

$$K_{F\alpha} = \frac{\Delta \delta_F}{\Delta \alpha} = \frac{m_\alpha Z_{\delta_e} - m_{\delta_e} Z_\alpha}{m_{\delta_e} Z_{\delta_F} - m_{\delta_F} Z_{\delta_e}} \tag{1.78}$$

式(1.76)和式(1.78)指出,K_{eF} 与 $K_{F\alpha}$ 均为气动导数的函数,欲实现中性稳定,必须不断给出不同飞行状态的 $K_{F\alpha}$ 与 K_{eF} 值。

一般情况下,中性稳定是在如图 1.51 所示的经人工增稳后的等效机体基础上实现的。也即飞机做超音速或亚音速飞行时,可选取不同迎角反馈系数 k_α,以调整等效机体的静稳定度。这样,在转入中性稳定模式之前,自然等效机体在不同飞行状态下,已具有合适的静稳定度。为此,式(1.76)和式(1.78)中的 m_α、Z_α 应代之以增稳后的等效值 $m_{\alpha 1}$、$Z_{\alpha 1}$,且

$$Z_{\alpha 1} = Z_\alpha + k_\alpha Z_{\delta_e}$$
$$m_{\alpha 1} = Z_{\alpha 1} - M_{\dot{\alpha}} Z_{\alpha 1}$$
$$M_{\alpha 1} = M_\alpha + k_\alpha M_{\delta_e}$$

因信号的综合通常在舵回路 $1/(T_\delta s + 1)$ 的输入口,当计及舵回路极性及时间常数后,可将图 1.55 的信号综合部分作如图 1.57 所示的变化。在两个反馈回路中均增加环节 $T_\delta s + 1$,以抵消舵回路时间常数。为避免由此而产生的迎角信号噪声,故在近似实现中性稳定时去掉 $T_\delta s + 1$,便称去掉此环节后的图 1.57 结构图为准中性等效机体。且认为式(1.79)仍成立。

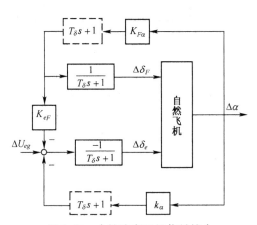

图 1.57　中性稳定飞机信号综合

现将准中性等效机体与图 1.51 的自然等效机体作如下比较:

(1) 经推导,准中性等效机体传递函数为

$$\frac{\Delta \dot{\theta}(s)}{\Delta U_{eg}(s)} = \frac{T_\delta m_{\delta_e} + (1 + Z_{\alpha 1} T_\delta) m_{\delta_e} - m_{\alpha 1} T_\delta Z_{\delta_e}}{[T_\delta s + 1][T_\delta s^2 + (m_{\dot{\theta}} T_\delta + Z_{\alpha 1} T_\delta + 1) s + (1 + Z_{\alpha 1} T_\delta) m_{\dot{\theta}} + m_{\alpha 1} T_\delta]} \bigg|_{T_\delta \to 0}$$

$$= \frac{m_{\delta_e}}{s + m_{\dot{\theta}}} \tag{1.79}$$

$$\frac{\Delta \dot{\alpha}(s)}{\Delta U_{eg}(s)} = \frac{Z_{\delta_e} + Z_{\delta_e} m_{\dot{\theta}} + m_{\delta_e}}{T_\delta s^2 + [m_{\dot{\theta}} T_\delta + Z_{\alpha 1} T_\delta + 1] s + (1 + Z_{\alpha 1} T_\delta) m_{\dot{\theta}} + m_{\alpha 1} T_\delta} \bigg|_{T_\delta \to 0}$$

$$= \frac{Z_{\delta_e}s + Z_{\delta_e}m_{\dot{\theta}} + m_{\delta_e}}{s + m_{\dot{\theta}}} \qquad (1.80)$$

可见,准中性稳定与中性稳定等效机体的差别仅取决于 T_{δ} 大小。准中性等效机体对 $\Delta U_{zg} = 1V$ 的阶跃响应如图 1.52 虚线所示。在同一飞行状态下,与自然等效机体相比,其响应过程明显加快,动态过程在 0.6s 内结束。

(2)中性稳定飞机有明显抗风能力。因垂风 W_Z 可等效成如图 1.55 所示的迎角扰动 $\Delta \alpha_W$,而由中性稳定飞机短周期运动方程

$$\Delta \dot{\gamma} = Z_{\delta_e} \Delta \delta_{eg} \qquad (1.81)$$

$$\Delta \ddot{\theta} = -m_{\dot{\theta}} \Delta \dot{\theta} - m_{\delta_e} \Delta \delta_{eg} \qquad (1.82)$$

可知,飞机的轨迹和姿态变化与迎角变化无关。对准中性稳定等效机体而言,也具有明显的抗风能力,经推导,垂风扰动下的传递函数为

$$\frac{\Delta \gamma(s)}{\Delta \alpha_W(s)} = \frac{-m'_\alpha T_{\delta} - (T_{\delta}s + 1)(s + m_{\dot{\theta}})}{T_{\delta}s^2 + (T_{\delta}m_{\dot{\theta}} + Z'_\alpha T_{\delta} + 1)s + (1 + Z'_\alpha T_{\delta})m_{\dot{\theta}} + m'_\alpha T_{\delta}} \qquad (1.83)$$

$$\frac{\Delta \theta(s)}{\Delta \alpha_W(s)} = \frac{-m'_\alpha T_{\delta}}{T_{\delta}s^2 + (T_{\delta}m_{\dot{\theta}} + Z'_\alpha T_{\delta} + 1)s + (1 + Z'_\alpha T_{\delta})m_{\dot{\theta}} + m'_\alpha T_{\delta}} \qquad (1.84)$$

图 1.58 为同一飞行状态下,两种不同等效机体在阶跃垂风 $W_Z = 20\text{m/s}$ 作用下的动态响应。由式(1.83)及式(1.84)可知,垂风对准中性稳定飞机影响程度取决于 T_{δ}。当 $T_{\delta} \to 0$ 时,在垂风作用下姿态不变。图 1.58 为 $T_{\delta} = 0.05\text{s}$ 时的仿真曲线。

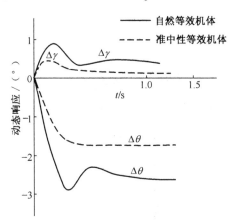

图 1.58 垂风对不同等效机体影响

实线—自然等效机体;虚线—准中性等效机体。

1.3.7.3 中性稳定飞机姿态跟踪系统

中性稳定等效机体所具有特性应直接反映在由它所组成的姿态跟踪系统中。经根轨迹设计及数字仿真,由中性等效机体所构成的姿态跟踪系统如图 1.59 所示。图中 $k_\theta = 1.2$,$k_{\dot{\theta}} = 0.17$,$k_0 = 1$。系统对恒定的 $\Delta \theta_g$ 及 $\Delta \dot{\theta}$ 的稳态跟踪误差为零。为加速对姿态角速率信号的动态跟踪过程,增加了前馈环节。系统对 $\Delta \theta_g = 1°$ 阶跃信号跟踪过程如图 1.60 虚线所示。动态过程略有振荡,但响应过程已明显优于自然飞机姿态跟踪过程(见

图 1.60 中的实曲线）。另外,在姿态跟踪过程中航迹角变化 $\Delta\gamma$ 小于 $0.02°$,只相当于姿态角变化的 2%（见图 1.61 中的虚线）,这正是机身瞄准模态所需要的。

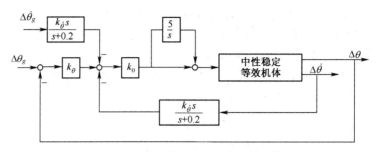

图 1.59　中性稳定飞机姿态跟踪系统

为便于工程实现,必须考虑由准中性飞机所构成的姿态跟踪系统。经设计,所确定的结构图与图 1.59 同,只参数作如下调整: $k_\theta = 1.5, k_0 = 2.25$,并在角速率回路中设置网络 $(2s + 12)/(s + 12)$。图 1.60、图 1.61 点划线表明,准中性飞机姿态跟踪系统优点十分明显。

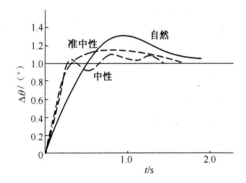

图 1.60　不同姿态跟踪系统的阶跃响应

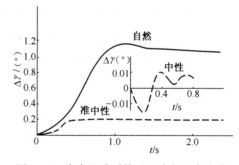

图 1.61　姿态跟踪系统过程中航迹角变化

为检验中性稳定飞机姿态跟踪系统抗风能力,将 MIL‒8785B 矢量风模型（见图 1.62

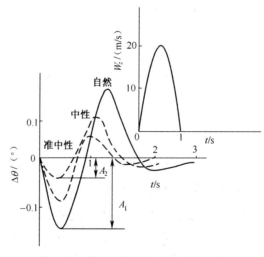

图 1.62　垂风对姿态跟踪系统的干扰

46

右上角)分别加到中性、准中性及自然飞机姿态跟踪系统。图 1.62 表明,垂风对准中性飞机姿态跟踪系统的干扰以大为缓和,与自然飞机控制系统相比,其缓和度 $(A_1 - A_2)/A_1\%$ 已达 70%(A_1 与 A_2 分别为自然与准中性飞机姿态扰动幅值)。

为实现中性稳定,理论上必须不断计算出与气动导数有关的系数 K_{eF}、$K_{F\alpha}$ 值。但仿真证明当系数 K_{eF}、$K_{F\alpha}$ 设置误差达 20% 时,仍有较明显的中性稳定效果。

1.4 飞机机动载荷控制(Maneuver Load Control,MLC)

主动控制技术在改善结构特性上的应用,主要是降低各种因素引起的气动载荷。

由于大型飞机(运输机、轰炸机)和小型歼击机在结构性能与执行任务上的差别,机动载荷控制的设计目标也并不相同。

1.4.1 运输机与轰炸机机动载荷控制

由于大型飞机作长时间 1g 过载巡航飞行,为了改善巡航性能,机动载荷控制的要求是降低翼根弯矩,减轻机翼结构重量,改善结构疲劳。

机翼上的载荷分布与机动飞行有关,图 1.63 为 1g 巡航飞行时及机动飞行时机翼载荷分布。

图 1.63　机动载荷控制

由图 1.63 可知,巡航时机翼上载荷一般呈椭圆形分布,使机翼诱导阻力最小。机动飞行时,机翼上载荷同时加大,机翼弯矩从翼尖到翼根也迅速增大。若载荷按点划线分布,则可有效地降低弯矩。若能根据这种弯矩设计机翼,则可减轻机翼结构重量,提高巡航性能。机动载荷控制就是在机动飞行时,自动改善机翼载荷分布,以减小翼根弯矩。

实现方案:由过载系数变化,对称偏转副翼及襟翼,以调整升力分布,如图 1.64 所示。机动飞行时,左右内侧襟翼同时向下偏转,提高机身附近翼段升力。调整后的总升力使升力增加以满足机动飞行要求。

机动载荷控制结果使气动中心向内翼段移动,减小了翼根弯矩。一般可减少翼根弯矩 10%~40%,结构重量减轻 5%,航程增加 30%。

上述机动载荷升力分布可能会增大机动飞行的阻力,但对于大型飞机而言,由于机动时间短暂,为达到降低结构载荷的目的,降低一些升阻比是允许的。

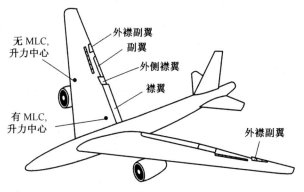

图 1.64　机动载荷控制面

1.4.2　歼击机的机动载荷控制

　　歼击机机动载荷控制,应使机动飞行时机翼升力呈椭圆形分布,如图 1.65 所示,它可减小机翼诱导阻力,延缓亚音速时机翼上气流分离,以提高升力。

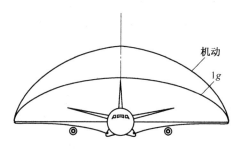

图 1.65　机动载荷时,升力分布

　　目前,歼击机机动载荷控制面有前缘和后缘控制两种形式。前缘控制面有前缘机动襟翼、前缘缝翼。后缘控制面有机动襟翼及襟副翼。

　　若采用前缘机动襟翼,向下的偏转角大小随迎角 α 增加而增加,从而改变了机翼弯度,减小了气流分离,改变了压力分布,提高升阻比,如图 1.66 所示。一般前缘襟翼的最有利偏转规律是由风洞实验得出的,前缘襟翼的偏转角 δ_{qj} 通常为飞机迎角 α 和飞行 Ma 数的函数,即 $\delta_{qj} = f(\alpha, Ma)$。作为这种控制方案的典型例子是 YF-16 飞机的机动载荷控制系统,其襟翼偏转规律为

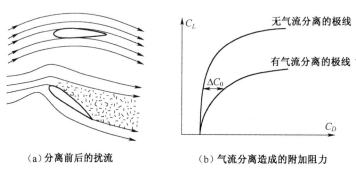

（a）分离前后的扰流　　　　　（b）气流分离造成的附加阻力

图 1.66　大迎角气流分离新增加阻力

$$\delta_{qj} = k_{qg}[\alpha - \alpha_0(Ma)]$$

$$k_{qg} = 1.6$$

$$\alpha_0(Ma) = \begin{cases} 2° & Ma < 0.6 \\ 2° + k_1(Ma - 0.6) & 0.6 \leqslant Ma < 0.9 \\ 6° + k_2(Ma - 0.9) & 0.6 \leqslant Ma \leqslant 1.0 \\ 11.6° & Ma > 1.0 \end{cases}$$

式中，$\alpha_0(Ma)$ 是配平迎角，它是 Ma 数的函数。由图 1.67(a)可见，前缘襟翼偏度 δ_{qj} 与 α 成线性关系，当 $\alpha < \alpha_0(Ma)$ 时 $\delta_{qj} = 0$，即前缘襟翼保持不动。在 $Ma = 0.6 \sim 0.9$ 之间，α_0 与 Ma 数成线性关系，斜率为 k_1；$Ma > 0.9$ 时斜率由 k_1 增至 k_2；$Ma < 0.6$ 时，$\alpha_0 = 2°$ 保持不变(图 1.67(b))；$Ma \geqslant 1$ 以后，前缘襟翼偏转会引起波阻剧增，所以自动操纵应不起作用，前缘襟翼收起不动。此外，前缘襟翼还与起落架收起联动。在起飞着落状态，起落架放下时，前缘襟翼固定偏转 25° 成为增升襟翼，改善起落性能；起落架收上时，前缘襟翼转为随 α、Ma 自动调节。

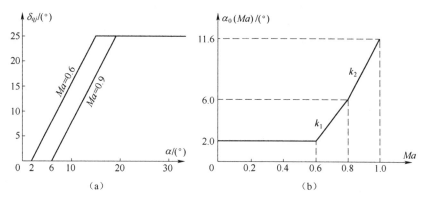

图 1.67　前缘襟翼偏角随 α、Ma 变化规律

前缘机动襟翼控制系统如图 1.68 所示，系统中除引入 α 信息以外，还引入了经清洗网络的 q 反馈，以增加系统的动态阻尼。

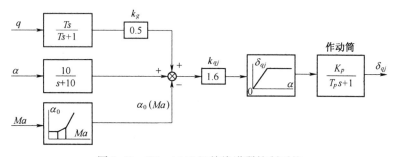

图 1.68　YF-16 飞机前缘襟翼控制系统

YF-16 飞机的机动载荷控制使全翼展的前缘襟翼按上述最有利的规律自动偏转，改变翼型弯度以减小机翼大迎角气流分离，减小机翼阻力，提高飞机机动性。例如，飞行高度为 9000m，以最大推力作稳定盘旋时，前缘襟翼按上述规律偏转与不偏转相比，稳定盘旋过载可提高 18%。

机动襟翼可由前缘、后缘襟翼组成,但实验结果表明,就改变翼型弯度和减小大迎角阻力而言,后缘襟翼的作用较小,所以除 F‐5E 采用了前缘、后缘机动襟翼外,其他现代战斗机如 F‐16、F‐18 等都只采用前缘机动襟翼。

机动襟翼按一定规律随 α 和 Ma 数的变化自动调节,还应考虑与平尾交联,补偿襟翼调节给纵向配平带来的扰动及对纵向飞行品质的影响。

思 考 题

1. 请简述随控布局(主动控制)技术的概念并给出与传统飞机设计的不同之处。

2. 请简述静稳定性的概念,放宽静稳定度的益处。请问放宽静稳定度后飞行控制设计的特点?

3. 超音速飞机跨音速飞行时,请简述其气动焦点变化过程及引起其变化的主要原因。

4. 请简述常规飞机飞行操纵的过程,并对比分析采用直接力控制带来好处。

5. 请问纵向直接力控制有几种模态,根据结构图简述该飞行模态实现的物理过程。

6. 给出直接升力控制参数设计的过程,并以图 1.22 给出的气动参数为例进行参数设计。

7. 请问直接升力作用点与重心、气动焦点之间的位置关系,并简述其物理原因。

8. 通过查阅文献了解 C^* 飞行品质指标概念及物理意义。

9. 请问侧向直接力控制有几种模态,并根据结构图简述该飞行模态实现的物理过程。

10. 请简述侧向基本模态中在 δ_r 中引入 $\alpha_0 p$ 作用,从物理过程来简述。

11. 给出直接侧力控制参数设计的过程,并以图 1.30 给出的气动参数为例进行参数设计。

12. 请简述 δ_r 中引入副翼舵 δ_a 信息的作用,能否从自动控制原理中按扰动进行补偿结构来解释。

13. 给出侧航法和侧滑法抗侧风着陆技术实现的物理过程和控制结构。

14. 给出抗侧风着陆主动控制技术实现的物理过程和控制结构。

15. 给出飞机中性稳定的直接力控制模态的控制结构,并据此分析其物理过程。

16. 分析运输机和战斗机机动载荷控制的结构及异同点。

第2章 飞行/推力综合控制

2.1 飞行/推力综合控制的发展

飞行/推力综合控制(IFPC)系统是在利用主动控制技术提高飞机性能的基础上发展起来的。

20世纪40年代研制的早期飞机仅利用机械飞行操纵系统和机械液压控制的简单涡轮喷气发动机。

50年代的飞机利用燃烧涡轮喷气发动机,增加了燃油油量控制器和主燃油控制器,同时还采用具备跨音速飞行性能的模拟电子增稳系统。

60年代的飞机利用可变形状进气道、涡轮风扇喷气发动机和飞行控制自动驾驶仪与大气数据计算机。

70年代起走向综合化,某些飞机上采用自动油门控制和发动机的电子控制。此后,电传操纵系统与主动控制技术的采用使系统之间的综合容易实现,飞行/推力综合控制系统进入试飞阶段。例如,试飞 F–111,验证了自动油门控制与发动机数字控制系统的交联;YF–12 综合控制计划实现了自动驾驶仪、自动油门以及进气道的数字控制;试飞 F–15 验证了 IFPC 技术概念及其可行性。

80年代,美国根据 DMICS(Design Methods for Integrated Control System)计划试飞 F–15B 和 F/A–18,验证了 IFPC 技术的可行性,完成了短距离起落、地形跟随/回避、空–空格斗机动、空–地攻击机动和超音速巡航的 IFPC 系统建模、控制律设计、仿真和评价。此外,美国还进行了 HIDEC(Highly Integrated Digital Electronic Control)研究,它分为 ADECS(Adaptive Digital Engine Control System Mode)与 TGO(Trajectory Guidance Optimization Mode)两种模态。ADECS 模态通过增加发动机压力比(Engine Pressure Ratio)获得了 12% 的附加推力,从而提高了飞机的加速度、改善转弯速度和转弯角度。TGO 模态通过飞行/推力/导航等系统的综合,优化了轨迹,增加了航程,节省了燃料并减小了接触交战时间。美国另一项研究计划 FADEC(Full Authority Digital Electronic Control)是由海军、惠普公司、哈密尔顿标准公司共同进行的,主要研究全权限数字电子发动机控制系统。IFPC 技术效益显著,增加了定点推力 6%,减少了发动机喘振,改进了推进系统性能。在 F/A–18 飞机上进行 IFPC 技术验证结果表明,扩大了飞行包线,提高了飞行性能,特别是低音速着陆性能和高空性能。

长期以来,飞机上的飞行控制系统与推进系统是彼此独立的,只有必要时飞行员予以适当协调。近代飞机,由于采用了变几何形状进气道以及具有推力矢量和反推特性的发动机等方案,这样就发生了发动机/进气道/机身之间的耦合。使飞机产生发散的横向振荡,畸变系数超过限制,不稳定的荷兰滚和长周期振荡,甚至可能产生发动机熄火的故障。

因此,有必要对飞行控制和推力控制进行综合,以便抑制由于耦合作用对飞机稳定性和控制性能的影响。

综合飞行/推力控制系统工作过程如下:在飞行过程中,飞行/推力计算机收到飞机迎角、侧滑角、飞行速度和加速度等信号的同时,也收到来自发动机的进气道压力比、进气整流锥位置等信号。经飞行/推力控制律计算后,一方面向飞控系统发出控制信号,操纵飞机的相应的控制面,使飞机按预期的姿态和轨迹飞行;另一方面又向发动机系统发出控制信号,控制进气锥位置伺服装置和油门,按需要控制飞机的推力。这样,就把飞行控制和推力控制融为一体达到综合控制的目的。

2.2　自然飞机低动压下的轨迹响应特性

为阐述飞行/推力控制对执行精确飞行轨迹控制的必要性,本章将以舰载飞机在低动压下着舰状态下的飞行/推力控制,即自动动力补偿系统(APCS)为例,说明飞行/推力综合控制的几种形式、工作原理、控制律构成及设计。

由于受到有限的舰上甲板长度等着舰条件的苛刻限制,舰载飞机在进场着舰时需要尽量减小着舰速度。减小速度就必须加大飞行迎角,以维持飞机合适的下沉速率。但是飞行迎角如果超过了最大升阻比点所对应的临界迎角,则飞机将进入速度不稳定区域,使保持飞行轨迹变得非常困难。舰载飞机进场动力补偿系统正是为解决舰载飞机在低速进场时的"轨迹不可控"问题而提出的。

由图 2.1 所示的纵向自动着舰系统原理结构可知,当自动着舰引导系统(ACLS)出现着舰高度偏差 H_{er} 时,经导引律计算发送给飞机的导引信息是通过控制飞机的姿态($\Delta\theta$),以实现对航迹倾斜角的控制($\Delta\gamma$),从而完成对高度的纠偏。因此飞机 $\Delta\gamma$ 对 $\Delta\theta$ 的响应质量 $W_\theta^\gamma(s)$ 直接关系着 ACLS 的性能。图 2.1 中所示的动力补偿系统(APCS)将使飞机在低动压着舰状态下,有效地阻尼飞机长周期运动,并使 Δr 对 $\Delta\theta$ 有快速精确的跟踪能力。

动力补偿系统(APCS)仅在飞机进场段使用。在准备进场前的合适时间,由飞行员利用操纵台上的 APC 开关手动接通;在着舰前 1~2s 的合适时机,由飞行员通过推油门杆产生的力矩开关信号切除。

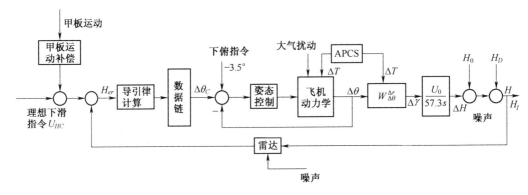

图 2.1　纵向自动着舰系统原理图

为说明无舵面控制作用($\Delta\delta_e$ =0)时,自然飞机航迹倾斜角($\Delta\gamma$)对姿态角($\Delta\theta$)的响应特性 $W_\theta^\gamma(s)$,首先建立飞机在稳定轴系下的气动力学模型。所谓稳定轴系,是指取 OX_{S0} 与飞机配平后的相对气流 U_0 一致的机体坐标系,如图2.2所示。

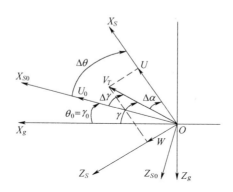

图 2.2 稳定轴系

对于一般的机体坐标系 $OXYZ$,飞机的配平角 $\alpha_0>0$;而在稳定轴系 $OX_SY_SZ_S$ 中,由于 OX_{S0} 与 U_0 方向一致,故配平迎角 $\alpha_0=0$,因此 OX_S 与机体坐标系的 OX 间的夹角为 α_0 。

稳定轴系中的量纲形式如表2.1~表2.3所示。

表 2.1 有关轴的量

三轴	OX_S	OY_S	OZ_S
沿三轴的线速度(增量)	$U(\mathrm{m/s})$	$V(\mathrm{m/s})$	$W(\mathrm{m/s})$
沿三轴的力	$F_X(\mathrm{N})$	$F_Y(\mathrm{N})$	$F_Z(\mathrm{N})$
沿三轴的力矩	$L(\mathrm{N\cdot m})$	$M(\mathrm{N\cdot m})$	$N(\mathrm{N\cdot m})$

表 2.2 纵向扰动量

	符号(单位)	方向
水平扰动风	$u_g(\mathrm{m/s})$	顺风为正
垂直扰动风	$w_g(\mathrm{m/s})$	向下为正
扰动力矩	$m_y(\mathrm{N\cdot m})$	抬头为正

表 2.3 角度定义

	全量	配平量	增量	方向
迎角(°或 rad)	$\alpha_0=\alpha+\Delta\alpha$	$\alpha_0=0$	$\Delta\alpha=\dfrac{w}{U}$	w 为正时, $\Delta\alpha$ 为正
俯仰角(°或 rad)	$\theta=\Delta\theta+\theta_0$	θ_0	$\Delta\theta$	抬头为正
航迹倾斜角(°或 rad)	$\gamma=\Delta\gamma+\gamma_0$	γ_0	$\Delta\gamma$	轨迹向上为正

飞机的纵向力与力矩方程为

$$\begin{cases} \sum F_x = m(\dot{U} + WQ) \\ \sum F_y = m(\dot{W} - UQ) \\ \sum M = I_y \dot{Q} \end{cases} \tag{2.1}$$

在稳定轴系中,有:

$$\begin{cases} U = U_0 + u \\ \dot{U} = \dot{u} \end{cases} \quad \begin{cases} W = w \\ \dot{W} = \dot{w} \end{cases} \quad \begin{cases} Q_0 = 0 \\ Q = q \end{cases}$$

其中 Q、q 分别为俯仰角速度的全量和增量。

经增量线性化后,得如下的小扰动动力学线性化方程:

$$\begin{cases} \dot{u} = X_u(u - u_g) + X_w(w - w_g) - g\Delta\theta + X_{\delta_e}\Delta\delta_e + X_{\Delta T}\Delta T \\ \dot{w} = U_0\Delta\dot{\theta} + Z_u(u - u_g) + Z_w(w - w_g) + Z_{\dot{w}}\dot{w} + Z_{\delta_e}\Delta\delta_e + Z_{\Delta T}\Delta T \\ \Delta\ddot{\theta} = M_u(u - u_g) + M_w(w - w_g) + M_{\dot{w}}\dot{w} + M_q\Delta\dot{\theta} + M_{\delta_e}\Delta\delta_e + M_{\Delta T}\Delta T + M_y/I_y \end{cases} \tag{2.2}$$

式(2.2) 还可以写为

$$\Delta\dot{\gamma} = \frac{U_0\Delta\dot{\theta} - w}{U_0} = -\frac{Z_u}{U_0}(u - u_q) - \frac{Z_w}{U_0}(w - w_g) - \frac{Z_{\dot{w}}}{U_0}\dot{w} - \frac{Z_{\delta_e}}{U_0}\Delta\delta_e - \frac{Z_{\Delta T}}{U_0}\Delta T \tag{2.3}$$

考虑运动学方程后,最终可得到

$$\begin{cases} \dot{u} - X_u(u - u_g) - X_w(w - w_g) + g\Delta\theta = X_{\Delta T}\Delta T + X_{\delta_e}\Delta\delta_e \\ \dot{w} - U_0\Delta\dot{\theta} - Z_u(u - u_g) - Z_w(w - w_g) - Z_{\dot{w}}\dot{w} = Z_{\Delta T}\Delta T + Z_{\delta_e}\Delta\delta_e \\ \Delta\ddot{\theta} - M_u(u - u_g) - M_w(w - w_g) - M_{\dot{w}}\dot{w} - M_q\Delta\dot{\theta} = M_{\delta_e}\Delta\delta_e + M_{\Delta T}\Delta T \\ \Delta\dot{H} = U_0\Delta\gamma = U_0\Delta\theta - w \end{cases} \tag{2.4}$$

式中, $\Delta\dot{H}$ 为高度变化率(m/s); ΔH 为高度变化量,迎角传感器可以感受迎角增量 $\Delta\alpha$,并且 $\Delta\alpha = \dfrac{w - w_g}{U_0}$ 。

不计风扰动的运动方程为

$$\begin{cases} \dot{u} = X_u u + X_w w - g\Delta\theta + X_{\delta_e}\Delta\delta_e + X_{\Delta T}\Delta T \\ \dot{w} = U_0\Delta\dot{\theta} + Z_u u + Z_w w + Z_{\dot{w}}\dot{w} + Z_{\delta_e}\Delta\delta_e + Z_{\Delta T}\Delta T \\ \Delta\ddot{\theta} = M_u u + M_w w + M_{\dot{w}}\dot{w} + M_q\Delta\dot{\theta} + M_{\delta_e}\Delta\delta_e + M_{\Delta T}\Delta T \\ \Delta a_z = \dot{w} - U_0\Delta\dot{\theta} = -U_0\Delta\dot{\gamma} \end{cases} \tag{2.5}$$

长周期运动方程为

$$\begin{cases} \dot{u} = X_u u + X_w w - g\Delta\theta + X_{\delta_e}\Delta\delta_e + X_{\Delta T}\Delta T \\ \dot{w} = U_0\Delta\dot{\theta} + Z_u u + Z_w w + Z_{\delta_e}\Delta\delta_e + Z_{\Delta T}\Delta T(\text{不计 } Z_{\dot{w}}\dot{w}) \\ M_u u + M_w w = -M_{\delta_e}\Delta\delta_e(\text{力矩稳态平衡}) \\ \Delta a_z = \dot{w} - U_0\Delta\dot{\theta} = -U_0\Delta\dot{\gamma} \end{cases} \tag{2.6}$$

下面将分析自然飞机飞行轨迹角对姿态角的响应特性。所谓自然飞机是指舵锁住且不进行推力控制的飞机(即 $\Delta\delta_e = 0$, $\Delta T = 0$),此时具有如下方程

$$\begin{cases} \dot{u} = X_u u + X_w w - g\Delta\theta \\ \dot{w} = Z_u u + Z_w w + U_0\Delta\dot{\theta} \end{cases} \tag{2.7}$$

由式(2.7)可得

$$\Delta\dot{\gamma} = -\frac{Z_u}{U_0}u - \frac{Z_w}{U_0}w \tag{2.8}$$

并且

$$w = U_0\Delta\alpha = U_0(\Delta\theta - \Delta\gamma) \tag{2.9}$$

则其状态方程为

$$\begin{bmatrix} \Delta\ddot{u} \\ \Delta\dot{\gamma} \end{bmatrix} = \begin{bmatrix} X_u & -X_w U_0 \\ -\dfrac{Z_u}{U_0} & Z_w \end{bmatrix} \begin{bmatrix} \Delta u \\ \Delta\gamma \end{bmatrix} + \begin{bmatrix} X_w U_0 - g \\ -Z_w \end{bmatrix}\Delta\theta \tag{2.10}$$

对应的结构图为图 2.3。对于某型飞机其参数矩阵为

$$\begin{bmatrix} \Delta\dot{u} \\ \Delta\dot{\gamma} \end{bmatrix} = \begin{bmatrix} -0.0446 & -9.7693 \\ 0.0044 & -0.7357 \end{bmatrix} \begin{bmatrix} \Delta u \\ \Delta\gamma \end{bmatrix} + \begin{bmatrix} -0.0307 \\ 0.7357 \end{bmatrix}\Delta\theta$$

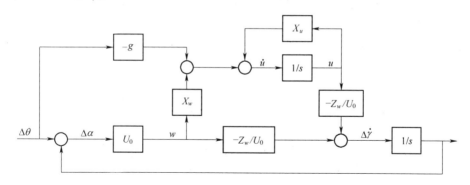

图 2.3　自然飞机 $\Delta\gamma$ 对 $\Delta\theta$ 的响应结构图

其相应的传递函数为(某型飞机低动压着舰状态下)

$$W_\theta^\gamma(s) = \frac{\Delta\gamma(s)}{\Delta\theta(s)} = \frac{0.7357s + 0.032677}{s^2 + 0.7803s + 0.075797} = \frac{0.7357(s + 0.04442)}{(s + 0.6666)(s + 0.1137)} \tag{2.11}$$

故可得稳态传递函数为

$$\lim_{s \to 0}\frac{\Delta\gamma(s)}{\Delta\theta(s)} = \lim_{s \to 0}\frac{0.7357s + 0.032677}{s^2 + 0.7803s + 0.075797} = 0.4311 \tag{2.12}$$

图 2.4 为自然飞机 $\Delta\gamma$ 对 $\Delta\theta$ 的阶跃响应。由此可知,自然飞机在无动力补偿情况下,$\Delta\gamma$ 不能跟踪 $\Delta\theta$,这是因为,系统无信息反馈到油门(即 $\Delta T = 0$)时,在重力 $-g$ 的作用下,飞机必须加大迎角 $\Delta\alpha$(或 w),以产生足够的法向力去平衡由于重力而导致的法向力减小。图 2.3 已经明显揭示了这一物理实质。

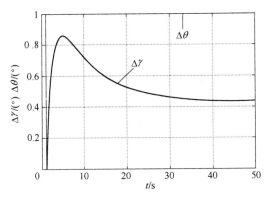

图 2.4 $W_\theta^\gamma(s)$ 阶跃响应特性

2.3 保持速度恒定的飞行/推力综合控制

2.3.1 速度恒定飞行/推力综合控制工作原理

自然飞机如果没有动力补偿,当姿态角 $\Delta\theta$ 发生变化时,由于重力($-g$)的影响而引起的速度变化将得不到补偿,从而使飞机航迹角 $\Delta\gamma$ 难以跟踪俯仰角 $\Delta\theta$ 的变化,甚至使稳态航迹角 $\Delta\gamma$ 出现负值。

为了补偿重力影响,可采用速度恒定的动力补偿系统 $\text{APCS}\big|_{\Delta u=0}$,其原理结构图如图 2.5 所示。

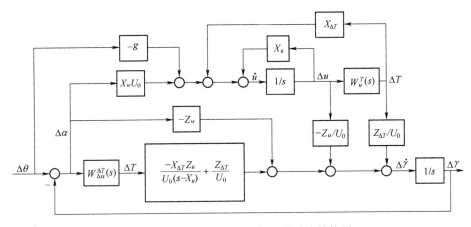

图 2.5 APCS 工作时 $\Delta\gamma$ 对 $\Delta\theta$ 的响应结构图

速度恒定 $\text{APCS}\big|_{u=0}$ 控制律为

$$\text{APCS}\big|_{u=0} = W_u^T(s) = \frac{k_E}{T_E s + 1}\frac{-1}{T_\delta s + 1}\left[k_u + \frac{k_{ui}}{s}\right] \tag{2.13}$$

图 2.4 表明,速度恒定的 APCS 相当于增加飞机速度稳定导数 X_u,从而有效地抑制了由姿态变化 $\Delta\theta$ 而引起的速度变化,改善了长周期运动阻尼。但存在由于 $Z_{\Delta T}$ 而引起的跟踪差

56

$$\Delta \gamma_s = \left[Z_{\Delta T} \left(\frac{g}{U_0} - X_w \right) \Big/ Z_w X_{\Delta T} \right] \Delta \theta \qquad (2.14)$$

2.3.2　速度恒定动力补偿系统参数设计

图 2.6 为具有姿态保持的飞行/推力综合控制结构图,因此在姿态保持时($\Delta \theta = 0$),进行 $\text{APCS} \big|_{\Delta u = 0}$ 控制律设计可简化为如图 2.7 所示的结构。

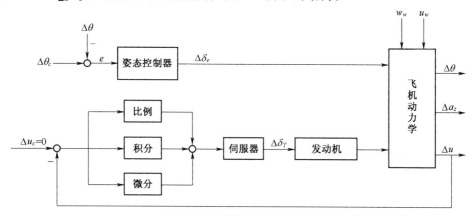

图 2.6　$\text{APCS} \big|_{\Delta u = 0}$ 原理结构图

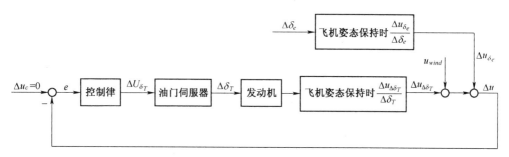

图 2.7　设计 $\text{APCS} \big|_{\Delta u = 0}$ 控制律结构图

图中, e 为 Δu_c 与 Δu 的误差, Δu_{Δ_T} 为推力引起的速度变化, u_w 为风引起的空速的变化, Δu_{δ_e} 为舵面变化引起的速度变化。

令 $\Delta \theta = 0$,则由式(2.10)可得

$$\frac{\Delta u(s)}{\Delta \delta_T(s)} = \frac{4.6427s + 3.4029}{s^2 + 0.7803s + 0.075797} = \frac{A(s - z_1)}{(s - s_1)(s - s_2)} \qquad (2.15)$$

式中

$$\begin{cases} s_1 = -0.1137 \\ s_2 = -0.6666 \\ z_1 = -0.733 \\ A = 4.6427 \end{cases}$$

令飞机的发动机推力输出延迟特性为 $\dfrac{1}{s+1}$,油门伺服器为 $\dfrac{20}{s+20}$,设计中可不考虑油门伺服器的传递函数,因为其极点为 -20 ,是非主导极点。以此开环传递函数可写为如

下形式

$$\frac{\Delta u_{\Delta\delta_T}(s)}{\Delta\delta_T(s)} = \frac{4.6427(s+0.733)}{(s+1)(s+0.6666)(s+0.1137)}$$

$$= \frac{A_1(s-z_1)}{(s-s_1)(s-s_2)(s-s_3)} \tag{2.16}$$

式中

$$\begin{cases} s_1 = -0.1137 \\ s_2 = -1 \\ s_3 = -0.6666 \\ z_1 = -0.733 \\ A_1 = 4.6427 \end{cases}$$

利用 MATLAB/sisotool 工具设计 PID 参数（ k_p , k_i , k_d ）。由于 PID 控制律,提供两个零点及一个极点,根据经验和仿真试验,选择两个零点为 -0.11 和 -1,系统的根轨迹如图 2.8 所示。

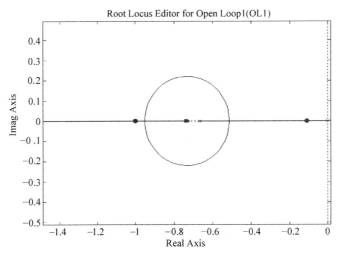

图 2.8　加入 PID 控制器后的闭环根轨迹

此时所求得的 PID 控制律为

$$\Delta u_{\delta_T} = \left(-k_p - \frac{k_i}{s} - k_d s \right) \Delta u$$

$$= -\frac{0.3(1+s)(1+9.1s)}{s}\Delta u \tag{2.17}$$

也即

$$k_p = 3.03 , k_i = 0.3 , k_d = 2.73$$

对图 2.6 的 APCS $|_{\Delta u=0}$ 的原理结构图进行仿真,可得到 Δu 、$\Delta\gamma$ 、$\Delta\delta_e$ 和 $\Delta\delta_T$ 对导引指令信号 $\Delta\theta_c$ 的阶跃响应,如图 2.9 所示。

由图 2.9 的仿真结果表明,速度恒定的 APCS $|_{\Delta u=0}$ 有效地抑制了由姿态扰动而引起的速度扰动,改善了长周期运动阻尼。由图 2.9 可以看出速度恒定的 APCS $|_{\Delta u=0}$ 在 10s 内快

58

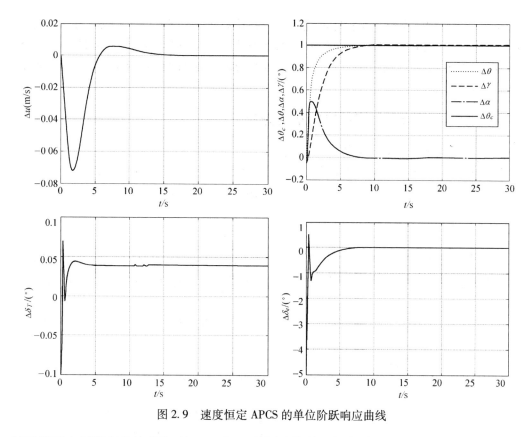

图 2.9　速度恒定 APCS 的单位阶跃响应曲线

速地跟踪上了姿态角的变化,且 $\Delta\gamma$ 对 $\Delta\theta$ 的跟踪静差近似为零,达到了很好的跟踪效果。

2.4　保持迎角恒定的飞行/推力综合控制

2.4.1　迎角恒定动力补偿系统的工作原理

保持迎角恒定的动力补偿系统 $\text{APCS}\big|_{\Delta\alpha=0}$ 的总体结构通常有如图 2.10 所示的形式。

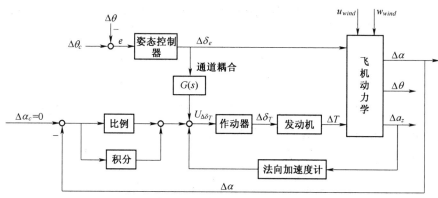

图 2.10　$\text{APCS}\big|_{\Delta\alpha=0}$ 总体结构

59

由图 2.10 可知,保持迎角恒定的进场动力补偿系统 $\mathrm{APCS}|_{\Delta\alpha=0}$ 是引入迎角变化量 $\Delta\alpha$,以调节发动机油门偏度 $\Delta\delta_T$ 使 $\Delta\alpha=0$,从而使飞机在姿态控制时始终保持所设计的基准迎角。$\mathrm{APCS}|_{\Delta\alpha=0}$ 同时还引入了法向加速度 Δa_z 和舵面 $\Delta\delta_e$ 的反馈信息,以优化 $\Delta\gamma$ 对 $\Delta\theta$ 的响应性能。

2.4.2 迎角恒定动力补偿系统的组成分析

1. 油门中引入迎角 $\Delta\alpha$ 信息

迎角恒定的 APCS 的设计思想是:由迎角的变化量 $\Delta\alpha$ 调节发动机推力(ΔT),使飞机在姿态控制时始终保持设计的基准迎角 α_0($\Delta\alpha=0$)。其控制律具有如下形式:

$$W_{\Delta\alpha}^{\Delta T}(s) = \frac{k_E}{T_E s + 1}\frac{1}{T_\delta s + 1}\left(\frac{k_\alpha}{T_\alpha s + 1} + \frac{k_{\alpha i}}{s}\right) \tag{2.18}$$

由图 2.5 可知,$W_{\Delta\alpha}^{\Delta T}(s)$ 与 Z_w 并联,相当于增加飞机气动导数 Z_w,从而加速了 $\Delta\gamma$ 对 $\Delta\theta$ 的响应过程。故这种动力补偿系统实际功能相当于轨迹响应增强器。此时 $W_{\Delta\theta}^{\Delta\gamma}(s)$ 具有如下形式:

$$W_{\Delta\theta}^{\Delta\gamma}(s) = A_{\theta\gamma}\{(T_{\theta 1}s + 1)/(T_{\theta\gamma}^2 s^2 + 2\xi_{\theta\gamma}T_{\theta\gamma}s + 1)\} \tag{2.19}$$

式中

$$A_{\theta\gamma} = 1 + \frac{gZ_u}{U_0}\{1/[X_u Z_w - X_w Z_u) + W_\alpha^T(s)(X_u Z_{\Delta T} - X_{\Delta T}Z_u)]\} \tag{2.20}$$

$$\xi_{\theta\gamma}(s) = \frac{-[X_u + Z_w + W_{\Delta\alpha}^{\Delta T}(s)Z_{\Delta T}]}{2\sqrt{X_u Z_w - X_w Z_u + W_{\Delta\alpha}^{\Delta T}(s)(X_u Z_{\Delta T} - X_{\Delta T}Z_u)}} \tag{2.21}$$

式(2.20)及式(2.21)表明:此时的动力补偿 $W_{\Delta\alpha}^{\Delta T}(s)$,使 $W_{\Delta\theta}^{\Delta\gamma}(s)$ 出现响应加快但阻尼不足的动态过程。

姿态保持时($\Delta\theta=0$),进行 $\mathrm{APCS}|_{\Delta\alpha=0}$ 控制律设计所用结构图如图 2.11 所示。

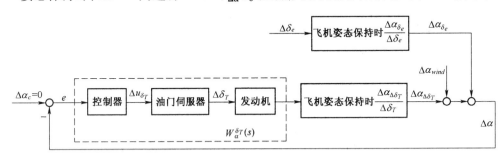

图 2.11　$\mathrm{APCS}|_{\Delta\alpha=0}$ 的一般结构图

图中,e 为 $\Delta\alpha_c$ 与 $\Delta\alpha$ 的误差,$\Delta\alpha_{\Delta\delta_T}$ 为推力引起的迎角变化,$\Delta\alpha_w$ 为风引起的飞机迎角的变化,$\Delta\alpha_{\delta_e}$ 为舵面变化引起的飞机迎角变化。

此时,$\mathrm{APCS}|_{\Delta\alpha=0}$ 的控制律为

$$\Delta\delta_T = W_\alpha^{\delta_T}(s)\Delta\alpha = G_E\left(\frac{k_i}{s} + \frac{k_\alpha}{T_\alpha s + 1}\right)\Delta\alpha \tag{2.22}$$

式中,G_E 为发动机推力特性;k_α 为比例项增益;k_i 为积分项增益;T_α 为迎角信息的低通

滤波器的时间常数,取迎角信息的低通滤波器时间常数 $T_\alpha = 0.35$。下面将利用根轨迹法来设计 k_α 和 k_i。

令 $\Delta\theta = 0$,则由式(2.22)可得

$$\frac{\Delta\alpha_{\Delta\delta_T}(s)}{\Delta\delta_T(s)} = \frac{-0.0013s - 0.020486}{s^2 + 0.7803s + 0.075797} \times 57.3 = \frac{A(s - z_1)}{(s - s_1)(s - s_2)} \quad (2.23)$$

式中

$$\begin{cases} s_1 = -0.1137 \\ s_2 = -0.6666 \\ z_1 = -19.12 \\ A = -0.07449 \end{cases}$$

令飞机的发动机推力输出延迟特性为 $\dfrac{1}{s+1}$,油门伺服器为 $\dfrac{20}{s+20}$,由油门 $\Delta\delta_T$ 至 $\Delta\alpha_{\Delta\delta_T}$ 的开环传递函数可写为如下形式:

$$\begin{aligned} \frac{\Delta\alpha_{\Delta T}(s)}{\Delta\delta_T(s)} &= \frac{-0.0013s - 0.020486}{s^2 + 0.7803s + 0.075797} \times 57.3 \times \frac{1}{s+1} \\ &= \frac{-0.07449(s + 19.12)}{(s+1)(s+0.6666)(s+0.1137)} \\ &= \frac{A_1(s - z_1)}{(s - s_1)(s - s_2)(s - s_3)} \end{aligned} \quad (2.24)$$

式中

$$\begin{cases} s_1 = -0.1137 \\ s_2 = -0.6666 \\ s_3 = -1 \\ z_1 = -19.12 \\ A_1 = -0.07449 \end{cases}$$

利用 MATLAB/sisotool 工具设计 PI 参数(k_α , k_i)。由式(2.22)可知,该控制器提供一个零点和两个极点(0 和 -0.287)。应设计零点以补偿环节 $W_{\Delta\delta_T}^{\Delta\alpha_{\Delta T}}(s)$ 主导极点($s+0.1137$),当设计的零点选为 -0.074,闭环系统的主导极点阻尼为 0.402 时 PI 控制律为

$$\Delta U_{\delta_T} = -\left(\frac{k_\alpha}{0.35s + 1} + \frac{k_i}{s}\right)\Delta\alpha = -\frac{k_i\left(1 + \frac{k_\alpha + 0.35k_i}{k_i}s\right)}{s(0.35s + 1)}\Delta\alpha = -\frac{0.021(1 + 8.8s)}{s(0.35s + 1)}\Delta\alpha$$

$$(2.25)$$

也即 $k_\alpha = 0.1775$, $k_i = 0.021$。

本书令具有 PI 控制的 $\text{APCS}|_{\Delta\alpha = 0}$ 为 $\text{APCS}|_{\Delta\alpha = 0, PI}$,则含 $\text{APCS}|_{\Delta\alpha = 0, PI}$ 系统 $\Delta\gamma$ 对 $\Delta\theta$ 的单位阶跃响应如图 2.12 所示。

由图 2.12 分析可知,引入保持迎角恒定的进场动力补偿系统加速了 $\Delta\theta \rightarrow \Delta\gamma$ 的响

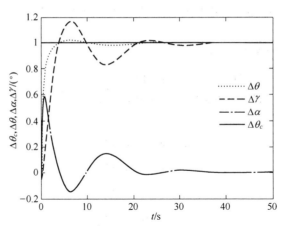

图 2.12 含 APCS $\mid_{\Delta\alpha=0,PI}$ 的 $\Delta\gamma$ 对 $\Delta\theta$ 的单位阶跃响应

应过程。因此这种形式的动力补偿系统也称为轨迹响应增强器。但是,$\Delta\gamma$ 对 $\Delta\theta$ 的响应动态过程出现阻尼不足的振荡特性。

2. 油门中引入法向加速度信息 Δa_z

为进一步改善 $W_{\Delta\theta}^{\Delta\gamma}(s)$ 的动态响应品质,增加阻尼,需在迎角恒定的动力补偿(APCS $\mid_{\Delta\alpha=0}$)中引入法向加速度信息 Δa_z,使油门具有如下控制律:

$$\Delta\delta_T(s) = \frac{1}{T_\delta s + 1}\left[\left(\frac{k_\alpha}{T_\alpha s + 1} + \frac{k_{\alpha I}}{s}\right)\Delta\alpha + \frac{k_{a_z}}{T_{a_z}s + 1}\Delta a_z\right] \tag{2.26}$$

不作简化处理的飞机全面运动增量运动方程为

$$\begin{bmatrix} s - X_u & -X_w & g \\ -Z_u & s - Z_w & -U_0 s \\ -M_u & -M_w & s^2 - M_q s \end{bmatrix}\begin{bmatrix} u \\ w \\ \Delta\theta \end{bmatrix} = \begin{bmatrix} X_w & X_{\Delta T} \\ Z_{\delta_e} & Z_{\Delta T} \\ M_{\delta_e} & M_{\Delta T} \end{bmatrix}\begin{bmatrix} \Delta\delta_e \\ \Delta T \end{bmatrix} \tag{2.27}$$

$$\Delta a_z = -U_0\dot{\Delta\gamma}, W = U_0\Delta\alpha \tag{2.28}$$

为证明 Δa_z 引入油门对阻尼长周期运动的效果,作出如图 2.13 所示的结构图。图中各传递函数由式(2.27)和式(2.28)给出。$\Delta\theta_1$ 为仅在 $\Delta\delta_e$ 作用下而无油门干预时姿态变化,$\Delta\theta_2$ 为在 $\Delta\delta_e$ 作用下,由于反馈 Δa_z 而引起的姿态变化。

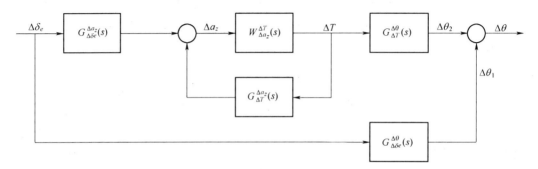

图 2.13 油门引入 Δa_z 阻尼长周期运动

数字仿真表明,$\Delta\theta_2(t)$ 与 $\Delta\theta_1(t)$ 相位相反,体现了 Δa_z 阻尼长周期运动的效果,如

图 2.14 所示。

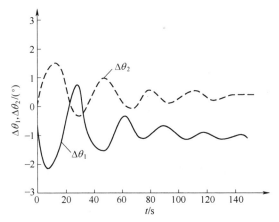

图 2.14 油门引入 Δa_z 阻尼长周期运动仿真验证

3. 油门中引入舵的偏转信息 $\Delta \delta_e$

在轨迹机动时,舵的偏转使姿态发生变化。但舵的作用也导致速度与迎角的偏离,体现为传递函数 $G_{\delta_e}^u(s)$ 及 $G_{\delta_e}^\alpha(s)$ 。为适当抑制舵对飞行速度与迎角的影响,其有效途径是将舵信息 $\Delta \delta_e$ 引入油门。

为验证舵信息引入油门的效果,作出如图 2.15 所示结构图,其中各传递函数由式(2.27)给出。其中 $u_1(t)$ 为仅在 $\Delta \delta_e$ 作用下的 u 的变化;$u_2(t)$ 为舵信息引入油门对速度变化的补偿作用。同样,舵信息引入油门形成的迎角变化 $\Delta \alpha_2(t)$ 也相应地补偿了仅由舵引起的 $\Delta \alpha_1(t)$,从而有效地抑制了由于机动舵偏角过大而引起的失速,数字仿真结果如图 2.16 所示。

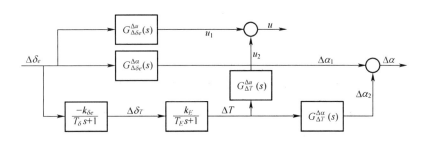

图 2.15 舵信息引入油门的作用

2.4.3 迎角恒定动力补偿系统的参数设计及仿真验证

将迎角信息 $\Delta \alpha$ 、法向加速度信息 Δa_z 、舵的偏转信息 $\Delta \delta_e$ 引入油门,调节推力 ΔT ,改变速度,使迎角保持恒定不变,使 $\Delta \gamma$ 准确迅速地跟踪姿态命令 $\Delta \theta_c$ 。这就是所谓的迎角恒定的飞行/推力系统。

最终的油门控制律为

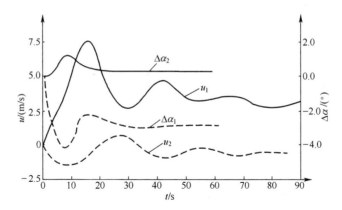

图 2.16　舵信息引入油门的补偿效果

$$\Delta \delta_T(s) = \frac{1}{T_\delta s + 1} \Big[\Big(\frac{k_\alpha}{T_\alpha s + 1} + \frac{k_{\alpha i}}{s} \Big) \Delta \alpha + \frac{k_{a_z}}{T_{a_z} s + 1} a_z - k_{\delta_e} \Delta \delta_e \Big] \qquad (2.29)$$

控制律结构图如图 2.17 所示。

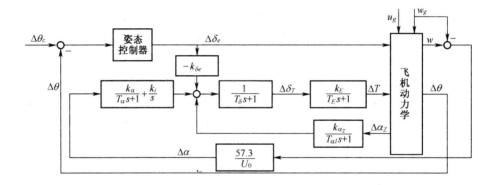

图 2.17　迎角恒定的飞行推力控制

控制对象方程为

$$\begin{cases} \Delta \dot{V} = -0.0446V + 9.7693\Delta\alpha - 9.8\Delta\theta + 4.6427\Delta\delta_T \\ \Delta \dot{\gamma} = 0.0044V + 0.7357\Delta\alpha + 0.0013\Delta\delta_T \\ a_Z = -70\Delta\dot{\gamma} \end{cases} \qquad (2.30)$$

以轨迹角快速跟踪姿态角,并同时保证速度增量及油门偏度稳定为前提,整定各控制参数,最终得出各参数如下:

$$\begin{cases} k_i = 0.3438(° \cdot s/°) \\ k_\alpha = 22.69(°/°) \\ k_{a_z} = 0.41(°/(m/s^2)) \\ k_{\delta_e} = 11.20(°/°) \end{cases} \qquad (2.31)$$

此时 Δu、$\Delta \gamma$、$\Delta \delta_e$ 和 $\Delta \delta_T$ 对引导指令信号 $\Delta \theta_c$ 的阶跃响应,如图 2.18 所示。

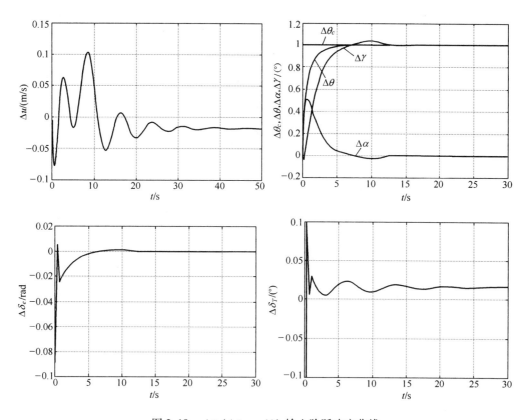

图 2.18 $\Delta\theta_c(\Delta\theta_c = 1°)$ 输入阶跃响应曲线

$\Delta\gamma$ 对 $\Delta\theta_c$ 的动态响应性能指标如下:上升时间 $t_r = 4.2\text{s}$,峰值时间 $t_p = 9.7\text{s}$,超调量 $\sigma_p = 3\%$ 。

调节时间 $t_s |_{0.02} = 13\text{s}$ (2% 允许误差) ,30s 后响应误差 $\varepsilon |_{t=30\text{s}} \leqslant 1\%$ 。

2.5 迎角恒定飞行/推力系统与速度恒定飞行/推力系统的关联

上一节分析了速度恒定的动力补偿及迎角恒定的动力补偿控制律的构成,仿真表明保持迎角恒定的 $\text{APCS}|_{\Delta\alpha=0}$,也兼有保持速度恒定($u=0$)的性能,现作如下证明。

在 APCS 中引入 $\Delta\alpha$ 信息后的 $W_{\Delta\theta}^{\Delta\gamma}(s)$ 特性描述如下:

$$\begin{cases} \dot{u} = X_u u + X_w w - g\Delta\theta + X_{\Delta T}\Delta T \\ \dot{\Delta\gamma} = -\dfrac{Z_u}{U_0}u - \dfrac{Z_w}{U_0}w \\ w = U_0(\Delta\theta - \Delta\gamma) \\ \Delta T = G_w w \\ G_w = G_p \times \left(\dfrac{k_{\alpha I}}{s} + \dfrac{k_\alpha}{T_\alpha s + 1}\right) \end{cases} \quad (2.32)$$

由式(2.32)的第 2 式,可得

$$\Delta\gamma = -\frac{Z_u}{U_0 s}u - \frac{Z_w}{U_0 s}w \qquad (2.33)$$

将它代入式(2.32)第 3 式,最终可得

$$w = \frac{U_0 \Delta\theta s + Z_u u}{s - Z_w} \qquad (2.34)$$

由式(2.32)第 1 式可得

$$(s - X_u)u = (X_w + X_{\Delta T}G_w)w - g\Delta\theta \qquad (2.35)$$

将式(2.34)代入式(2.35)可得

$$(s - X_u)u = (X_w + X_{\Delta T}G_w)\frac{U_0\Delta\theta s + Z_u u}{s - Z_w} - g\Delta\theta \qquad (2.36)$$

由此可得如下传递函数:

$$\frac{u(s)}{\Delta\theta(s)} = \frac{(X_w + X_{\Delta T}G_w)U_0 s - g(s - Z_w)}{(s - X_u)(s - Z_w) - (X_w + X_{\Delta T}G_w)Z_u} \qquad (2.37)$$

将 G_w 表达式代入上式,最终可得

$$\frac{u(s)}{\Delta\theta(s)} = \frac{[X_w s(T_\alpha s + 1) + X_{\Delta T}\cdot G_p\cdot(k_\alpha T_\alpha s + k_\alpha + k_{\alpha I}s)]U_0 s - g(s - Z_w)s(T_\alpha s + 1)}{s(T_\alpha s + 1)(s - X_u)(s - Z_w) - [X_w s(T_\alpha s + 1) + X_{\Delta T}G_p(k_\alpha T_\alpha s + k_\alpha + k_{\alpha I}s)]Z_u}$$

$$(2.38)$$

由上式可知,u 对 $\Delta\theta$ 的稳态响应

$$\lim_{s\to 0}\frac{u(s)}{\Delta\theta(s)} = 0 \qquad (2.39)$$

由于在 $\mathrm{APCS}|_{\Delta\alpha=0}$ 中引入了 $\Delta\alpha$ 的积分信息,$\Delta\gamma$ 可精确地跟踪 $\Delta\theta$,使 $\Delta\alpha=0$,在此过程中,可保持 $u=0$。图 2.19 为该特性的仿真证明。

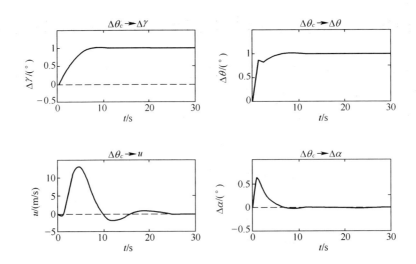

图 2.19　具有 $\mathrm{APCS}|_{\Delta\alpha=0}$ 动力补偿系统的飞控特性

2.6 两种改进型迎角恒定的飞行/推力综合控制

在式(2.29)所示的控制律中,将 $\dfrac{\Delta\alpha}{s}$ 信息引入油门,控制推力 ΔT,使 $\Delta\alpha = 0$,系统的响应速度不甚快,为进一步改善 $\Delta\gamma$ 跟踪 $\Delta\theta$ 的性能,本节提出一种对控制律进行改进的动力补偿系统,其设计思想是在 $\mathrm{APCS}\mid_{\Delta\alpha=0}$ 中引入 $\Delta\theta$ 信息,补偿由 $-g$ 造成的静差,代替引入油门的迎角积分信号,以达到消除静差及加快动态过程的目的。其控制律为

$$\Delta\delta_T(s) = \frac{1}{T_\delta s + 1}\left(\frac{k_\alpha}{T_\alpha s + 1}\Delta\alpha + \frac{k_{a_z}}{T_{a_z}s + 1}\Delta a_z - k_{\delta_e}\Delta\delta_e + k_\theta\Delta\theta\right) \tag{2.40}$$

由于 $\Delta\theta$ 对 $\Delta\theta_c$ 的响应存在一定的过渡过程,因此第二种改进型控制律为将 $\Delta\theta_c$ 直接引入油门,增加油门响应的速度,且可不从陀螺仪中取 $\Delta\theta$ 信息,从而增加了系统的可靠性,消除了噪声,其控制律如下:

$$\Delta\delta_T(s) = \frac{1}{T_\delta s + 1}\left(\frac{k_\alpha}{T_\alpha s + 1}\Delta\alpha + \frac{k_{a_z}}{T_{a_z}s + 1}\Delta a_z - k_{\delta_e}\Delta\delta_e + k_{\theta_c}\Delta\theta_c\right) \tag{2.41}$$

图 2.20 为不同结构配置的 APCS, $\Delta\gamma$ 对 $\Delta\theta$ 的响应特性。由图可知,不同的 APCS 稳态值相同,而改进型的 APCS 其动态过程已加快。

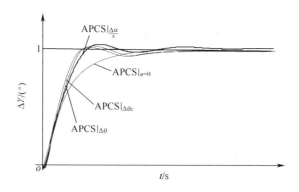

图 2.20 具有不同 APCS 的 $\Delta\theta_c \to \Delta\gamma$ 的阶跃响应

2.7 迎角恒定的飞行/推力系统参数设计

本节对 APCS 控制律参数的设计方法进行了研究,提出了采用随机射线多变量寻优方法,进行控制律参数设计,仿真表明可得到良好效果。

随机射线法的基本原理是:从给定的初始点 O 出发,随机地选取一个试探点进行,若失败,则回到原点再试探。本节以图 2.21 所示的结构图为例进行设计。

1. 按 $\Delta\gamma$ 对 $\Delta\theta$ 最优时域响应要求设计 G_1、G_2、G_3

APCS 中含 $\Delta\alpha, a_z$ 信息时的 $W_\theta^\gamma(s)$ 可由如下方程描述:

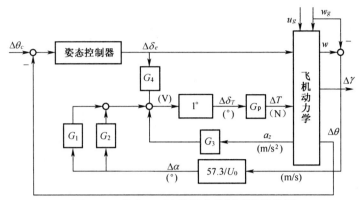

图 2.21 带有 APCS 的姿态控制系统结构图

$$
\begin{cases}
\dot{u} = X_u u + X_w w - g\Delta\theta + X_{\Delta T}\Delta T \\
\Delta\dot{\gamma} = -\dfrac{Z_u}{U_o}u - \dfrac{Z_w}{U_o}w \\
\Delta a_z = -U_o \Delta\dot{\gamma} \\
w = U_o(\Delta\theta - \Delta\gamma) \\
\Delta T = G_p\big[(G_1 + G_2)\Delta\alpha + G_3\Delta a_z\big]
\end{cases}
\tag{2.42}
$$

式中，$G_1 = \dfrac{k_{\alpha I}}{s}$，$G_2 = \dfrac{k_\alpha}{T_\alpha s + 1}$，$G_3 = \dfrac{k_{a_z}}{T_{a_z} s + 1}$。

对 $W_\theta^\gamma(\mathrm{s})$ 阶跃响应特别进行关注，取目标函数：

$$
J = \int_{t_o}^{t_f} t \, | e(t) |^{3/2} \mathrm{d}t ,
\tag{2.43}
$$

其中 $e(t) = \Delta\theta(t) - \Delta\gamma(t) = \Delta\alpha(t)$。经随机射线法寻优，可得：$k_{\alpha I} = 0.71(° \cdot \mathrm{s}/°)$、$k_\alpha = 15.40(°/°)$、$k_{a_z} = 8.37(°/(\mathrm{m/s}^2))$。

2. 按 $\Delta\gamma$ 对 $\Delta\theta_c$ 最优时域响应要求设计 G_4

具有姿态控制系统 $\mathrm{FCS}\big|_{\Delta\theta}$ 和引入 G_4 后的 $W_{\theta_c}^\gamma(s)$ 系统，可由如下方程描述：

$$
\begin{cases}
\dot{u} = X_u u + X_w w - g\Delta\theta + X_{\delta e}\Delta\delta_e + X_{\Delta T}\Delta T \\
\dot{w} = U_o\Delta\theta + Z_u u + Z_w w + Z_{\delta e}\Delta\delta_e \\
\Delta\ddot{\theta} = M_u u + M_w w + M_{\dot{w}}\dot{w} + M_q\Delta\dot{\theta} + M_{\delta e}\Delta\delta_e \\
\Delta\delta_e = \dfrac{20}{s + 20}\big[K_\theta(\Delta\theta - \Delta\theta_c) + K_{\dot{\theta}}\Delta\dot{\theta}\big] \\
\Delta T = G_p\big[(G_1 + G_2)\Delta\alpha + G_3\Delta a_z + G_4\Delta\delta_e\big] \\
\Delta a_z = \dot{w} - U_o\Delta\dot{\theta}
\end{cases}
\tag{2.44}
$$

式中

$$
G_4 = k_{\delta_e}
$$

按 $\Delta\gamma$ 对 $\Delta\theta_c$ 的响应要求，取目标函数

68

$$J = \int_{t_0}^{t_f} t \mid e(t) \mid \mathrm{d}t \tag{2.45}$$

其中 $e(t) = \Delta\theta_c(t) - \Delta\gamma(t)$，经寻优，最终可得 $k_{\delta_e} = 5.38(°/°)$。

2.8　具有保持迎角恒定的飞行/推力系统飞机简化动力学

具有保持迎角恒定的动力补偿系统的飞机动力学具有短周期特性,因此设计姿态控制系统时可采用飞机短周期传递函数,本节证明这种简化是可行的。

在飞机的短周期运动假设下,其运动方程为

$$\dot{w} = U_0\Delta\dot{\theta} + Z_u(-u_g) + Z_w(w - w_g) + Z_{\delta_e}\Delta\delta_e$$
$$\Delta\ddot{\theta} = M_u(-u_g) + M_w(w - w_g) + M_{\dot{w}}\dot{w} + M_q\Delta\dot{\theta} + M_{\delta_e}\Delta\delta_e \tag{2.46}$$

因此飞机在舵控制下,着舰状态的短周期传递函数为

$$G_{\Delta\delta_e}^{\Delta\theta}(s) = \frac{-2.1889(s + 0.5289)}{s(s^2 + 0.9194s + 1.9095)} \tag{2.47}$$

姿态控制系统的控制律为

$$\Delta\delta_e = \frac{-1}{T_{\delta_e}s + 1}\left[K_\theta(\Delta\theta_c - \Delta\theta) - K_{\dot{\theta}}\Delta\dot{\theta}\right] \tag{2.48}$$

图 2.22 为采用短周期动力学状态系统及采用全面姿态系统的阶跃响应比较。表明了两者有基本一致的响应。

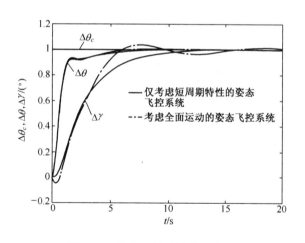

图 2.22　姿态飞控系统阶跃响应

2.9　飞行/推力/直接力综合控制系统

飞行/推力综合控制可有效地提高航迹倾斜角 $\Delta\gamma$ 对飞机的姿态角 $\Delta\theta$ 的动态响应,从而实现了可通过操纵飞机的姿态实现飞机纵向轨迹控制的目的。但研究表明,只采用水平安定面或舵面 δ_e 作为唯一气动操纵面已很难进一步改善轨迹控制的精度,因此很自

然地想到了用直接升力(DLC)这一主动控制技术。它可在不转动机身的状态下获得迅速高度纠偏效果,从而有效地提高轨迹的快速跟踪及抑制外界气流扰动的性能。

飞行/推力/直接力综合控制已成为当前提高轨迹导引精度,抑制外界气流扰动的重要实现途径。本节将以自动着舰导引系统(ACLS)的轨迹控制为例,叙述该综合控制的基本结构配置、工作机理、控制律设计及数字仿真验证。

图2.23为由直接力参与的飞行/推力综合控制基本结构配置。

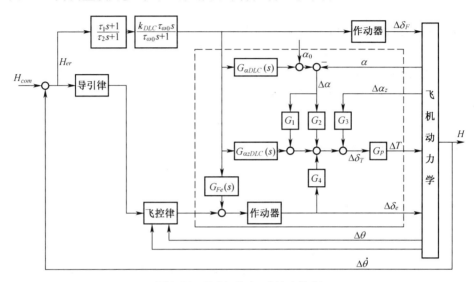

图 2.23 飞行/推力/直接力控制

由着舰高度偏差 H_{er} 通过相位超前补偿及洗出网络处理后,进入襟翼偏转作动器,使直接力控制面 δ_F 产生直接升力,达到迅速纠正高度偏差的目的。

为实现上述效果,如图2.23所示须由 $\Delta\delta_F$ 通过 $G_{Fe}(s)$ 修正水平尾翼的偏转量 $\Delta\delta_e$,由 $\Delta\delta_F$ 通过 $G_{\alpha DLC}(s)$ 修正配平基准迎角 α_0 ,由 $\Delta\delta_F$ 通过 $G_{a_z DLC}(s)$ 修正油门控制量 $\Delta\delta_T$,从而由 $\Delta\delta_e$ 、$\Delta\delta_F$ 、$\Delta\delta_T$ 对飞机实现综合控制。

2.9.1 直接力控制通道的分析与设计

直接力控制通道由洗出网络、相位超前网络以及控制增益 K_{DLC} 三部分组成。

1. 洗出网络 $\dfrac{\tau_{w0}s}{\tau_{w0}s+1}$ 设计

设置洗出网络 $\dfrac{\tau_{w0}s}{\tau_{w0}s+1}$,其物理原因可由下列方程导出的结果得知。

在图2.23中,当力矩解耦环节 $G_{Fe}(s)$ 、基准迎角调整环节 $G_{\alpha DLC}(s)$ 及法向加速度调整环节同时存在时,即可认为由 $\Delta\delta_F$ 引起的 $\Delta\theta$ 、$\Delta\dot\theta$ 、$\Delta\ddot\theta$ 、ΔT 、u 为零。因此

$$\begin{cases} \dot w = Z_w w + [Z_{\delta_e} G_{Fe}(s) + Z_{\delta_F}]\delta_F \\ \Delta a_z = \dot w \end{cases} \quad (2.49)$$

故

70

$$\frac{\Delta a_z(s)}{\Delta \delta_F(s)} = \frac{s}{s - Z_w} [Z_{\delta_e} G_{Fe}(s) + Z_{\delta_F}] \qquad (2.50)$$

所以可有如下结论：$\Delta \delta_F$ 进入稳态后，不再生成所需要的 Δa_z，因上式表明 Δa_z 对 $\Delta \delta_F$ 的响应有自然洗出特性，故 H_{er} 进入稳态后没有必要再偏转 $\Delta \delta_F$。为了确保 $\Delta \delta_F$ 在动态过程中的偏转权限范围，故设置洗出网络，使 H_{er} 稳态后 δ_F 回中，从而使 $\Delta \delta_F$ 只对 H_{er} 快速动态变化量进行响应。当然，洗出网络对 DLC 通道也提供了一定的相位提前量。研究表明，$\tau_{w0} = 20$ 时，足以使 $\omega \geq 0.05 \text{rad/s}$ 的动态信息通过。

2. 超前网络 $\dfrac{\tau_1 s + 1}{\tau_2 s + 1}$ 的设计

由 $\Delta \delta_F$ 引起飞行高度的变化 ΔH，其传递函数可由下式决定：

$$\begin{cases} \Delta \ddot{H} = -\Delta a_z \\ \dfrac{\Delta a_z(s)}{\Delta \delta_F(s)} = \dfrac{s}{s - Z_w} [Z_{\delta_e} G_{Fe}(s) + Z_{\delta_F}] \end{cases} \qquad (2.51)$$

因此

$$G_{\delta_F}^H(s) = \frac{\Delta H(s)}{\delta_F(s)} = \frac{-1}{s(s - Z_w)} [Z_{\delta_e} G_{Fe}(s) + Z_{\delta_F}] \qquad (2.52)$$

故必须引入相应超前网络以补偿 $G_{\delta_F}^H(s)$ 的动态相位滞后。

3. 控制增益 K_{DLC} 值的决定

实践研究表明，图 2.23 所示综合系统，当 $\Delta \delta_F$ 工作在非线性"砰砰"状态时，可使直接力控制面在约 $\pm 5°$ 权限范围内发挥其最大工作效益。调节 K_{DLC} 值可满足这一工作状态。（K_{DLC} 通常在 $0.5 \sim 5$ 之间选取）。

2.9.2 直接力控制对升降舵的力矩解耦

在 $\Delta \delta_F$ 作用下，会引起气动力矩的不平衡而导致直接升力控制所不允许的姿态变化，为此设置 $G_{Fe}(s)$，相应地偏转 $\Delta \delta_e$，以实现力矩平衡。为求得 $G_{Fe}(s)$，须列出约束条件

$$\Delta \ddot{\theta} = 0, \Delta \dot{\theta} = 0, \Delta \theta = 0, \Delta T = 0$$

此时纵向小扰动方程为

$$\dot{u} = X_u u + X_w w + X_{\delta_e} \Delta \delta_e + X_{\delta_F} \Delta \delta_F \qquad (2.53)$$

$$\dot{w} = Z_u u + Z_w w + Z_{\delta_e} \Delta \delta_e + Z_{\delta_F} \Delta \delta_F \qquad (2.54)$$

$$M_u \mu + M_w w + M_{\dot{w}} \dot{w} + M_{\delta_e} \Delta \delta_e + M_{\delta_F} \Delta \delta_F = 0 \qquad (2.55)$$

$$\Delta a_Z = \dot{w} \qquad (2.56)$$

由 (2.55) 式可得

$$u = [(M_{\dot{w}} s + M_w) w + M_{\delta_e} \Delta \delta_e + M_{\delta_F} \Delta \delta_F] / (-M_u) \qquad (2.57)$$

由上式代入式 (2.53) 和式 (2.54)，消去 u 后得

$$\frac{A(s)}{B(s)} = \frac{C \Delta \delta_e + D \Delta \delta_F}{E(s) \Delta \delta_e + F(s) \Delta \delta_F} \qquad (2.58)$$

式中

$$A(s) = (Z_u M_{\dot{w}} + M_u)s + (Z_u M_w - M_u Z_w)$$
$$B(s) = M_{\dot{w}} s^2 + (M_w - M_{\dot{w}} X_u)s + (M_u X_w - X_u M_w))$$
$$C = M_u Z_{\delta_e} - Z_u M_{\delta_e}$$
$$D = M_u Z_{\delta_F} - Z_u M_{\delta_F}$$
$$E(s) = [-M_{\delta_e} s + (X_u M_{\delta_e} - M_u X_{\delta_e})]$$
$$F(s) = [-M_{\delta_F} s + (X_u M_{\delta_F} - M_u X_{\delta_F})]$$

由式(2.58)最终可得

$$G_{Fe}(s) = \frac{\delta_e(s)}{\delta_F(s)} = \frac{B(s)D - A(s)F(s)}{A(s)E(s) - B(s)C} = \frac{P(s)}{Q(s)} \tag{2.59}$$

式中

$$P(s) = B(s)D - A(s)F(s)$$
$$Q(s) = A(s)E(s) - B(s)C$$

2.9.3 直接力控制对推力控制的解耦

1. $G_{\alpha DLC}(s)$ 的作用及理论设计

在 $\Delta\delta_F$ 的作用下所得到的直接升力,将会引起飞行迎角的变化 $\Delta\alpha_s$,而具有迎角恒定的推力控制将力图使迎角保持不变。为解决这一矛盾,应使 $\Delta\alpha_s$ 变化量不引起油门的工作,这可通过由 $\Delta\delta_F$ 信息调整如图 2.23 所示配平基准迎角 α_0,使其调整量等于 $\Delta\alpha_s$,从而使进入油门的迎角信息 $\Delta\alpha$ 中不包含 $\Delta\alpha_s$。从以下推导,可得出 $G_{\alpha DKLC}(s)$ 值。

将式(2.57)及式(2.59)代入式(2.54),消去 u 及 $\Delta\delta_e$,即可求得 $\Delta\delta_F$ 作用下的 $\Delta\alpha_s$。因为此时的式(2.54)为

$$[(Z_u M_{\dot{w}} + M_u)s + (Z_u M_w - M_u Z_w)]w_s$$
$$= \left[(M_u Z_{\delta_e} - Z_u M_{\delta_e})\frac{P(s)}{Q(s)} + (M_u Z_{\delta_F} - Z_u M_{\delta_F})\right]\Delta\delta_F \tag{2.60}$$

式中,$w_s = \Delta\alpha_s U_0$,因此:

$$w_s(s) = \frac{CP(s) + PQ(s)}{Q(s)A(s)} \cdot \Delta\delta_F \tag{2.61}$$

故最终可得

$$G_{\alpha DLC}(s) = \frac{\Delta\alpha_s(s)}{\Delta\delta_F(s)} = \frac{w_s/U_0}{\Delta\delta_F(s)} = \frac{CP(s) + DQ(s)}{U_0 Q(s)A(s)}$$
$$= \frac{[M_u Z_{\delta_e} - Z_u M_{\delta_e}]P(s) + [M_u Z_{\delta_F} - Z_u M_{\delta_F}]Q(s)}{U_0 Q(s)[(Z_u M_{\dot{w}} + M_u)s + (Z_u M_w - M_u Z_w)]} \tag{2.62}$$

2. $G_{a_z DLC}(s)$ 的作用及理论设计

在 $\Delta\delta_F$ 的作用下(若向下偏转)将引起向上的法向加速度($-\Delta a_z$),使高度 H 增加,但由图 2.23 所示的推力系统作用下,($-\Delta a_z$)将使推力减小,使飞机减速,从而抑制了由 $\Delta\delta_F$ 应该引起的高度响应,因此需设置 $G_{a_z DLC}(s)$ 环节,其作用是抵消由 $\Delta\delta_F$ 而引起的 Δa_z 信息引入油门。也即使推力控制器不对 $\Delta\delta_F$ 而引起的高度响应起阻尼作用。由图 2.23 及下列方程可求得 $G_{a_z DLC}(s)$ 值:

$$\begin{cases} G_{a_zDLC}(s) \cdot \Delta\delta_F + \Delta a_z G_3(s) = 0 \\ a_z = \dot{w}_s \\ w_s = G_{\alpha DLC}(s) U_0 \Delta\delta_F \end{cases} \qquad (2.63)$$

故 $$G_{a_zDLC}(s) = -\frac{U_0 K_3 s}{s+1} \cdot G_{\alpha DLC}(s) \qquad (2.64)$$

2.9.4 飞行/推力/直接力控制的动态特性

为验证直接力引入后飞行/推力/直接力综合系统应具有的性能,本节以 A-7E 飞机为对象,设计了基本的飞行控制系统及图 2.23 所示的飞行/推力/直接力综合系统。为便于比较,分别对两系统的闭环频率特性,理想下滑轨迹动态跟踪特性,以及在垂风扰动下的气流扰动特性进行仿真。

如图 2.24 所示,采用飞行/推力/直接力综合控制系统后,闭环带宽增加。动静态特性得到改善,这从图 2.25 和图 2.26 中高度误差曲线(H_{er})可以看出来,特别是图 2.26 中对垂风干扰的抑制作用明显。

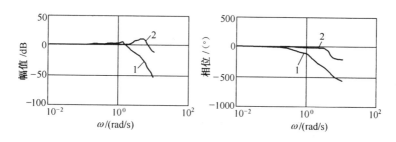

图 2.24 引导系统频率特性
1—基本系统飞行控制;2—飞行/推力/直接力综合系统。

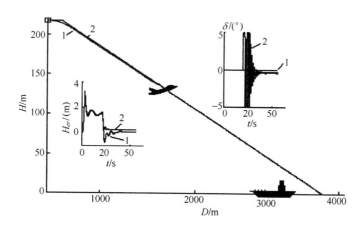

图 2.25 引导系统对理想着舰下滑轨迹的动态响应
1—基本系统飞行控制;2—飞行/推力/直接力综合系统。

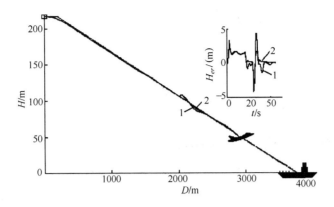

图 2.26 $t = 30s$ 时在垂风 $w_g = 5\cos(2\pi t)$ m/s 作用下两种系统抑风效果

1—基本系统飞行控制;2—飞行/推力/直接力综合系统。

（注:20s 时导引系统闭合）

思 考 题

1. 飞行/推力控制系统的组成、功能及发展简述。

2. 能否用推力控制飞机姿态角,用升降舵控制飞行速度,若能,请简述控制过程。

3. 舰载机着舰时为何需要动力补偿系统(飞行/推力综合控制),简述低动压轨迹不可控的物理原因。

4. 简述速度恒定动力补偿系统的工作机理,并给出控制结构图。

5. 简述迎角恒定动力补偿系统的工作机理,并给出控制结构图。

6. 从物理过程分析速度恒定动力补偿系统与迎角恒定动力补偿系统的优缺点。

7. 给出飞行/推力/直接力综合控制系统的结构,简述其物理过程。

第3章 仅控制推力的飞行控制系统

3.1 仅控制推力的应急飞行控制的发展

从 20 世纪 80 年代开始,美国 NASA Dryden 飞行研究中心一直致力于开发一种应急飞行控制系统。当飞机发生气动控制故障、舵面损害或卡死,液压作动故障时,使驾驶员只对油门进行调节,实现飞行轨迹控制(Propusive‑Only Flight Control System,POFCS),使飞机安全返回地面。为了验证仅用油门进行应急飞行控制的普遍意义,NASA Dryden 对轻小型飞机、多种喷气运输机以及高性能战斗机分别进行了空中试飞及地面模拟仿真,被验证的飞机如表 3.1 所示。其中,进行试飞的机种有 Lear‑24、PA‑30 及 F‑15,进行仿真研究的有 B‑720,B‑727,MD‑11 以及 F‑15,经多年研究开发,得出如下结论:

(1)对称分布多发动机仅用油门进行应急飞行控制是可行的。利用人工差动油门控制,试飞时都有 3°/s~25°/s 的横滚速率。除 Lear‑24 以及飞行速度大于 300kn(1kn = 0.5144m/s)的 F‑15 飞机俯仰控制能力较小外,其他飞机均具有良好的俯仰能力,在空中可作粗略的航向及高度保持飞行。

(2)试飞表明,所有飞机的俯仰及横滚对发动机油门的响应有 1s 左右的延时,但这一延时并不妨碍用应急油门控制去降落一架大型飞机。

表 3.1 飞机物理特性

物理特性 ＼ 飞机型号	F‑15	Lear‑24	B‑720	B‑727	MD‑11	PA‑30
中等燃油重量/lb	35000	11000	140000	160000	359000	3000
后掠/(°)	45	13	35	32	35	0
翼展/in	43	36	130	108	169.6	35.98
机翼面积/in²	608	231	2,433	1,700	3,958	178
长度/ft	64	43	137	153	192	25.16
发动机数量	2	2	4	3	3	2
海平面最大推力/发动机/lb	13000	2900	12500	15000	60000	(160hp)
注:1lb = 0.4536kg;1in = 0.0254m;1ft = 0.3048m						

(3)为减少并克服一般人工油门控制作精确轨迹控制的难度,需设计增强控制模态(Augmented Control System),将不同飞行状态信息以电子反馈的形式对油门进行综合控制。这样有效地阻尼了垂向运动,改善了横滚特性,使着陆达到认可的飞行品质。

(4)F‑15 及 B‑720 飞机在油门控制下,具有大于 9°/s 的俯仰速率及大于 15°/s 的横滚速率,而这一横滚速率已大于成功着陆所需要的 10°/s 的低限速率。若研究一套与仪表着陆系统(ILS)相耦合的自动油门系统,则在小于 10°/s 的横滚速率下仍可自动着陆。

研究表明,在舵机系统故障失灵,改用控制发动机推力大小,以实现飞行轨迹控制,以保障民航机飞行安全,已是势在必行。

本章对仅用油门输入下的飞机纵侧向数学模型进行分析,对推力变化引起飞机纵侧向响应进行物理解释。设计仅用控制发动机推力进行飞行轨迹控制的增强模态,并将该模态应用于自动着陆系统中。

3.2　仅控制推力的应急飞行控制系统的工作原理

利用油门进行轨迹控制的可行性反映在如下三种控制能力:进行高度控制的俯仰能力,进行航向控制的横滚能力,飞行速度改变后飞机重新配平的能力。

1. 横滚—航向控制

飞机在差动推力作用下产生侧滑,由于机翼的后掠及上反角效应,多数飞机均产生横滚而改变飞行方向。某些飞机由于横滚及航向的严重耦合形成明显的荷兰滚,给仅用油门的航向控制造成困难。

2. 俯仰—高度控制

由推力变化而形成的俯仰控制比较复杂,不同飞机效果差别较大。使飞机轨迹角发生变化的因素,一是利用飞机本身具有的速度稳定性,短周期内推力变化引起速度变化,导致升力变化而引起飞行轨迹角的改变,由于飞行轨迹角的改变,飞机高度将发生变化。引起俯仰的第二种因素是推力线偏移而引起的俯仰力矩,不少运输机推力线在重心下面,增强推力形成上仰的抬头力矩,这对只用油门进行控制的飞机,这种配置十分理想,使机头朝着飞行轨迹角变化的方向移动,当然,这一额外力矩会引起配平迎角及速度的变化。引起俯仰的第三种因素是推力线与飞行轨迹不一致,此时,推力垂直分量将引起飞行轨迹变化,因它相当于额外增加一个额定迎角,从图 3.1 可以直观地看出三种因素的作用。

3. 配平控制

一旦飞机控制面受损,多数飞机配平依靠改变推力大小来实现,但当飞机必须在某一飞行速度下工作时,例如,必须将飞机下降至某一着陆速度,此时飞机的配平必须依靠燃油位置的移动、收放起落架、襟翼等方式。

在如图 3.2 所示的 F-15 战斗机上进行试飞。F-15 的最大飞行速度 $Ma=2.5$,机翼后掠 45°,双垂尾,机身后部安装两台透平涡扇发动机。发动机有快速响应能力,从启动至中等功率只需 3s。

试飞表明,发动机虽十分接近中轴,但在差动推力作用下仍有明显横滚效应,飞行速度 300kn 时,横滚速度可达 7.5°/s。图 3.3 为该速度下,俯仰通道增稳系统断开时手控油门的控制响应。图 3.3 显示了油门从水平飞行的发动机功率增加到中等功率时的飞行速度 V,高度 H 的变化。控制恰当可使高度误差保持在 100ft 以内。由图 3-3 可知,在开始 2~3s 内,飞机无响应,两台发动机总推力在 1.5s 内响应迅速到达对应最大值;在油门变动 5s 内,飞行轨迹角增加 5°,约在 12s 内,沉浮运动使速度开始下降。

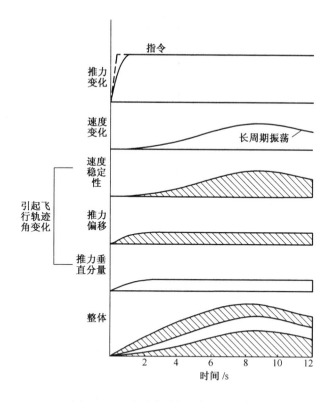

图 3.1　三种因素引起的轨迹角变化

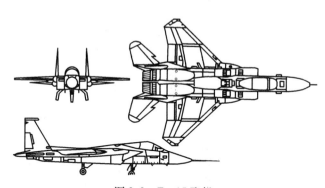

图 3.2　F-15 飞机

对如图 3.4 所示的 B-720 飞机进行了仿真研究。

仿真表明,尽管横滚速率可达 20°/s,其俯仰控制能力,在 160kn 速度时俯仰速率可达 1.8°/s。但要求驾驶员安全着陆在跑道上仍有困难,主要问题是难以有效地阻尼垂向运动及侧向荷兰滚。因此,为 B-720 飞机开发了增稳控制模态,如图 3.5 所示。

纵向增稳控制模态,由驾驶杆发出飞行轨迹角指令,对称移动四个发动机油门,飞行轨迹角电子反馈用以实现要求的轨迹角与指令相一致,具有 ±10° 控制能力。俯仰速率反馈用以增强阻尼。

侧向增稳模态,由驾驶杆发出横滚角指令,以控制差动油门,引入横滚速率及侧滑角反馈以抑制荷兰滚,如图 3.6 所示。

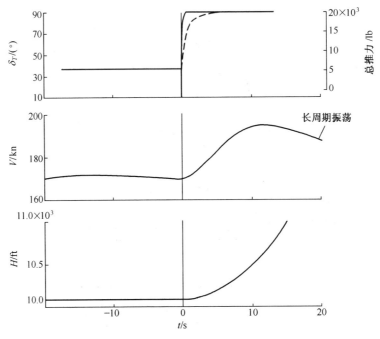

图 3.3 手控油门时响应

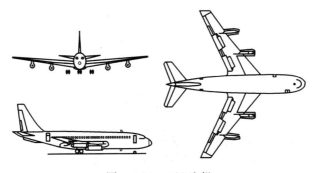

图 3.4 B-720 飞机

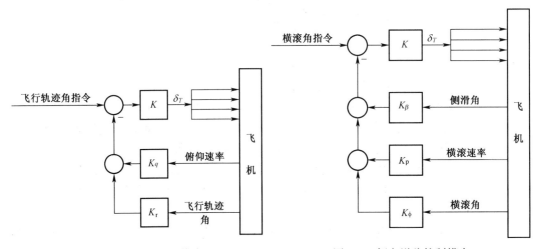

图 3.5 纵向增稳控制模态   图 3.6 侧向增稳控制模态

采用增稳模态后,驾驶员可成功地完成着陆任务;可很快地熟悉如何提前补偿,以克服发动机响应的滞后;即使中等程度的扰动也可安全着陆。NASA Dryden 飞行控制研究中心还在增强模态的基础上,利用现有仪表着陆系统,开发成功仅用油门的自动着陆系统,其性能远比手动优越。

3.3 在油门控制下的飞机数学模型

3.3.1 在油门控制下的飞机纵向数学模型

稳定轴系下的飞机小扰动线性化方程为

$$\begin{cases} \left(\dfrac{\mathrm{d}}{\mathrm{d}t} - X_u\right)u - X_W \cdot W + (g\cos\theta_0) \cdot \Delta\theta = X_{\delta e}\Delta\delta_e + X_{\delta T} \cdot \Delta\delta_T \\[2mm] -Z_u \cdot u + \left[(1 - Z_{\dot W})\dfrac{\mathrm{d}}{\mathrm{d}t} - Z_W\right]W - \left[(u_0 + Z_q)\dfrac{\mathrm{d}}{\mathrm{d}t} - g\sin\theta_0\right]\Delta\theta = Z_{\delta e} \cdot \Delta\delta_e + Z_{\delta T} \cdot \Delta\delta_T \\[2mm] -M_u \cdot u - \left(M_{\dot W}\dfrac{\mathrm{d}}{\mathrm{d}t} + M_W\right)W + \left(\dfrac{\mathrm{d}^2}{\mathrm{d}t^2} - M_q\dfrac{\mathrm{d}}{\mathrm{d}t}\right)\Delta\theta = M_{\delta e} \cdot \Delta\delta_e + M_{\delta T} \cdot \Delta\delta_T \end{cases}$$

$$(3.1)$$

为简化分析,在纵向运动方程中,认为发动机油门四个输入相同,则可列出飞机各状态量对于油门输入 $\Delta\delta_T$ 的传递函数。在 $\theta_0 \approx 0, Z_q = Z_{\dot W} = 0$ 的情况下式(3.1)为

$$\begin{cases} (s - X_u)u - X_W \cdot W + g\Delta\theta = X_{\delta T} \cdot \Delta\delta_T \\[1mm] -Z_u \cdot u + (s - Z_W)W - u_0 s\Delta\theta = Z_{\delta T} \cdot \Delta\delta_T \\[1mm] -M_u \cdot u - (M_{\dot W}s + M_W)W + (s - M_q)s\Delta\theta = M_{\delta T} \cdot \Delta\delta_T \end{cases}$$

$$(3.2)$$

其状态方程形式为

$$\begin{bmatrix} s - X_u & -X_W & g \\ -Z_u & s - Z_W & -u_0 s \\ -M_u & -(M_{\dot W}s + M_W) & (S - M_q)s \end{bmatrix} \begin{bmatrix} u \\ W \\ \Delta\theta \end{bmatrix} = \begin{bmatrix} X_{\delta T} \\ Z_{\delta T} \\ M_{\delta T} \end{bmatrix} \Delta\delta_T \qquad (3.3)$$

令 $G_{\delta T}^u(s) = \dfrac{N_\delta^u(s)}{\Delta lon(s)}, G_{\delta t}^W(s) = \dfrac{N_\delta^W(s)}{\Delta lon(s)}, G_{\delta T}^{\Delta\theta}(s) = \dfrac{N_\delta^{\Delta\theta}(s)}{\Delta lon(s)}$

其中

$$\begin{aligned} \Delta lon &= \begin{vmatrix} s - X_u & -X_W & g \\ -Z_u & s - Z_W & -u_0 s \\ -M_u & -(M_{\dot W}s + M_W) & (s - M_q)s \end{vmatrix} \\ &= s^4 + (-M_q - u_0 M_{\dot W} - Z_W - X_u)s^3 + \\ &\quad [-Z_W - u_0 M_W - X_W Z_u + X_u(M_q + u_0 M_{\dot W} + Z_W)]s^2 + \\ &\quad [-X_u(Z_W M_q - u_0 M_W) + Z_u(X_W M_q + gM_{\dot W}) - M_u(u_0 X_W - g)]s + g \cdot [Z_u M_W - M_u Z_W] \end{aligned}$$

$$(3.4)$$

$$\begin{aligned} N_\delta^u(s) &= X_{\delta T}s^3 + [-X_{\delta T}(Z_W + M_q + u_0 M_{\dot W}) + Z_{\delta T} \cdot X_W]s^2 + \\ &\quad [X_{\delta T}(Z_W M_q - u_0 M_w) - Z_{\delta T}(X_W \cdot M_q + gM_{\dot W}) + M_{\delta T}(u_0 X_W - g)]s + g(M_{\delta t}Z_W - Z_{\delta T}M_{\dot W}) \end{aligned}$$

$$(3.5)$$

$$N_\delta^{\Delta\theta}(s) = (M_{\delta T} + Z_{\delta T}M_{\overline{W}})s^2 + [X_{\delta T}(Z_u M_{\overline{W}}) + M_u) + Z_{\delta T}(M_{\overline{W}} - X_u M_{\overline{W}}) - M_{\delta T}(X_u + Z_{\overline{W}})]s +$$

$$[X_{\delta T}(Z_u M_{\overline{W}} - Z_{\overline{W}}M_u) + Z_{\delta T}(M_u X_{\overline{W}} - M_{\overline{W}}X_u) + M_{\delta T}(Z_{\overline{W}}X_u - X_{\overline{W}}Z_u)] \tag{3.6}$$

$$N_{\delta T}^W = Z_{\delta T}s^3 + [X_{\delta T}Z_u - Z_{\delta T}(X_u + M_q) + M_{\delta T}u_0]s^2 +$$

$$g(Z_{\delta T}M_u - M_{\delta T}Z_u)[X_{\delta T}(u_0 M_u - Z_u M_q) + Z_{\delta T}X_u M_q - u_0 M_q X_u]s \tag{3.7}$$

以 B-720 飞机为研究对象,作为算例,列出该飞机纵向气动导数如下:

$H_0 = 4000\text{ft}$ $V_0 = 175\text{kn}$

$X_u = -0.012\text{s}^{-1}$ $M_u = 0$

$X_{\overline{W}} = 0.04166\text{s}^{-1}$ $M_{\overline{W}} = -0.000542\text{ft}^{-1}$

$Z_u = -0.2028\text{s}^{-1}$ $M_W = -0.003569\text{ft}^{-1} \cdot \text{s}^{-1}$

$Z_W = -0.79\text{s}^{-1}$ $M_q = -0.72077\text{s}^{-1}$

$Z_q = 0$ $M_{\delta T} = 34.2\text{rad}(\text{s}^{-2}/(\delta_T\%))$

$Z_{\overline{W}} = 0$ $Z_{\delta T} = -1.123 \times 10^{-2}\text{ft} \cdot \text{s}^{-2}/(\delta_T\%)$

$M_{\delta e} = -1.35\text{s}^{-2}$ $X_{\delta T} = 8000 \times 10^{-5}\text{s}^{-1}/(\delta_T\%)$

$Z_{\delta e} = -10.19\text{ft} \cdot \text{s}^{-2} \cdot \text{rad}^{-1}$ $X_\delta = 0$

其微分方程有如下形式:

$$\begin{cases} (s + 0.89)q + 0.98\Delta\alpha - 0.00011u = 34.2 \times 10^{-5}\Delta\delta_T \\ -q + (s + 0.79)\Delta\alpha + 0.0065u = -3.6 \times 10^{-5}\Delta\delta_T \\ -13\Delta\alpha + (s + 0.012)u + 32\Delta\theta = 8000 \times 10^{-5}\Delta\delta_T \end{cases} \tag{3.8}$$

上述方程中,量纲采用 rad 及 ft,而在下面的传递函数中已转化成度·米·秒制。

$$G_{\delta T}^q(s) = \frac{1.95966s^3 + 1.82423s^2 + 0.369s}{\Delta lon(s)} \times 10^{-2} \tag{3.9}$$

$$G_{\delta T}^u(s) = \frac{2.4384s^3 + 4.0822474s^2 + 3.8933S - 0.2979}{\Delta lon(s)} \times 10^{-2} \tag{3.10}$$

$$G_{\delta T}^{\Delta\alpha}(s) = \frac{-2.0628s^3 + 14.756354s^2 - 1.934s + 0.4}{\Delta lon(s)} \times 10^{-3} \tag{3.11}$$

$$\Delta lon(s) = s^4 + 1.692s^3 + 1.71171s^2 + 0.0231648 \tag{3.12}$$

$$G_{\delta T}^h(s) = \frac{312 \cdot [2.0628s^3 + 4.840246s^2 + 20.1768s + 3.29]}{s[s^4 + 1.692s^3 + 1.71171s^2 + 0.0231648]} \times 10^{-3} \tag{3.13}$$

由以上各式可求得飞机对油门的阶跃响应特性。图 3.7 为飞机姿态和高度对油门的阶跃响应特性,从而显示了控制油门可控性飞行轨迹的能力。

3.3.2 差动油门输入下的飞机侧向运动的数学模型

飞机油门差动变化时,由于飞机两侧发动机推力变化,形成绕 OZ_S 轴的偏航力矩,从而构成飞机侧向运动,其侧向小扰动线性化方程为

$$\begin{cases} (s - Y_v)v - y_p P + (u_0 - Y_r)r - g\Delta\Phi = Y_{\delta_r} \cdot \Delta\delta_r + Y_{\delta_T} \cdot \Delta\delta_T \\ -L_v \cdot v + (s - L_p)p - \left(\dfrac{I_{XZ}}{I_X}s + L_r\right)r = L_{\delta_a} \cdot \Delta\delta_a + L_{\delta_r} \cdot \Delta\delta_r + L_{\delta_T} \cdot \Delta\delta_T \\ -N_v \cdot v - \left(\dfrac{I_{XZ}}{I_Z}s + N_p\right)p + (s - N_r)r = N_{\delta_a} \cdot \Delta\delta_a + N_{\delta_r} \cdot \Delta\delta_r + N_{\delta_T} \cdot \Delta\delta_T \end{cases} \tag{3.14}$$

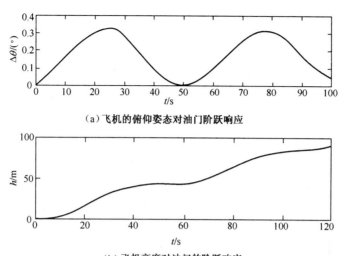

（a）飞机的俯仰姿态对油门阶跃响应

（b）飞机高度对油门的阶跃响应

图 3.7　飞机对油门的阶跃响应特性

其对应的状态方程为

$$
\begin{bmatrix} \dot{p} \\ \dot{r} \\ \Delta\dot{\beta} \\ \Delta\dot{\phi} \end{bmatrix} = \begin{bmatrix} L_p & L_r & L_v \cdot u_0 & 0 \\ N_p & N_r & N_v \cdot u_0 & 0 \\ Y_p/u_0 & Y_r/u_0 - 1 & Y_v & g/u_0 \\ 1 & 0 & 0 & 0 \end{bmatrix} \begin{bmatrix} p \\ r \\ \Delta\beta \\ \Delta\phi \end{bmatrix} + \begin{bmatrix} L_{\delta_T} \\ N_{\delta_T} \\ Y_{\delta_T}/u_0 \\ 0 \end{bmatrix} \Delta\delta_T + \begin{bmatrix} L_{\delta_a} & L_{\delta_r} \\ N_{\delta_a} & N_{\delta_r} \\ 0 & Y_{\delta_r}/u_0 \\ 0 & 0 \end{bmatrix} \begin{bmatrix} \Delta\delta_a \\ \Delta\delta_r \end{bmatrix}
$$

$$(3.15)$$

式中，$\Delta\beta \doteq \dfrac{v}{u_0}$，假设两侧发动机油门变化时，一边增加与另一边减少的量相同，则可写出飞机各状态变量对应于 $\Delta\delta_T$ 的传递函数。

以 B - 720 飞机为研究背景，其侧向气动导数为

$H_0 = 4000\text{ft}$	$v_0 = 170\text{kn}$
$L_p = -0.99\text{s}^{-1}$	$N_\beta = 0.76\text{s}^{-2}$
$L_r = 0.55\text{s}^{-1}$	$Y_v = -0.11\text{s}^{-1}$
$L_\beta = -3\text{s}^{-2}$	$Y_r = -0.11\text{s}^{-1}$
$N_p = -0.053\text{s}^{-1}$	$Y_\beta = -34.32\text{ft} \cdot \text{s}^{-2} \cdot \text{rad}^{-1}$
$N_r = -0.21\text{s}^{-1}$	$L_{\delta_a} = -0.726\text{s}^{-2}$
$L_{\delta_T} = 21.6 \times 10^{-5}(\text{s}^{-2}/\delta_T\%)$	$N_{\delta_a} = -0.0496\text{s}^{-2}$
$N_{\delta_T} = 254 \times 10^{-5}\text{s}^{-2}/\delta_T\%$	$L_{\delta_r} = -0.1848\text{s}^{-2}$
$N_{\delta_r} = -0.39\text{s}^{-2}$	$N_{\delta_r} = -0.39\text{s}^{-2}$
$Y_p = 34.32\text{ft} \cdot \text{s}^{-1}$	

此时的 B - 720 飞机小扰动方程为

$$
\begin{cases} (s + 0.99)p - 0.55r + 3\Delta\beta = 21.6 \times 10^{-5}\Delta\delta_T \\ 0.053p + (s + 0.21)r - 0.76\Delta\beta - 0.0021\Delta\Phi = 254\Delta\delta_T \\ -0.11p + 0.98r + (s + 0.11)\Delta\beta - 0.1\Delta\Phi = 0 \end{cases} \quad (3.16)
$$

对应的状态方程为

$$\dot{x} = \begin{bmatrix} -0.99 & 0.55 & -3 & 0 \\ -0.053 & -0.21 & 0.76 & 0.0021 \\ 0.11 & -0.98 & -0.11 & 0.1 \\ 1 & 0.11 & 0 & 0 \end{bmatrix} X + \begin{bmatrix} 21.6 \\ 254 \\ 0 \\ 0 \end{bmatrix} \times 10^{-5} \Delta \delta_T \qquad (3.17)$$

式中，$x = [p \quad r \quad \Delta\beta \quad \Delta\phi]^T$，上述方程中，量纲采用 rad[弧度]及 ft,而在下面的传递函数中已转化成度·米·秒制。

$$G_{\delta_T}^p(s) = \frac{1.237s^3 + 8.400s^2 + 44.62s - 0.49}{\Delta lat(s)} \times 10^{-2} \qquad (3.18)$$

$$G_{\delta_T}^r(s) = \frac{1.455s^3 + 1.594s^2 + 0.6486s + 0.446}{\Delta lat(s)} \times 10^{-1} \qquad (3.19)$$

$$G_{\delta_T}^{\Delta\beta}(s) = \frac{-1.412s^2 - 1.286s + 0.098}{\Delta lat(s)} \times 10^{-1} \qquad (3.20)$$

$$G_{\delta_T}^{\Delta\phi}(s) = \frac{2.838s^2 + 10.154s + 45.333}{\Delta lat(s)} \times 10^{-2} \qquad (3.21)$$

其中，δ_T 为油门全量程的 1%。

$$\Delta lat(s) = s^4 + 1.31s^3 + 1.44s^2 + 1.232s + 0.00477$$

其四个特征根分别为：-1.0496，-0.0039，$-0.1283 \pm j1.0737$。它们分别代表滚转模态、螺旋模态和荷兰滚模态。

图 3.8 为对应的阶跃响应。对于油门差动输入，$\Delta\beta$ 侧滑角先负后正，$\Delta\phi$ 角则不断增长，因 $\Delta\chi = \dfrac{g}{U_0 s}\Delta\phi$，故航迹偏转角 $\Delta\chi$ 不断增大，这说明，通过差动油门可以控制飞机航向。

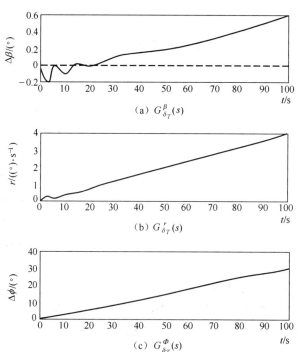

(a) $G_{\delta_T}^\beta(s)$

(b) $G_{\delta_T}^r(s)$

(c) $G_{\delta_T}^\Phi(s)$

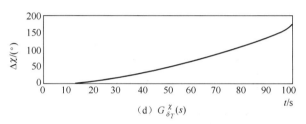

（d）$G_{\delta_T}^{\chi}(s)$

图 3.8　阶跃油门差动输入下侧向响应曲线

3.4　增稳模态的设计

当驾驶员直接操纵发动机油门进行轨迹机动时,由于对飞机速度变化所引起的长周期垂向运动,以及对横航向交联而引起的荷兰滚运动不能有效地抑制,从而使操纵难度增大。若再计及发动机响应的时延,使操纵品质进一步下降。

为了有效地改善操纵品质,应开发一种纵向、侧向轨迹控制的增稳控制模态。借助于飞行状态信息的电子反馈,以阻尼垂向运动,荷兰滚运动及补偿发动机时延,构成一闭环形式的仅用油门的飞行轨迹控制系统。从而使纵向的飞行轨迹角 $\Delta\gamma$、侧向的横滚角 $\Delta\phi$,分别与纵向、侧向驾驶杆输入相对应。

3.4.1　纵向增稳模态的设计

基于油门控制飞行轨迹的原理,可得如图 3.9 所示的控制结构配置。

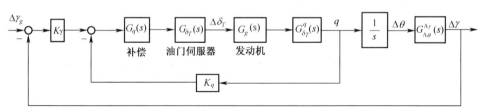

图 3.9　纵向增稳模态

对 B-720 而言,图中

$$G_{\delta_T}^q(s) = \frac{0.0196s(s^2 + 0.0182s + 0.0037)}{s^4 + 1.692s^3 + 1.71s^2 + 0.03s + 0.023}$$

$$= \frac{0.0196s(s + 0.63)(s + 0.29)}{[s + (0.84 \pm j0.99)][s + (0.002 \pm j0.12)]}$$

$$G_{\Delta\theta}^{\Delta\gamma}(s) = \frac{2.1s^3 + 4.8s^2 + 20.2s + 3.3}{19.2s^2 + 18.2s + 3.7}$$

$$G_g(s) = \frac{0.55 \times 5}{(s + 0.55)(s + 5)}$$

$$G_{\delta_T}(s) = \frac{100}{s + 10}$$

$$G_q(s) = \frac{10(s + 0.55)}{s + 5.5}$$

83

根迹图如图 3.10 所示。

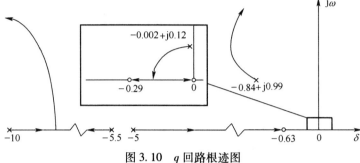

图 3.10 q 回路根迹图

为使原飞机的沉浮运动阻尼系数 $\zeta_{CA}=0.017$，增加到 $\zeta_q=0.65$，选取 $K_q=9$，从而得 q 闭环系统 $\Phi_q(s)$ 的 7 个根：

$$P_{q_{1,2}}=-0.06\pm j0.067（沉浮运动模态）$$
$$P_{q_{3,4}}=-1.14\pm j2.55$$
$$P_{q_5}=-1.06$$
$$P_{q_{6,7}}=-9.3\pm j2.34$$

且 q 回路闭环系统传递函数为

$$\Phi_q(s)=\frac{53.9s(s+0.63)(s+0.29)}{(s-P_{q_1})(s-P_{q_2})(s-P_{q_3})(s-P_{q_4})(s-P_{q_5})(s-P_{q_6})(s-P_{q_7})}$$

q 回路的阶跃响应如图 3.11 所示，其中 δ_T 为油门的变化。

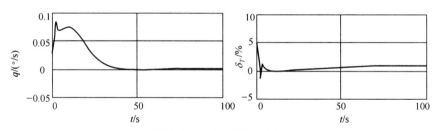

图 3.11 q 回路阶跃相应

运用根轨迹法，最终可设计具有增稳性能的轨迹角控制系统，如图 3.12 所示。

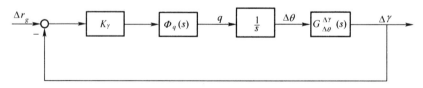

图 3.12 轨迹角控制系统

由于

$$G_\theta^\gamma(s)=\frac{2.1[s+(1.08\pm j2.8)](s+0.169)}{19.6(s+0.63)(s+0.293)}$$

故开环系统的传递函数为

$$W_\gamma(s) = \frac{5.67K_\gamma[s + (1.08 \pm j2.84)](s + 0.169)}{(s - P_{q_1})(s - P_{q_2})(s - P_{q_3})(s - P_{q_4})(s - P_{q_5})(s - P_{q_6})(s - P_{q_7})}$$

当要求系统的沉浮运动模态阻尼 $\zeta_\gamma = 0.68$ 时,由根迹图可选取 $K_\gamma = 2$,并得出如下 7 个根:

$$P_{\gamma_{1,2}} = -0.13 \pm j0.14$$
$$P_{\gamma_{3,4}} = -1.15 \pm j2.55$$
$$P_{\gamma_5} = -0.89$$
$$P_{\gamma_{6,7}} = -9.37 \pm j2.36$$

且 $\Phi_\gamma(s) = \dfrac{11.3[s + (1.088 \pm j2.86)](s + 0.17)}{(s - P_{\gamma_1})(s - P_{\gamma_2})(s - P_{\gamma_3})(s - P_{\gamma_4})(s - P_{\gamma_5})(s - P_{\gamma_6})(s - P_{\gamma_7})}$

图 3.13 为 $\Delta\gamma$ 系统的阶跃响应特性,同时给出此时的 $\Delta\delta_T(t)$、$q(t)$ 响应曲线。

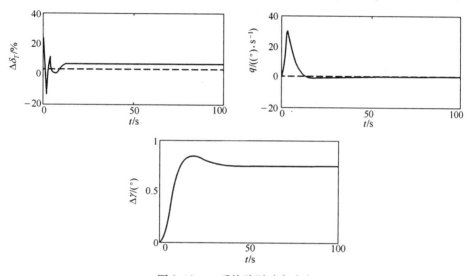

图 3.13　γ 系统阶跃动态响应

3.4.2　侧向增稳模态的设计

1. 不计及发动机动特性的增稳模态设计

由图 3.8 可知,在差动油门 $\Delta\delta_T$ 作用下飞机产生侧滑 $\Delta\beta$,导致飞机滚转角的变化 $\Delta\phi$,以实现航向的改变。故建立如图 3.14 所示的侧向增稳系统。

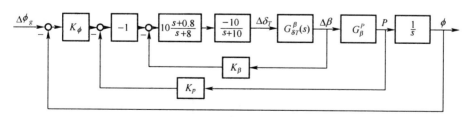

图 3.14　侧向增稳模态

图中

$$G_{\delta_T}^{\beta}(s) = \frac{-0.1413s^2 - 0.1286s + 0.0098}{s^4 + 1.31s^3 + 1.44s^2 + 1.23s + 0.0048}$$

$$= \frac{-0.1413(s + 0.9814)(s - 0.0708)}{[s + (0.1283 \pm j1.0737)](s + 1.0496)(s + 0.0039)}$$

图 3.15 为 $\Delta\beta$ 对 $\Delta\delta_T$ 阶跃响应,由图可知,$\Delta\beta$ 对油门 $\Delta\delta_T$ 的响应先出现负侧滑,然后再出现正侧滑,而 POFCS 则利用负侧滑响应这一动态过程。

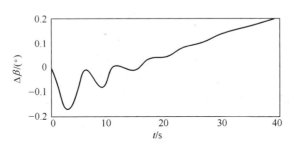

图 3.15　$\Delta\beta$ 对 $\Delta\delta_T$ 阶跃响应

为了有效地阻尼自然飞机荷兰滚模态($-0.128 \pm j1.07$),对油门引入 $\Delta\beta$ 的负反馈,经设计,加入的相位超前补偿网络为 $10\dfrac{s + 0.8}{s + 8}$,此时,β 系统将有如图 3.16 所示的根轨迹。

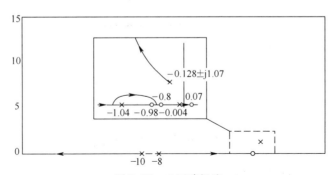

图 3.16　β 回路根迹

当选取荷兰滚阻尼 $\zeta_\beta = 0.52$ 时,$K_\beta = 1.5$,此时,β 闭环系统传递函数为

$$\Phi_\beta(s) = \frac{14.13(s + 0.98)(s - 0.07)(s + 0.8)}{[s + (1.88 \pm j3.03)][s + 13.1][s + 1.37][s + 1.15][s - 0.0437]}$$

此时系统已有良好的荷兰滚阻尼,但伴有不稳定螺旋模态($s - 0.0437$)。经角速率反馈回路的设计,在保持良好的荷兰滚阻尼前提下,使发散的螺旋模态趋于缓慢发散。

飞机滚转角速度 p 回路的开环传递函数为

$$W_p(s) = -\Phi_\beta(s) \cdot G_\beta^p(s)K_p$$

其中

$$G_\beta^p(s) = \frac{-0.878[s + (3.39 \pm j4.96)](s - 0.011)}{(s + 0.9814)(s - 0.07)}$$

故可作出 p 回路如图 3.17 所示的根迹图。

为获得 p 回路荷兰滚阻尼系数 $\zeta_p = 0.47$,选取 $K_p = 0.2$,此时的

$$\Phi_p(s) = \frac{1.24[s + (3.39 \pm j4.96)](s - 0.011)(s + 0.8))}{[s + (1.66 \pm j3.10)](s + 12.88)(s + 2.2)(s + 0.94)(s - 0.0368)}$$

其相应的阶跃动态响应如图 3.18 所示,故该系统有良好的荷兰滚阻尼,以及慢发散的螺旋模态。由于 ϕ 回路的开环传递函数为

$$W_\phi(s) = \Phi_p(s) \frac{K_\phi}{s}$$

故 ϕ 系统的根迹如图 3.19 所示。

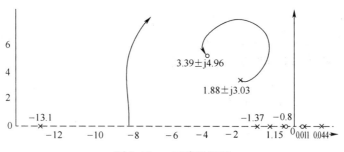

图 3.17 p 回路根迹图

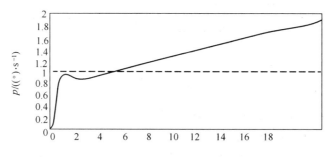

图 3.18 p 系统阶跃响应

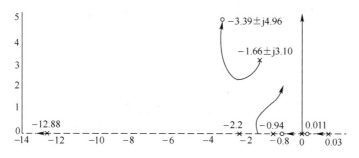

图 3.19 ϕ 系统根迹

经设计,$K_\Phi = 1.1$,此时 ϕ 系统具有良好动态特性。如图 3.20 所示,在 5s 内完成操纵任务。且

$$\Phi_\phi(s) = \frac{1.36[s + (3.39 \pm j4.96)](s - 0.011)(s + 0.8)}{[s + (1.84 \pm j2.56)][s + (0.96 \pm j0.78)](s + 12.96)(+ 0.73)(s - 0.0112)}$$

经设计,$K_\phi = 1.1$,此时 ϕ 系统具有良好动态特性。如图 3.20 所示,在 5s 内完成操纵任务。且

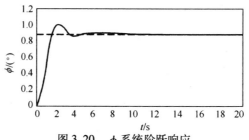

图 3.20　φ系统阶跃响应

$$\Phi_\phi(s) = \frac{1.36 \cdot [s + (3.39 \pm j4.96)](s - 0.011)(s + 0.8)}{[s + (1.84 \pm j2.56)][s + (0.96 \pm j.78)](s + 12.96)(s + 0.73)(s - 0.0112)}$$

2. 考虑发动机动态时延时的增稳模态设计

为补偿 $G_g = \dfrac{5 \times 0.55}{(s + 5)(s + 0.55)}$ 所引起的滞后,将原补偿网络修改为

$$G_\beta(s) = \frac{4000(s + 0.55)(s + 0.8)}{(s + 22)(s + 8)}$$

此时 β 回路具有如图 3.21 所示的结构。

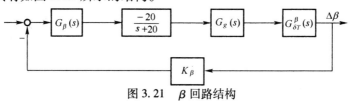

图 3.21　β 回路结构

此时 β 系统具有如图 3.22 所示的根轨迹。

当选取 $\zeta_\beta = 0.17$,$K_\beta = 1.5$,此时

$$\Phi_\beta(s) = \frac{3.079(s + 0.98)(s + 0.8)(s - 0.0708)}{[s + (0.5 \pm j2.89)][s + (1.13 \pm j0.13)][s + (14.68 \pm j2.14)](s + 23.7)(s - 0.04)}$$

经设计,φ系统结构不变,参数为 $K_\beta = 1.5$,$K_P = 0.2$,$K_\phi = 0.3$ 时的阶跃响应曲线如图 3.23 所示。

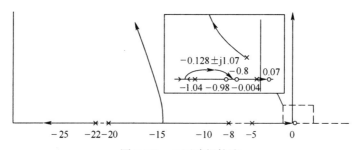

图 3.22　β 回路根轨迹

此时,φ回路闭环传递函数为

$$\Phi_\phi(s) = \frac{2720[s + (3.39 \pm j4.96)](s + 0.8)(s - 0.011)}{[s + (0.3 \pm j2.89)][s + (1.16 \pm j0.3)][s + (14.76 \pm j1.29)](s + 23.5)(s + 0.35)(s - 0.0119)}$$

将图 3.23 与图 3.20 对照可知,由于发动机的动态滞后使 φ 响应相应地滞后,另伴有较轻微的荷兰滚。

88

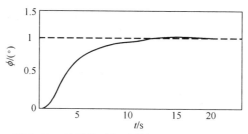

图 3.23　计及发动机动特性的 ϕ 系统响应

3.5　增稳模态与 ILS 耦合的自动着陆系统设计

利用 POFCS 进行轨迹机动的重要使命是如何引导飞机安全着陆。为进一步提高着陆轨迹的精度,减轻驾驶员负担,应将 POFCS 开发成自动着陆系统(ALS),并将该系统定义为 $\text{ALS}|_{\text{POFCS}}$。

3.5.1　纵向 $\text{ALS}|_{\text{POFCS}}$ 的设计

为了将 $\text{ALS}|_{\text{POFCS}}$ 性能与常规舵 δ_e 控制下的自动着陆系统 $\text{ALS}|_{\delta_e}$ 进行性能比较,首先需对 $\text{ALS}|_{\delta_e}$ 进行设计,通常 $\text{ALS}|_{\delta_e}$ 下滑波束引导段具有如图 3.24 所示的结构配置。

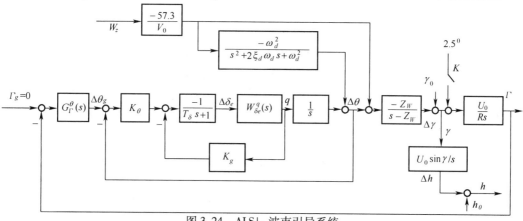

图 3.24　$\text{ALS}|_{\delta_e}$ 波束引导系统

该引导系统由下滑耦合器 $G_\Gamma^\theta(s)$,姿态控制系统 $G_\theta^\gamma(s)$,以及运动学环节组成。它具有自动纠正对既定下滑波束线的偏离,如图 3.25 所示。

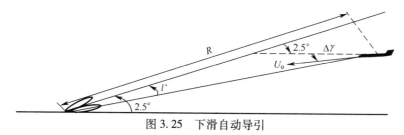

图 3.25　下滑自动导引

已知飞机动力学:

89

$$G_{\delta e}^{q}(s) = \frac{M_{\delta e}(s - Z_W)}{s^2 + 2\xi_d \omega_d s + \omega_d^2}\bigg|_{B720} = \frac{-1.35(s + 0.79)}{s^2 + 1.68s + 1.68}$$

$$G_{\theta}^{\gamma}(s) = \frac{-Z_W}{s - Z_W}\bigg|_{B720} = \frac{0.79}{s + 0.79}$$

对姿态系统进行设计,当选取参数 $K_\theta = 7, K_q = 2.8$ 时,姿态系统传递函数为

$$\Phi_{\theta g}^{\theta}(s) = \frac{72.9(s + 0.79)}{(s^2 + 5.2s + 18.58)(s + 0.69)(s + 5.79)}$$

图 3.26 为该系统动态阶跃响应。

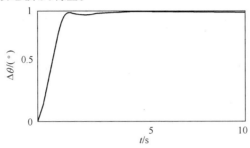

图 3.26 姿态系统响应

对该引导系统设计可发现,当没有下滑耦合器 $G_\Gamma^\theta(s)$ 时,则飞机在离机场 $R = 599\mathrm{m}$ 时,系统便开始发散。为了使系统推迟发散时间,设计如下补偿网络:

$$G_\Gamma^\theta(s) = G_{\Gamma1}^\theta(s) G_{\Gamma2}^\theta(s) = \frac{6(s + 0.7)}{s + 4} \cdot \frac{10s + 1}{s}$$

这样,导引系统将推迟至 $R = 327\mathrm{m}$ 开始发散。为检验该系统的动态特性,作下面的仿真:飞机初始条件为 $h_0 = 1500\mathrm{ft}$ 上空平飞($\gamma_0 = 0$),经 5s 后,截获下滑波束中心线,此时飞机位置 $h_0 = 1500\mathrm{ft}$,$R_0 = 34000\mathrm{ft}$,离机场水平距离 33960ft,仿真时接通 2.5° 的 γ 角。飞机实际飞行轨迹 $h(t)$,以及轨迹角变化 $\gamma(t)$ 如图 3.27 所示。

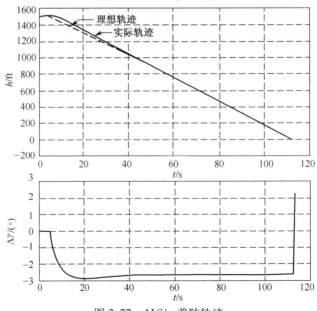

图 3.27 ALS$|_{\delta e}$ 着陆轨迹

90

3.5.2　仅控制推力的自动着陆系统（ALS|$_{POFCS}$）的设计

具有增稳模态的 POFCS，若纵向传递函数为 $\Phi_\gamma(s)$，当它构成自动着陆引导系统后，便具有如图 3.28 所示的结构。

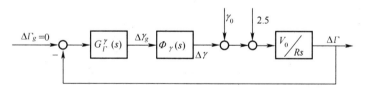

图 3.28　纵向 ALS|$_{POFCS}$

图中 $\Phi_\gamma(s)$ 为采用发动时延补偿后的传递函数，其值为

$$\Phi_\gamma(s) = \frac{0.2063s^3 + 0.484s^2 + 2.107s + 0.3291}{s^5 + 11.69s^4 + 38.4s^3 + 35.87s^2 + 6.03s + 0.56}$$

将下滑耦合控制器 $G_\Gamma^\gamma(s)$ 分成两部分：

$$G_\Gamma^\gamma(s) = G_{\Gamma1}^\gamma(s) G_{\Gamma2}^\gamma(s)$$

对其中 $G_{\Gamma2}^\gamma(s)$ 的设计，使 $G_{\Gamma2}^\gamma(s)\Phi_\gamma(s)$ 与飞控系统为舵控制时的 $G_{\Gamma2}^\theta(s)\Phi_{\theta g}^\theta(s)G_\theta^\gamma(s)$ 有近似相同的幅相频率特性，经设计，$G_{\Gamma2}^\gamma(s) = \dfrac{10s + 1}{0.3s + 1}$。

为进行对比，系统仿真条件与舵控制下的波束导引系统完全相同，飞机飞行轨迹及轨迹角变化 $\gamma(t)$ 如图 3.29 所示。

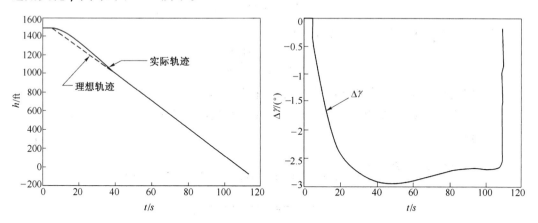

图 3.29　ALS|$_{POFCS}$导引轨迹

3.5.3　侧向（ALS|$_{POFCS}$）自动着陆系统设计

为便于对比，首先应设计在副翼舵 δ_a 及方向舵 δ_r 控制下的自动着舰系统 ALS|$_{\delta_a,\delta_r}$。通常侧向波束导引具有如图 3.30 所示的结构配置。

该系统由侧向波束耦合器 $G_\lambda^\psi(s)$、航向角位移系统 $\phi_\psi(s)$ 以及运动学环节组成，在构成此系统时，认为方向舵系统协调工作，使侧滑角 $\beta = 0°$。该系统具有自动纠正波束偏

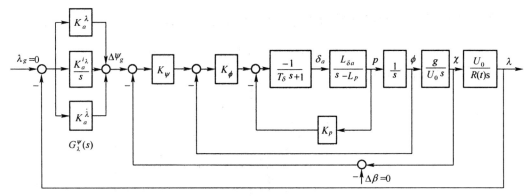

图 3.30   侧向 ALS$|_{\delta_a,\delta_r}$

差角 λ 的功能,如图 3.31 所示。

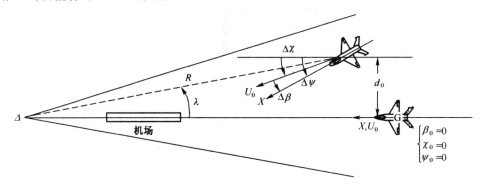

图 3.31   波束导引几何

对于控制对象 B - 720,飞机动力学为

$$G_{\delta_a}^p(s) = \frac{-41.6}{s + 0.99}$$

对航向角位移控制系统 $\Phi_\psi(s)$ 进行设计,得如下参数:

$$K_p = 0.12(\text{V}/°/\text{s}), K_\phi = 0.2(\text{V}/°), K_\psi = 3.9(°/°)$$

并可得

$$\Phi_\psi(s) = \Phi_{\psi g}^\chi(s) = \frac{33.43}{[s + (4.6 \pm \text{j}4.62)][s + 0.98][s + 0.79]}$$

图 3.32 为 ψ 系统阶跃响应。

对外回路,即对波束导引系统设计时,考虑两种情况:一是无航向角 ψ 反馈,内回路

仅有 ϕ 系统；二是如图 3.30 所示有航向角 ψ 反馈。

当无航向角 ψ 反馈时，经设计，耦合器 $G_\lambda^\phi(s)$ 应为

$$G_\lambda^\phi(s) = K_a^\lambda + \frac{K_a^i \lambda}{s} + K_a^{\dot{\lambda}} s = 20 + \frac{0.1}{s} + 10s$$

图 3.33 为该导引系统数字仿真曲线。

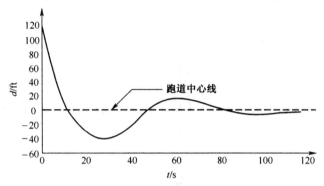

图 3.33　侧向波束导引系统仿真(内回路为 ϕ 系统)

其仿真时初始条件为：飞机偏离跑道中心线 $d_0 = 120$ft，离导引站斜距 $R_0 = 34000$ft，飞行速度 $U_0 = 312$ft/s，且 $\chi_0 = 0$，$\beta_0 = 0$，$\psi_0 = 0$。运动学环节中的 $R(t) = R_0 - U_0 t$。

仿真发现，该系统在纠正飞机初始偏离的机动过程有较明显的超调，如图 3.33 所示。

当内回路引入航向角 ψ 反馈，由结构图可知，它相当于引入波速偏差角 λ 的微分。

从而改善了导引特性，经设计，耦合器可简化为 $G_\lambda^\psi(s) = 10 + \dfrac{0.1}{s}$。

图 3.34 为纠正起始偏差的着陆过程。

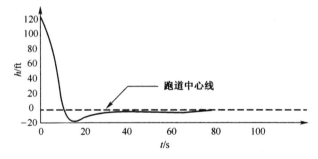

图 3.34　侧向波束导引系统仿真(内回路为 ψ 系统)

侧向 $\text{ALS}|_{\text{POFCS}}$，是由已开发的 POFCS 的侧向增稳模态 $\varPhi_{\phi_g}^\phi(s)$，构成如图 3.35 所示的侧向波束自动着陆导引系统。

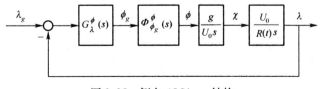

图 3.35　侧向 $\text{ALS}|_{\text{DFCS}}$ 结构

经设计,波束导引律为

$$G_\lambda^\phi(s) = 10 + \frac{0.1}{s}$$

该系统纠正起始偏离 d_0 的仿真动态特性由图 3.36 所示。显然与图 3.34 相比,纠偏动态过程显得缓慢。

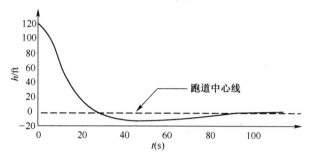

图 3.36　侧向 ALS|$_{POFCS}$ 纠偏特性

思 考 题

1. 简述由推力差动控制飞机横侧向姿态的原理。

2. 简述由推力控制飞机纵向姿态和高度的原理。

3. 给出仅控制推力的自动着陆系统的结构,并思考升降舵、副翼舵和方向舵中有一个或两个可参与控制时的控制律结构。

4. 思考舵面可控,而出现单发或双发失效时的飞行控制律结构。

第4章 综合火力/飞行控制系统

4.1 综合火力/飞行控制的发展

综合火力/飞行控制(Integrated Fire/Flight Control,IFFC)是在20世纪70年代中期由美国空军率先提出并展开研究的一种新的航空技术概念。其基本思想是通过火力/飞行耦合器把火力控制系统与飞行控制系统综合起来,形成一个闭环武器自动攻击、投放系统。以帮助驾驶员自动地实现瞄准攻击的目的。其基本工作原理如图4.1所示。

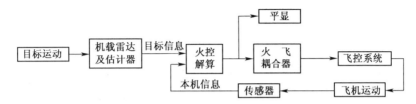

图4.1 综合火力/飞行控制原理图

综合火力/飞行控制系统(IFFC)基本工作过程如下:根据机载跟踪雷达及目标状态估计器提供的目标运动状态信息,以及飞机自身传感器提供的本机信息,经火力控制系统解算,给出瞄准偏差信息。该偏差信息一方面通过平视显示器显示给驾驶员,另一方面,输送给火力/飞行耦合器,由它产生控制指令送至飞行控制系统,由飞行控制系统不断地纠正飞机的航迹,使瞄准偏差趋向于零,从而自动完成对目标的瞄准和攻击。

从20世纪70年代开始,美国对综合火力/飞行控制系统的研究可划分为以下几个阶段:

(1)先进战斗机技术综合(Advanced Fighter Technology Integration,AFTI)研究计划(1974—1976)。该计划主要研究飞机的综合技术、运动模态和飞行管理。是火力/飞行(FIREFLY)计划的先导,它促进了飞机主动控制技术(ACT)在综合火力/飞行控制中的运用。

(2)终端航空武器投放仿真(Terminal Aerial Weapon Delivery Simulation,TAWDS)研究计划(1973—1975)。它是以F-4飞机为研究对象,计划最终目的是提供终端武器投放系统,并提出对飞行控制系统的设计规范和要求。

(3)火力/飞行(FIREFLY)研究计划(1975—1983)。FIREFLY计划是由美国通用电气(GE)公司立项研制,它是综合飞机主动控制技术与指挥仪型火力控制原理的概念来设计火力控制系统。这项计划的研究是综合火力/飞行控制系统计划的基础。FIREFLY计划分为三个阶段。FIREFLY I 主要是原理性研究,以通用电气公司制造的 F-106 飞机和指挥仪型火力控制系统为模型进行数字仿真研究;FIREFLY Ⅱ 是在 FIREFLY I 的基础上,以 F-15 飞机为对象由美军航空电子研究所(AFAL)和美国空军飞行动力实验室(AF-

FOL)承担任务的,用人在环的模拟实验来验证综合火力/飞行控制技术的优点。FIREFLY Ⅲ保持 FIREFLY Ⅱ F-15 的基本构形,以填补仿真与实际飞机环境之间的差距,在实际飞行条件下,验证综合火力/飞行控制概念的可行性。

(4) 综合火力/武器控制(Integrated Flight/Weapon Control,IFWC)研究计划。综合飞行/武器控制计划是综合飞行/火力计划合乎逻辑的必然产物,该计划的目的是要把 IFFC 概念扩展到空对空和空对地攻击状态下,由发射散布式武器(火炮)扩展到发射制导式武器,以提高武器攻击、投放的效能。

(5) 综合火力/飞行控制(IFFC)研究计划。整个 IFFC 计划由两部分组成,即 IFFC Ⅰ 计划及 FIREFLY Ⅲ F-15 研究计划。它是美国空军的一项先进发展计划,其目的是设计、制造、试验和评价火力/飞行自动耦合器以及为消除跟踪误差而改进的飞行控制系统。其工作内容主要包括:

- 实现飞行控制系统和火力控制系统间的耦合;
- 更改 F-15 控制增稳系统(CAS),以便能接受耦合指令的输入,使飞行控制与武器投放的要求相适应;
- 对全系统进行综合。

(6) 先进战斗机 F-16 的技术综合(Advanced Fighter Technology Integration,AFTI/F-16)研究计划(1982—1987)。AFTI/F-16 先进发展计划的总目标是研究综合控制和飞行试验等一系列能够改善战斗机杀伤力和生存力的技术。它是由美国空军、海军和国家航空航天局与通用动力公司合作的研究计划。

AFTI/F-16 计划包括两个阶段:第一阶段的主要任务是研制数字式飞行控制系统(DFCS),其主要任务是飞行轨迹控制,为作战提供多模态作战控制;第二阶段主要研究任务是研制自动机动攻击系统(AMAS),其特征是提高飞机的武器投放效率和生存力。

由上可知,综合火力/飞行控制系统实现武器攻击自动化,减轻了驾驶员在空战和对地攻击时的负担,并提高了攻击机的生存力,可使机炮攻击射击时间缩短 50%,命中率可提高两倍,在对地攻击中,可使武器投放精度提高一倍。

4.2 综合火力/飞行控制系统的坐标系

在火力/飞行系统研究中,将涉及到坐标系的建立和转换,因此首先阐述几种国家标准坐标系及相互间的转换关系。

所定义的坐标轴系均为三维正交轴系,且遵守右手法则。X 轴指向前,Y 轴指向右,Z 轴指向下。

4.2.1 气流坐标系(速度坐标系)$OX_aY_aZ_a$

原点固联在飞机的重心上,X_a 轴指向飞机相对于空气的速度矢量的方向,Z_a 轴位于飞机对称面内,且垂直于 X_a 轴,指向下方。Y_a 轴垂直于 X_a 和 Z_a 轴,指向右方,如图 4.2 所示。

由于本机速度方向与气流坐标系 X_a 轴方向相同,所以,气流坐标系又称为速度坐标系,或称为速度轴系。

4.2.2 机体坐标系 OXYZ

这是固定在飞机机体上的一个坐标系,原点取在飞机的重心,X 轴与飞机纵轴一致,指向飞机前方。Y 轴垂直于飞机对称面并指向右方。Z 轴在飞机对称面内并且垂直于纵轴,指向下方。

机体坐标系与气流坐标系之间的角度就是飞机运动的气动角,即迎角 α 和侧滑角 β,如图 4.2 所示。

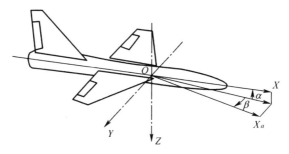

图 4.2　气流坐标系与机体轴坐标系的夹角

机体轴系与气流轴系之间的方向余弦见表 4.1。两轴系之间的转换关系可以用转换矩阵来表示。

表 4.1　机体轴系与气流轴系间的方向余弦

气流轴＼机体轴	OX_a 轴	OY_a 轴	OZ_a 轴
OX 轴	$\cos\alpha\cos\beta$	$-\cos\alpha\sin\beta$	$-\sin\alpha$
OY 轴	$\sin\beta$	$\cos\beta$	0
OZ 轴	$\sin\alpha\cos\beta$	$-\sin\alpha\sin\beta$	$\cos\alpha$

气流轴系 → 机体轴系:

$$\begin{bmatrix} X \\ Y \\ Z \end{bmatrix} = \boldsymbol{T}_{a \to t} \begin{bmatrix} X_a \\ Y_a \\ Z_a \end{bmatrix} \tag{4.1}$$

式中

$$\boldsymbol{T}_{a \to t} = \begin{bmatrix} \cos\alpha\cos\beta & -\cos\alpha\sin\beta & -\sin\alpha \\ \sin\beta & \cos\beta & 0 \\ \sin\alpha\cos\beta & -\sin\alpha\sin\beta & \cos\alpha \end{bmatrix} \tag{4.2}$$

反之,机体轴系 → 气流轴系:

$$\begin{bmatrix} X_a \\ Y_a \\ Z_a \end{bmatrix} = \boldsymbol{T}_{t \to a} \begin{bmatrix} X \\ Y \\ Z \end{bmatrix} \tag{4.3}$$

式中

$$T_{t \to a} = \begin{bmatrix} \cos\alpha\cos\beta & \sin\beta & \sin\alpha\cos\beta \\ -\cos\alpha\sin\beta & \cos\beta & -\sin\alpha\sin\beta \\ -\sin\alpha & 0 & \cos\alpha \end{bmatrix} \quad (4.4)$$

4.2.3 地面惯性坐标系 $O_gX_gY_gZ_g$

它是相对于地球表面不动的一种坐标系,原点取自地面上的某一点(如飞机在地面上的起飞点,或进入空战时的初始位置),X_g 轴位于水平面内,指向某一固定方向(如飞机的航线,或空战开始时截击机到目标的视线方向等),Z_g 轴垂直于地平面向下,Y_g 轴则由右手定则来确定,如图 4.3 所示。

(1)机体坐标系与地面惯性坐标系之间的夹角就是飞机的姿态角,又称欧拉角:

俯仰角 θ:机体轴 OX 与地平面(水平面 $O_gX_gY_g$)之间的夹角,飞机抬头为正。

偏航角(方位角)ψ:机体轴 OX 在水平面 $O_gX_gY_g$ 上的投影与地轴 O_gX_g 之间的夹角,以机头右偏为正。

滚转角(倾斜角)ϕ:飞机对称面绕机体轴 X 转过的角度。

图 4.3 表示机体坐标系与地面坐标系之间的欧拉角。

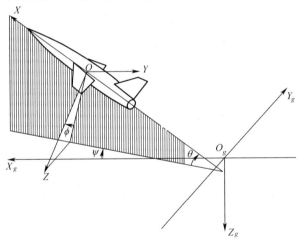

图 4.3 机体坐标系与地面坐标系

二者之间的转换关系见表 4.2。

表 4.2 机体坐标系与地面坐标系之间的方向余弦

地面轴 \ 机体轴	O_gX_g 轴	O_gY_g 轴	O_gZ_g 轴
OX 轴	$\cos\psi\cos\theta$	$\cos\theta\sin\phi$	$-\sin\theta$
OY 轴	$-\sin\psi\cos\phi + \cos\psi\sin\theta\sin\phi$	$\cos\psi\cos\phi + \sin\psi\sin\theta\sin\phi$	$\cos\theta\sin\phi$
OZ 轴	$\sin\theta\cos\psi\cos\phi + \sin\psi\sin\phi$	$\sin\psi\sin\theta\cos\phi - \cos\psi\sin\phi$	$\cos\theta\cos\phi$

地面轴系 → 机体轴系:

$$\begin{bmatrix} X \\ Y \\ Z \end{bmatrix} = T_{g \to t} \begin{bmatrix} X_g \\ Y_g \\ Z_g \end{bmatrix} \quad (4.5)$$

式中

$$\boldsymbol{T}_{g\to t} = \begin{bmatrix} \cos\psi\cos\theta & \cos\theta\sin\psi & -\sin\theta \\ -\sin\psi\cos\phi + \cos\psi\sin\theta\sin\phi & \cos\psi\cos\phi + \sin\psi\sin\theta\sin\phi & \cos\theta\sin\phi \\ \sin\theta\cos\psi\cos\phi + \sin\psi\sin\phi & \sin\psi\sin\theta\cos\phi - \cos\psi\sin\phi & \cos\theta\cos\phi \end{bmatrix}$$

$$\tag{4.6}$$

机体轴系 → 地面轴系:

$$\begin{bmatrix} X_g \\ Y_g \\ Z_g \end{bmatrix} = \boldsymbol{T}_{t\to g} \begin{bmatrix} X \\ Y \\ Z \end{bmatrix} \tag{4.7}$$

式中

$$\boldsymbol{T}_{t\to g} = \begin{bmatrix} \cos\psi\cos\theta & -\sin\psi\cos\phi + \cos\psi\sin\theta\sin\phi & \cos\psi\sin\theta\cos\phi + \sin\psi\sin\phi \\ \sin\psi\cos\theta & \cos\psi\cos\phi + \sin\psi\sin\theta\sin\phi & \sin\psi\sin\theta\cos\phi - \cos\psi\sin\phi \\ -\sin\theta & \cos\theta\sin\phi & \cos\theta\cos\phi \end{bmatrix}$$

$$\tag{4.8}$$

（2）气流坐标系与地面惯性坐标系之间的夹角即为飞机的航迹角,如图 4.4 所示。其定义如下:

航迹倾斜角 γ：飞行速度矢量与地平面间的夹角,以飞机向上飞时为正。

航迹方位角 χ：飞行速度矢量在地平面上的投影与 $O_g X_g$ 间的夹角,以速度在地平面的投影在 $O_g X_g$ 之右时为正。

航迹滚转角 μ：速度轴 OZ_a 与包含速度轴 OX_a 的铅垂面间的夹角,以飞机右倾斜为正。

二者间的转换关系见表 4.3。

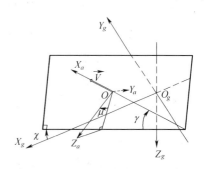

图 4.4　气流坐标系与地面惯性坐标系

表 4.3　气流坐标系与地面坐标系之间的方向余弦

地面轴 气流轴	OX_g 轴	OY_g 轴	OZ_g 轴
OX_a 轴	$\cos\chi\cos\gamma$	$\cos\gamma\sin\chi$	$-\sin\gamma$
OY_a 轴	$-\sin\chi\cos\mu + \cos\chi\sin\gamma\sin\mu$	$\cos\chi\cos\mu + \sin\chi\sin\gamma\sin\mu$	$\cos\gamma\sin\mu$
OZ_a 轴	$\sin\gamma\cos\chi\cos\mu + \sin\chi\sin\mu$	$\sin\chi\sin\gamma\cos\mu - \cos\chi\sin\mu$	$\cos\gamma\cos\mu$

地面轴系 → 气流轴系:

$$\begin{bmatrix} X_a \\ Y_a \\ Z_a \end{bmatrix} = \boldsymbol{T}_{g\to a} \begin{bmatrix} X_g \\ Y_g \\ Z_g \end{bmatrix} \tag{4.9}$$

式中

$$T_{g\to a} = \begin{bmatrix} \cos\chi\cos\gamma & \cos\gamma\sin\chi & -\sin\gamma \\ -\sin\chi\cos\mu + \cos\chi\sin\gamma\sin\mu & \cos\chi\cos\mu + \sin\chi\sin\gamma\sin\mu & \cos\gamma\sin\mu \\ \sin\gamma\cos\chi\cos\mu + \sin\chi\sin\mu & \sin\chi\sin\gamma\cos\mu - \cos\chi\sin\mu & \cos\gamma\cos\mu \end{bmatrix}$$

$$(4.10)$$

气流轴系 → 地面轴系：

$$\begin{bmatrix} X_g \\ Y_g \\ Z_g \end{bmatrix} = T_{a\to g} \begin{bmatrix} X_a \\ Y_a \\ Z_a \end{bmatrix}$$

$$(4.11)$$

式中

$$T_{a\to g} = \begin{bmatrix} \cos\chi\cos\gamma & -\sin\chi\cos\mu + \cos\chi\sin\gamma\sin\mu & \cos\chi\sin\gamma\cos\mu + \sin\chi\sin\mu \\ \sin\chi\cos\gamma & \cos\chi\cos\mu + \sin\chi\sin\gamma\sin\mu & \sin\chi\sin\gamma\cos\mu - \cos\chi\sin\mu \\ -\sin\gamma & \cos\gamma\sin\mu & \cos\gamma\cos\mu \end{bmatrix}$$

$$(4.12)$$

4.2.4 目标视线坐标系(瞄准线坐标系)$OX_LY_LZ_L$

原点取为飞机重心，X_L 轴与飞机至目标的视线重合,并指向目标。Z_L 轴在铅垂平面内并垂直于 X_L 轴指向下。Y_L 轴由右手定则确定。

视线轴系与地面惯性坐标系之间的角度有两个：

视线俯仰角 Θ_L：它是视线与水平面 OX_gY_g 之间的夹角,视线向上仰为正。

视线方位角 Ψ_L：它是视线在水平面上的投影与 OX_g 轴之间的夹角,以视线右偏为正。

两坐标系之间角度关系如图 4.5 所示。视线坐标系与地面惯性坐标系间的方向余弦见表 4.4。

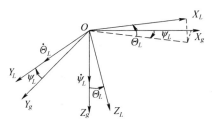

图 4.5　视线坐标系与地面坐标系的夹角

表 4.4　视线坐标系与地面坐标系之间的方向余弦

地面轴 视线轴	OX_g 轴	OY_g 轴	OZ_g 轴
OX_L 轴	$\cos\Psi_L\cos\Theta_L$	$\cos\Theta_L\sin\psi_L$	$-\sin\Theta_L$
OY_L 轴	$-\sin\Psi_L$	$\cos\Psi_L$	0
OZ_L 轴	$\sin\Theta_L\cos\Psi_L$	$\sin\Theta_L\sin\Psi_L$	$\cos\Theta_L$

其矩阵表示形式如下：

地面轴系 → 视线轴系

$$\begin{bmatrix} X_L \\ Y_L \\ Z_L \end{bmatrix} = \boldsymbol{T}_{g \to L} \begin{bmatrix} X_g \\ Y_g \\ Z_g \end{bmatrix} \qquad (4.13)$$

式中

$$\boldsymbol{T}_{g \to L} = \begin{bmatrix} \cos\Theta_L \cos\Psi_L & \cos\Theta_L \sin\Psi_L & -\sin\Theta_L \\ -\sin\Psi_L & \cos\Psi_L & 0 \\ \sin\Theta_L \cos\Psi_L & \sin\Theta_L \sin\Psi_L & \cos\Theta_L \end{bmatrix} \qquad (4.14)$$

相应的,视线轴系 → 地面轴系

$$\begin{bmatrix} X_g \\ Y_g \\ Z_g \end{bmatrix} = \boldsymbol{T}_{L \to g} \begin{bmatrix} X_L \\ Y_L \\ Z_L \end{bmatrix} \qquad (4.15)$$

式中

$$\boldsymbol{T}_{L \to g} = \begin{bmatrix} \cos\Theta_L \cos\Psi_L & -\sin\Psi_L & \sin\Theta_L \cos\Psi_L \\ \cos\Theta_L \sin\Psi_L & \cos\Psi_L & \sin\Theta_L \sin\Psi_L \\ -\sin\Theta_L & 0 & \cos\Theta_L \end{bmatrix} \qquad (4.16)$$

综上所述,这四种坐标系之间的角度及坐标转换关系如图4.6所示。

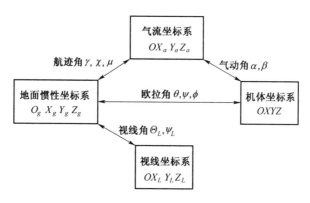

图 4.6　各坐标系之间的相互关系

4.3　空—空射击模态综合火力/飞行控制系统设计

4.3.1　综合火力/飞行控制结构配置

图 4.7 为综合火力/飞行控制结构配置,由图可知它是由相对运动环节、火控解算环节、火力/飞行耦合器、飞行控制系统和飞机运动学等几部分组成。整个系统的工作原理为:先由目标运动环节和本机运动环节给出各自在地面惯性坐标系上的位置分量,经过相对运动学解算得到本机与目标在视线坐标系上的相对运动关系,然后送到火控解算环节进行解算;火控解算环节的主要任务是进行炮线角和炮线角修正角度的计算并将其送入火飞耦合器;火/飞耦合器的作用是进行炮线角的修正将其转换为飞控系统的控制指令;

此指令输入到飞行控制系统去控制飞机的姿态,使机炮达到瞄准和射击精度要求;同时本机传感器又将本机的姿态反馈到本机运动环节与目标运动进行比较,从而构成一个大的闭环非线性复杂控制系统。其各部分的详细工作原理将分别描述。

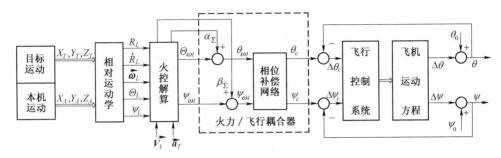

图 4.7　综合火/飞控制结构配置图

4.3.2　相对运动环节

在空战中,本机与目标机的运动轨迹都是比较复杂的立体运动曲线,其相对轨迹则更加复杂。就两机的位置而言,在每一时刻,目标机相对于本机的位置由三个量决定:两机相对距离 R_L(视线距离),视线相对于地面惯性坐标系的俯仰角 Θ_L 和方位角 Ψ_L,它描述了某时刻目标相对于本机的静态位置量,即描述了目标机与本机之间的相对位置;而用于预测目标未来位置的动态量有:目标加速度 a_T,视线角速度 ω_L 及相对距离变化率 $\dot{R}_L$,上述六个量完全描述了本机与目标机之间的相对位置和未来相对运动关系。

在实际系统中,描述目标状态的上述变量是由目标估计器得到的,但在理论仿真阶段,暂不引进目标估计器,所以这些参量需由相对运动环节直接给出,为火控解算提供必要的仿真参量。图 4.8 为相对运动环节的信息流程图。

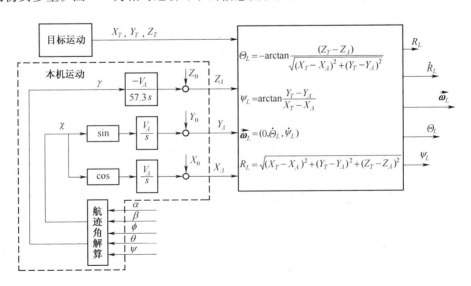

图 4.8　相对运动信息流程图

本机传感器给出的是飞机的姿态角(ϕ,θ,ψ),侧滑角 β 以及迎角 α,在本机做较大机动跟随时,因为 θ 与 α、ψ 与 β 不在同一平面内,所以不能通过简单的加减法来求得航迹角(μ,γ,χ),必须通过以下方法来解算:

由于

$$\begin{bmatrix} X_a \\ Y_a \\ Z_a \end{bmatrix} = \boldsymbol{T}_{t \to a} \boldsymbol{T}_{g \to t} \begin{bmatrix} X_g \\ Y_g \\ Z_g \end{bmatrix} = \boldsymbol{T}_{g \to a} \begin{bmatrix} X_g \\ Y_g \\ Z_g \end{bmatrix} \tag{4.17}$$

于是有

$$\boldsymbol{T}_{g \to a} = \boldsymbol{T}_{t \to a} \boldsymbol{T}_{g \to t} \tag{4.18}$$

由式(4.18)可得下列几何关系式:

$$\begin{cases} \sin\gamma = \cos\alpha\cos\beta\sin\theta - (\sin\alpha\cos\beta\cos\phi + \sin\beta\sin\phi)\cos\theta \\ \sin\chi\cos\gamma = \cos\alpha\cos\beta\sin\psi\cos\theta + \sin\beta(\cos\psi\cos\phi + \sin\psi\sin\phi\sin\theta) + \\ \qquad\qquad \sin\alpha\cos\beta(\sin\psi\cos\phi\sin\theta - \cos\psi\cos\phi) \\ \sin\mu\cos\gamma = \cos\alpha\sin\beta\sin\theta - (\sin\alpha\sin\beta\cos\phi - \cos\beta\sin\phi)\cos\theta \end{cases} \tag{4.19}$$

从而可得航迹角解算公式为

$$\begin{cases} \gamma = \arcsin(\cos\alpha\cos\beta\sin\theta - (\sin\alpha\cos\beta\cos\phi + \sin\beta\sin\phi)\cos\theta) \\ \chi = \arcsin\left(\dfrac{\begin{array}{c} \cos\alpha\cos\beta\sin\psi\cos\theta + \sin\beta(\cos\psi\cos\phi + \sin\psi\sin\phi\sin\theta) + \\ \sin\alpha\cos\beta(\sin\psi\cos\phi\sin\theta - \cos\psi\cos\phi) \end{array}}{\sqrt{1 - (\cos\alpha\cos\beta\sin\theta - (\sin\alpha\cos\beta\cos\phi + \sin\beta\sin\phi)\cos\theta)^2}} \right) \end{cases} \tag{4.20}$$

4.3.3 火炮攻击状态的火控解算

目前,用于空空射击瞄准模态的火控解算模型基本上有两类:扰动光环瞄准和指挥仪型瞄准。两者的主要区别是测量视线角速率的方法不同。在扰动光环瞄准系统中,将陀螺测量的本机角速率作为视线角速率进行火控解算,只要驾驶员跟踪目标时使中心光点保持在目标上,则本机机体角速率就能与视线角速率相等,这就要求驾驶员必须在飞机跟踪过程中始终把中心光点保持在目标上,这一点往往是比较困难的。通常使用的前置计算光学瞄准(LCOS)就是扰动光环瞄准的一个实例。而指挥仪式射击瞄准则通过角跟踪雷达或光电跟踪器和卡尔曼滤波器交联使用来获取目标视线角速率。这样,就使得指挥仪系统比扰动光环系统复杂,计算量也比较大。但相应地,其跟踪、截获目标的能力以及炮线角的解算精度也大为提高。因此,本节将采用指挥仪型射击瞄准系统,并建立一种基于地面惯性坐标系上的火控解算模型。

火控解算是综合火力/飞行控制系统的必要环节。它的功能是求解出炮线角,包括炮线高低角 $\Theta_{\omega l}$ 与炮线方位角 $\Psi_{\omega l}$。炮线角是弹丸在地面坐标系中的初速度方向角。为了求解炮线角,需根据目标运动参数和本机的飞行状态参数,列写出飞行时间方程,从而求得一个重要参量,即弹丸飞行时间 T_f(机载火炮发射弹丸后至击中目标的时间)。

1. 炮线角解算

首先假设:

(1)机炮固定在机体上,且炮管轴线与飞机纵轴一致;

(2)目标作恒加速运动,且加速度与速度方向不一致;

（3）炮弹正好击中目标。

图 4.9 是建立在地面惯性坐标系 $AX_gY_gZ_g$ 上的炮线角解算几何图。由于解算过程比较短，可以认为地球在此过程中是静止不动的，即认为地面坐标系为惯性坐标系。图中：

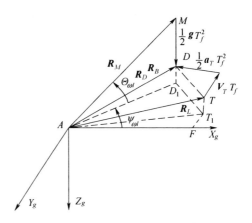

$$\text{炮线高低角} \qquad \Theta_{\omega l} = \angle MD_1 \tag{4.21}$$

$$\text{炮线方位角} \qquad \Psi_{\omega l} = \angle FAD_1 \tag{4.22}$$

图 4.9　炮线角解算几何图

炮线角解算的其余各参量说明如下：

A : 本机在机炮发射瞬时的位置；

T : 目标在机炮发射瞬时的位置；

D : 目标和弹丸在经过一个弹丸飞行时间后同时到达的位置；

M : 不考虑重力加速度时,弹丸在经过一个弹丸时间后到达的位置；

D_1 : D 点在 AX_gY_g 平面上的投影；

T_1 : T 点在 AX_gY_g 平面上的投影；

F : T_1 点在 AX_g 轴上的投影；

T_f : 弹丸发出至击中目标的飞行时间；

V_T : 目标运动初速度；

V_{AL} : 在视线坐标系中的本机速度；

a_T : 目标运动加速度；

R_L : 目标机与本机之间的视线距离矢量 $\overline{AT}$ ；

R_D : 目标机未来位置与本机之间的距离矢量 $\overline{AD}$ ；

R_B : 弹丸未来位置与截击机之间的距离矢量,在本图中也为 $\overline{AD}$ ；

R_M : 炮线方向的弹丸行程距离向量 $\overline{AM}$ 。

由图 4.9 和矢量运动的关系,可列写出射击方程：

$$R_M + \frac{1}{2}gT_f^2 = R_L + V_TT_f + \frac{1}{2}a_TT_f^2 \tag{4.23}$$

式中的 R_L,V_T,a_T 均是在视线坐标系中给出的（由雷达测得的）,在前面已给出了视线坐标系与地面惯性坐标系的矢量转换关系,故可以先将式（4.23）的右端在视线坐标系上计算,然后利用转换矩阵 $T_{L \to g}$ 转换到地面惯性坐标系,从而解得地面惯性坐标系上的矢量 R_M 。具体计算过程如下：

在视线坐标系中

$$R_L = (R_L,0,0) \qquad \dot{R}_L = (\dot{R}_L,0,0)$$
$$a_T = (a_{Ti},a_{Tj},a_{Tk}) \qquad V_{AL} = (V_{Ai},V_{Aj},V_{Ak})$$

如图 4.10 所示,首先将 R_L 看作是不转动的,则目标（T 点）与本机（A 点）的相对线速度为矢量 R_L 的变化率 $\dot{R}_L$,此时目标的绝对速度 V_{T1} 为本机的绝对速度 V_A 与两者的相对

104

线速度 $\dot{\boldsymbol{R}}_L$ 的矢量和 $\boldsymbol{V}_{T1} = \boldsymbol{V}_A + \dot{\boldsymbol{R}}_L$。而实际上 $\boldsymbol{R}_L$ 以角速度 $\boldsymbol{\omega}_L$ 在转动,转动的线速度为 $\boldsymbol{\omega}_L \times \boldsymbol{R}_L$（其与 $TA\boldsymbol{\omega}_L$ 面垂直）。所以目标的绝对速度 $\boldsymbol{V}_T$ 为

$$\boldsymbol{V}_T = \boldsymbol{V}_A + \dot{\boldsymbol{R}}_L + \boldsymbol{\omega}_L \times \boldsymbol{R}_L \tag{4.24}$$

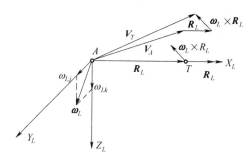

图 4.10　目标速度与本机速度的关系

式中, $\boldsymbol{\omega}_L$ 为目标视线转动角速度,在视线坐标系上有

$$\boldsymbol{\omega}_L = (0, \omega_{Lj}, \omega_{Lk})$$

将式(4.24)在视线坐标系上展开,有

$$V_{Ti} = V_{Ai} + \dot{R}_L \tag{4.25}$$

$$V_{Tj} = V_{Aj} + \omega_{Lk} R_L \tag{4.26}$$

$$V_{Tk} = V_{Ak} - \omega_{Lj} R_L \tag{4.27}$$

所以, $\boldsymbol{R}_D$ 在视线坐标系上的计算式为

$$\boldsymbol{R}_{DL} = (R_{Di}, R_{Dj}, R_{Dk})$$

$$R_{Di} = R_L + (V_{Ai} + \dot{R}_L) T_f + \frac{1}{2} a_{Ti} T_f^2 \tag{4.28}$$

$$R_{Dj} = (V_{Aj} + \omega_{Lk} R_L) T_f + \frac{1}{2} a_{Tj} T_f^2 \tag{4.29}$$

$$R_{Dk} = (V_{Ak} - \omega_{Lj} R_L) T_f + \frac{1}{2} a_{Tk} T_f^2 \tag{4.30}$$

利用坐标转换公式(4.15)可得 $\boldsymbol{R}_D$ 在地面惯性坐标系上的分量

$$\begin{bmatrix} R_{Dx} \\ R_{Dy} \\ R_{Dz} \end{bmatrix} = \boldsymbol{T}_{L \to g} \begin{bmatrix} R_{Di} \\ R_{Dj} \\ R_{Dk} \end{bmatrix} \tag{4.31}$$

代入式(4.23)并将其在地面惯性坐标系上展开,得

$$R_{Mx} = R_{Dx} \tag{4.32}$$

$$R_{My} = R_{Dy} \tag{4.33}$$

$$R_{Mz} = R_{Dz} - \frac{1}{2} g T_f^2 \tag{4.34}$$

从而可求得炮线的高低角 $\boldsymbol{\Theta}_{\omega l}$ 和方位角 $\boldsymbol{\Psi}_{\omega l}$ 为:

$$\boldsymbol{\Theta}_{\omega l} = -\arctan \frac{R_{Mz}}{\sqrt{R_{Mx}^2 + R_{My}^2}} = -\arctan \frac{R_{Dz} - \frac{1}{2} g T_f^2}{\sqrt{R_{Dx}^2 + R_{Dy}^2}} \tag{4.35}$$

$$\Psi_{\omega l} = \arctan \frac{R_{My}}{R_{Mx}} = \arctan \frac{R_{Dy}}{R_{Dx}} \qquad (4.36)$$

2. 弹丸飞行时间的解算

式(4.35)和式(4.36)建立了在地面惯性坐标系上的炮线角解算方程,式中的弹丸飞行时间 T_f 尚未确定,因此需建立弹丸飞行时间方程,以求出弹丸飞行时间 T_f ,从而求得炮线角 $\Theta_{\omega l}$ 和 $\Psi_{\omega l}$ 。

(1)飞行时间方程的建立

由航空外弹道学可知:

$$\begin{cases} V_{PJ} = V_{\Sigma} - K_{\Sigma} R_B \sqrt{V_{\Sigma}} \\ R_B = V_{PJ} T_f \end{cases} \qquad (4.37)$$

式中, V_{Σ} 为弹丸绝对初速; V_{PJ} 为弹丸在时间 T_f 内的平均速度; K_{Σ} 为弹道参数。

式(4.37)的意义为:当弹丸在空气中飞行时,必然受到空气阻力的影响,因此在弹丸飞行过程中,弹丸的平均速度小于弹丸的初始速度,且与弹丸的飞行距离 R_B 有关, R_B 越大,弹丸速度的衰减越大,因此平均速度越小。 K_{Σ} 是在工程中经过反复实践得到的参数值。

再根据图4.9,可得

$$\frac{R_D}{T_f} = V_{\Sigma} - K_{\Sigma} R_D \sqrt{V_{\Sigma}}$$

或

$$R_D = \frac{V_{\Sigma} T_f}{1 + C_1 T_f} \qquad (4.38)$$

其中, $C_1 = K_{\Sigma} \sqrt{V_{\Sigma}}$ 。

为简化计算,将 $\boldsymbol{R}_D$ 在视线坐标系上进行分解,如式(4.28)~式(4.30)所示。

令

$$C_2 = V_{Ti} = V_{Ai} + \dot{R}_L \ , \ C_3 = \frac{1}{2} a_{Ti}$$

$$C_4 = V_{Tj} = V_{Aj} + \omega_{Lk} R_L \ , \ C_5 = \frac{1}{2} a_{Tj}$$

$$C_6 = V_{Tk} = V_{Ak} - \omega_{Lj} R_L \ , \ C_7 = \frac{1}{2} a_{Tk}$$

则有

$$\begin{cases} R_{Di} = R_L + C_2 T_f + C_3 T_f^2 \\ R_{Dj} = C_4 T_f + C_5 T_f^2 \\ R_{Dk} = C_6 T_f + C_7 T_f^2 \end{cases} \qquad (4.39)$$

由于

$$R_D^2 = (R_{Di})^2 + (R_{Dj})^2 + (R_{Dk})^2 \qquad (4.40)$$

将式(4.39)代入式(4.40),可得

$$R_D^2 = (C_3^2 + C_5^2 + C_7^2) T_f^4 + 2(C_2 C_3 + C_4 C_5 + C_6 C_7) T_f^3$$
$$+ (2R_L C_3 + C_2^2 + C_4^2 + C_6^2) T_f^2 + 2R_L C_2 T_f + R_L^2 \qquad (4.41)$$

再令

$$C_8 = C_3^2 + C_5^2 + C_7^2 , C_9 = 2(C_2 C_3 + C_4 C_5 + C_6 C_7)$$

106

$$C_{10} = 2R_L C_3 + C_2{}^2 + C_4{}^2 + C_6{}^2, C_{11} = 2R_L C_2, C_{12} = R_L{}^2$$

则

$$R_D{}^2 = C_8 T_f{}^4 + C_9 T_f{}^3 + C_{10} T_f{}^2 + C_{11} T_f + C_{12} \tag{4.42}$$

将式(4.42)代入式(4.38)整理后得

$$R_1 T_f{}^6 + R_2 T_f{}^5 + R_3 T_f{}^4 + R_4 T_f{}^3 + R_5 T_f{}^2 + R_6 T_f + R_7 = 0 \tag{4.43}$$

其中：$\quad R_1 = C_1{}^2 C_8$，$R_2 = C_1{}^2 C_9 + 2C_1 C_8$，$R_3 = C_1{}^2 C_{10} + 2C_1 C_9 + C_8$

$$R_4 = C_1{}^2 C_{11} + 2C_1 C_{10} + C_9, R_5 = C_1{}^2 C_{12} + 2C_1 C_{11} + C_{10} - V_B{}^2$$

$$R_6 = 2C_1 C_{12} + C_{11}, R_7 = C_{12}$$

（2）二分法求解。

由火控系统的特点可知，我们所要求的飞行时间 T_f 是上面所推导的方程的最小正根，这也就决定了可以使用二分法来求解。其求解步骤为：从 0 开始，以一定步长（例如可以取为 0.5）进行扫描，如发现某个小区间有根，便停止扫描，用二分法来求解这一小区间上的根，直至达到误差要求，此即所需的飞行时间 T_f。设 $f(x) = R_1 x^6 + R_2 x^5 + R_3 x^4 + R_4 x^3 + R_5 x^2 + R_6 x + R_7$ 并取 T_f 得允许误差为某特定值，比如 0.0001s，允许误差越小，计算所需时间越长，也即实时性越差。因此这里要考虑实时性和精确性这两者之间的折衷方案，使两者都能达到一个相对较好的效果。算法框图如图 4.11 所示。

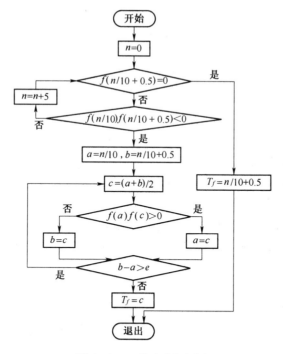

图 4.11　二分法求解框图

3. 弹丸速度的合成

在建立火控模型时，首先假定机炮为固定炮，且炮管轴线与飞机纵轴一致，但由于本机自身的速度 V_A 与机体轴有一定的夹角即迎角与侧滑角（α, β），且弹丸相对于截击机又有一定的初速 V_{B0}，故弹丸在惯性系中的绝对速度应该是两个速度矢量的合成，即

$$V_\Sigma = V_A + V_{B0} \tag{4.44}$$

矢量合成关系如图 4.12 所示,图中:$\alpha_\Sigma,\beta_\Sigma$ 为弹丸合成速度 $\boldsymbol{V}_\Sigma$ 与机体轴间的夹角;$\gamma_\Sigma,$ χ_Σ 为弹丸合成速度 $\boldsymbol{V}_\Sigma$ 与地面坐标系的夹角;θ,ψ 为飞机的姿态角。将合成速度 $\boldsymbol{V}_\Sigma$ 在地面惯性坐标系上进行分解得

$$\boldsymbol{V}_{B0} = V_{B0}\cos\theta\cos\psi\boldsymbol{i}_g + V_{B0}\cos\theta\sin\psi\boldsymbol{j}_g - V_{B0}\sin\theta\boldsymbol{k}_g \tag{4.45}$$

$$\boldsymbol{V}_A = V_A\cos\gamma\cos\chi\boldsymbol{i}_g + V_A\cos\gamma\sin\chi\boldsymbol{j}_g - V_A\sin\gamma\boldsymbol{k}_g$$

$$= u\boldsymbol{i}_g + v\boldsymbol{j}_g + w\boldsymbol{k}_g \tag{4.46}$$

$$= (V_{B0}\cos\theta\cos\psi + u)\boldsymbol{i}_g + (v + V_{B0}\cos\theta\sin\psi)\boldsymbol{j}_g + (w - V_{B0}\sin\theta)\boldsymbol{k}_g \tag{4.47}$$

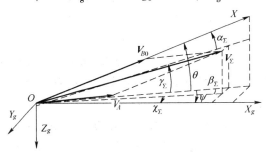

图 4.12　弹丸速度合成

从而可得

$$\gamma_\Sigma = -\arctan\frac{w - V_{B0}\sin\theta}{\sqrt{(u + V_{B0}\cos\theta\cos\psi)^2 + (v + V_{B0}\cos\theta\sin\psi)^2}} \tag{4.48}$$

$$\chi_\Sigma = \arctan\frac{v + V_{B0}\cos\theta\sin\psi}{u + V_{B0}\cos\theta\cos\psi} \tag{4.49}$$

由于在飞控系统中我们一般采用协调控制方案,令 $\beta \to 0$,所以近似地有

$$\alpha_\Sigma = \theta - \gamma_\Sigma \tag{4.50}$$

$$\beta_\Sigma = \chi_\Sigma - \psi \tag{4.51}$$

4. 弹丸脱靶量的计算

脱靶量是衡量综合火力/飞行控制系统性能优劣的主要指标。其影响因素主要有以下四方面:目标状态估值器对目标飞行状态的估值精度;火控解算中炮线角计算的准确程度;火飞耦合器的工作性能;以及飞控系统的姿态响应特性(快速性和准确性)。

脱靶量定义为自发射弹丸的时刻起,经飞行时间 T_f 后,目标位置与弹丸位置的偏差。如图 4.13 所示。

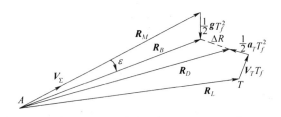

图 4.13　脱靶量分析图

图中:$\boldsymbol{R}_L$ 为目标在弹丸发射时刻视线距离矢量;$\boldsymbol{R}_D$ 为目标经 T_f 后的距离矢量;$\boldsymbol{R}_B$ 为弹丸经 T_f 后的距离矢量。

所以脱靶量的定义式为

$$\Delta \boldsymbol{R} = \boldsymbol{R}_D - \boldsymbol{R}_B \tag{4.52}$$

将式(4.52)在地面惯性坐标轴上投影得

$$\Delta R_X = R_{DX} - R_{BX} \tag{4.53}$$

$$\Delta R_Y = R_{DY} - R_{BY} \tag{4.54}$$

$$\Delta R_Z = R_{DZ} - R_{BZ} \tag{4.55}$$

式(4.52)中，$\boldsymbol{R}_D$ 已在炮线角解算的过程得出。$\boldsymbol{R}_B$ 的推导计算如下：

由外弹道学知识，弹丸实际飞行距离为

$$R_B = |\boldsymbol{R}_B| = \frac{V_\Sigma T_f}{1 + C_1 T_f} \tag{4.56}$$

在垂直平面内，由于受重力影响，弹丸的实际距离向量 $\boldsymbol{R}_B$ 与其绝对初速度向量 $\boldsymbol{V}_\Sigma$ 在方向上并不一致，而是存在一个下降角 ε。一般，$\frac{1}{2}gT_f^2$ 相对于 $|\boldsymbol{R}_B|$ 来说很小。所以有

$$\varepsilon = \arctan \frac{\frac{1}{2}gT_f^2}{|\boldsymbol{R}_B|} \approx \frac{\frac{1}{2}gT_f^2}{R_B} \tag{4.57}$$

弹丸的合成速度 $\boldsymbol{V}_\Sigma$ 在地面惯性坐标上的俯仰角和方位角(γ_Σ, χ_Σ)在上面已经求出，从而可得 $\boldsymbol{R}_B$ 在地面惯性坐标系上的俯仰角和方位角(θ_B, ψ_B)为

$$\theta_B = \gamma_\Sigma - \varepsilon \tag{4.58}$$

$$\psi_B = \chi_\Sigma \tag{4.59}$$

$\boldsymbol{R}_B$ 在地面惯性坐标系上的投影分量分别为

$$R_{Bx} = R_B \cos\theta_B \cos\psi_B \tag{4.60}$$

$$R_{By} = R_B \cos\theta_B \sin\psi_B \tag{4.61}$$

$$R_{Bz} = -R_B \sin\theta_B \tag{4.62}$$

将式(4.60)~式(4.62)代入式(4.53)~式(4.55)可得脱靶量在地面惯性坐标系上的投影分量，从而亦可得其矢量长度为

$$\Delta R = |\Delta \boldsymbol{R}| = \sqrt{\Delta R_x^2 + \Delta R_y^2 + \Delta R_z^2} \tag{4.63}$$

由以上推导过程不难得到火力控制解算的结构图如图4.14所示。

4.3.4　火力/飞行耦合器

火力/飞行耦合器是综合火力/飞行控制(IFFC)系统的核心，直接影响和决定着整个IFFC系统的工作性能。

火力/飞行耦合器的研究与设计是目前IFFC系统研究方面比较活跃的一个问题，已经提出了不少的控制方案和设计方法。大致可分为两种设计思想，即基于传统理论的跟踪控制方案和基于现代控制理论的设计方案。

由火控解算模型可知，火力/飞行耦合器的任务是根据炮线角和本机的现有姿态矢量，来确定施加于飞控系统的指令信号。

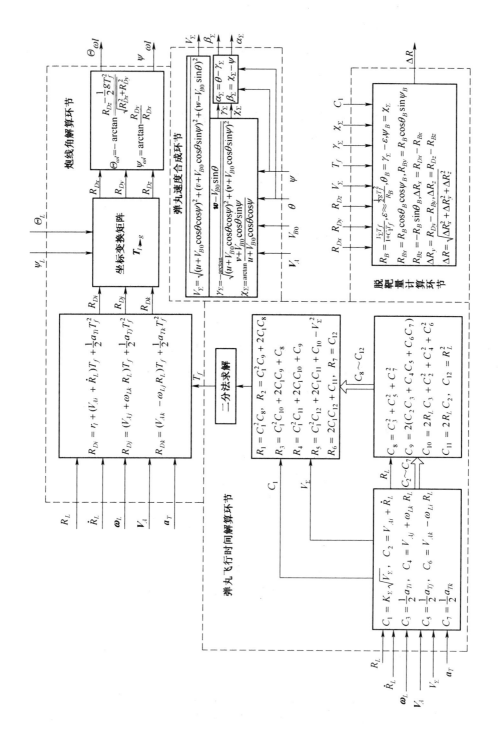

图 4.14 火力控制解算结构框图

1. 指令信号的修正

上面推导了机体轴线对指令炮线的跟踪角误差在机体轴系上的表达式。在 IFFC 系统中,要求控制的是弹丸射线,即要求弹丸射线与指令炮线相重合。由式(4.50)和式(4.51)可得弹丸射线 V_Σ 与机体轴系的夹角。所以,在机体轴系上,加给飞行控制系统的姿态纠偏指令除了要纠正对炮线的跟踪误差外,还应考虑弹丸的合成速度应指向炮线角方向。所以

$$\theta_{\omega l} = \Theta_{\omega l} + \alpha_\Sigma \tag{4.64}$$

$$\psi_{\omega l} = \Psi_{\omega l} + \beta_\Sigma \tag{4.65}$$

亦即使弹丸的合成速度指向炮线角方向。

2. 相位补偿网络

由于在设计飞行控制系统时,存在频域相位上的滞后损失,在时域表现为响应时间的延迟,这样一方面使整个系统趋于不稳定,另一方面使飞机不能快速达到跟踪精度要求,所以有必要对系统进行相位超前补偿。其补偿原理如图 4.15 所示。

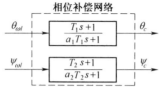

图 4.15　相位补偿网络原理图

整个综合火力/飞行控制(IFFC)系统为典型的非线性系统,因此不能用经典控制理论的方法进行相位补偿网络的设计。在此可以使用工程方法确定补偿网络结构参数的初值,然后运用参数寻优的方法进行结构参数的优化选择。

式(4.64)所得出的角跟踪误差经过相位补偿后的指令信号 θ_c,也正是为命中目标而要求飞机在俯仰方向上改变量,所以,它直接构成了对纵向飞控系统的角误差指令信号。

式(4.65)则给出了飞机在侧向应偏转的角度,但在常规飞机上,机头的侧向偏转是通过滚转来实现的,所以应该利用相位补偿后的指令信号 ψ_c 来控制飞机滚转。上面给出了应施加于飞控系统的两个指令信号,这正是由 IFFC 系统的火力/飞行耦合器给出的。

图 4.16 为经过参数优化后的综合火力/飞行控制系统的数字仿真结果,并与未加入相位补偿网络的系统进行了比较。由仿真图可知,加入相位补偿网络后,虽然按飞机跟踪角误差条件($\max(E_\theta, E_\psi) \leqslant 6\text{mrad}$)确定的持续射击时间(星号之间)有所减少,但是弹丸的脱靶量 ΔR 却明显地得到了改善。

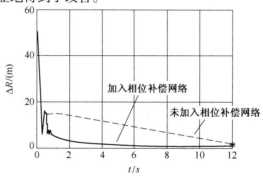

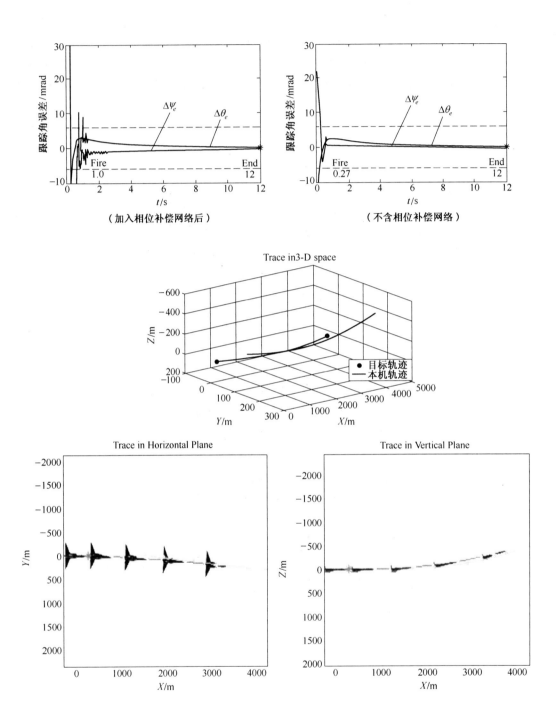

（加入相位补偿网络后）　　　　　　　　（不含相位补偿网络）

仿真条件：假设目标在垂直面内作半径为6000m的圆弧运动；本机位置(0 0 0)，初始速度(256.42 0 0)；
目标位置(1500 0 0)，初始速度(200 20 0)

图4.16　空—空射击模态数字仿真响应曲线

4.4 空—地射击模态综合火力/飞行控制系统设计

4.4.1 空—地射击综合火力/飞行控制结构配置

图 4.17 为空—地射击模态综合火力/飞行控制系统原理仿真结构图。图中目标运动环节的任务是：根据目标位置、速度和本机的位置、速度,算出目标相对本机的距离、目标距离变化率及目标距离矢量转动角速度(即视线转动角速度)。图中火控解算环节的任务是：根据本机当前的飞行状态及本机与目标的相对运动参数,进行火控解算,得到空—地射击所需的炮线俯仰角及炮线方位角。图中的耦合器对火控解算的结果进行相位补偿等处理,形成本机俯仰角和方位角的控制指令。飞控系统根据指令控制飞机,从而尽快跟踪所需的炮线角。

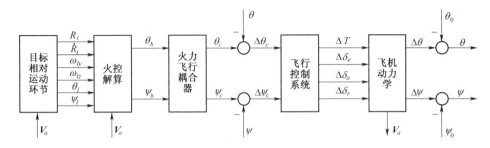

图 4.17 空—地射击模态综合火力/飞行控制系统结构配置

4.4.2 目标与本机的相对运动学

综合火力/飞行控制系统需要准确的目标位置及运动参数的信息。目标传感器与跟踪装置所得的目标运动参数中常杂有各种噪声,精度不高,而且目标的加速度也无法直接测量。因而,为提高目标参数的准确性,必须设置一个目标状态估计器。该目标状态估计器为在机载火控计算机中实现的一种滤波预测算法。由它实时处理本机飞行状态及目标运动参数的测量信息,获得目标位置、速度、加速度的精确估值,作为火力控制系统的输入。本机与目标的运动轨迹是比较复杂的立体运动曲线。就两者的位置而言,在每一时刻,目标相对于本机的位置由三个量决定：两者相对距离 R_t(视线距离)、视线相对于地面惯性坐标系的俯仰角 θ_l 和方位角 ψ_l,它描述了某时刻目标相对于本机的静态位置量,即描述了目标与本机之间的相对位置;而用于预测目标未来位置的动态量有目标加速度 a_t,视线角速度 ω_l 及相对距离变化率 $\dot{R}_t$,上述六个量完全描述了本机与目标之间的相对位置和未来相对运动关系。

由于飞机在地面惯性坐标系中以空速 V_a 运动,因此不可能直接测出目标速度 V_t,但可以测出视线坐标下的目标相对本机的距离、距离变化量、视线转动角速度、视线俯仰角、视线方位角。在实际系统中,描述目标状态的上述变量是由目标状态估计器得到的,但在理论仿真阶段,暂不引进目标估计器,而由目标运动环节直接给出。图 4.18 为目标运动环节信息流程图。针对空对地作战模态,由于射程不大,弹丸飞行时间不长,我们假设地面目标的加速度为零。

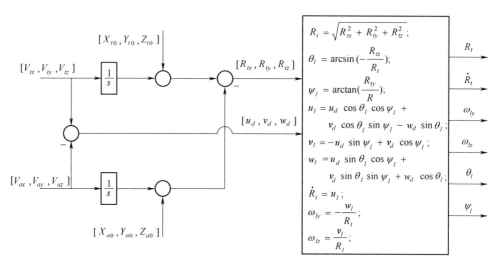

图 4.18　目标运动信息流程图

4.4.3　空—地射击模态火控解算

空—地射击模态的火控解算,其任务是求得炮线俯仰角 θ_b 及炮线方位角 ψ_b。若假设目标在地面作匀速直线运动,机炮固定安装,其武器轴与飞机纵轴平行,且无安装角,同时不考虑安装位差,则可作出如图 4.19 所示的地面坐标系中的空—地射击瞄准状态矢量图。

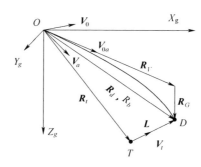

图 4.19　地面坐标系下,空—地射击瞄准状态矢量图

图中, $OX_gY_gZ_g$ 是以本机质心为原点的地面坐标系, T 为目标位置, D 为目标前置点, R_t 为目标距离矢量, L 为前置量, R_d 为目标前置距离矢量, R_b 为弹丸射程矢量, R_V 为弹丸射线方向的位移, R_G 为弹道降落量, V_t 为目标速度, V_a 为本机速度, V_0 为弹丸相对初速, V_{0a} 为弹丸绝对初速。

由图 4.19 可知,若炮弹能理想地击中目标,则下式成立:

$$R_b = R_d \tag{4.66}$$

$$R_b = R_V + R_G = V_{0a}t_d + R_G = V_0t_d + V_at_d + R_G \tag{4.67}$$

$$R_d = R_t + L = R_t + V_tt_d \tag{4.68}$$

式中

114

$$\boldsymbol{R}_G = \begin{bmatrix} 0 & 0 & \dfrac{1}{2}gt_d{}^2 \end{bmatrix} \boldsymbol{l}_g$$

$$\boldsymbol{R}_t = \begin{bmatrix} R_t & 0 & 0 \end{bmatrix} \boldsymbol{l}_l$$

其中，t_d 为弹丸飞行时间，$\boldsymbol{l}_g$ 为地面坐标系的单位矢量，$\boldsymbol{l}_l$ 为视线坐标系的单位矢量。由式（4.67）及式（4.68）可得击中目标所必须满足的矢量方程

$$\boldsymbol{V}_0 t_d + \boldsymbol{V}_a t_d + \boldsymbol{R}_G = \boldsymbol{R}_t + \boldsymbol{V}_t t_d \tag{4.69}$$

火控解算所关注的是求出弹丸初速 $\boldsymbol{V}_0$ 的方向。由于本机在地球坐标系中以空速矢量 $\boldsymbol{V}_a$ 运动，因此不可能直接测出 $\boldsymbol{V}_t$ 值。但可测得目标相对本机的速度 $\boldsymbol{V}_{xd}$，于是有

$$\boldsymbol{V}_t = \boldsymbol{V}_{xd} + \boldsymbol{V}_a \tag{4.70}$$

而上式中的 $\boldsymbol{V}_{xd}$ 即为目标距离矢量 $\boldsymbol{R}_t$ 在相对坐标系中的矢端速度，可由下式表达：

$$\boldsymbol{V}_{xd} = \left(\dfrac{\mathrm{d}\boldsymbol{R}_t}{\mathrm{d}t}\right)_l + \boldsymbol{\omega}_l \times \boldsymbol{R}_t = \begin{bmatrix} \dot{R}_t & 0 & 0 \end{bmatrix} \boldsymbol{l}_l + \begin{vmatrix} i_l & j_l & k_l \\ \omega_{lx} & \omega_{ly} & \omega_{lz} \\ D & 0 & 0 \end{vmatrix} = \begin{bmatrix} \dot{R}_t & R_t\omega_{lz} & -R_t\omega_{ly} \end{bmatrix} \boldsymbol{l}_l \tag{4.71}$$

式中，$\boldsymbol{\omega}_l = \begin{bmatrix} \omega_{lx} & \omega_{ly} & \omega_{lz} \end{bmatrix} \boldsymbol{l}_l$ 为视线转动角速度。

将式（4.70）代入式（4.68）可得

$$\boldsymbol{R}_d = \boldsymbol{R}_t + \boldsymbol{V}_{xd} t_d + \boldsymbol{V}_a t_d \tag{4.72}$$

而

$$\boldsymbol{V}_a = \begin{bmatrix} V_{ax} & V_{ay} & V_{az} \end{bmatrix} \boldsymbol{l}_g \tag{4.73}$$

式中，V_{ax}、V_{ay}、V_{az} 为本机飞行速度 $\boldsymbol{V}_A$ 在地面坐标系 $OX_gY_gZ_g$ 三个坐标轴上的分量。令

$$\boldsymbol{V}_A = \begin{bmatrix} u_l & v_l & w_l \end{bmatrix} \boldsymbol{l}_l \tag{4.74}$$

式中，u_l、v_l、w_l 为本机飞行速度 $\boldsymbol{V}_a$ 在视线坐标系 $OX_lY_lZ_l$ 三个坐标轴上的分量。则有

$$\begin{bmatrix} u_l & v_l & w_l \end{bmatrix}^\mathrm{T} = T_{l,g}\begin{bmatrix} V_{ax} & V_{ay} & V_{az} \end{bmatrix}^\mathrm{T} \tag{4.75}$$

式中

$$\boldsymbol{T}_{l,g} = \begin{bmatrix} \cos\theta_l\cos\psi_l & \cos\theta_l\sin\psi_l & -\sin\theta_l \\ -\sin\psi_l & \cos\psi_l & 0 \\ \sin\theta_l\cos\psi_l & \sin\theta_l\sin\psi_l & \cos\theta_l \end{bmatrix}$$

为地面坐标系到视线坐标系的转化矩阵，θ_l、ψ_l 分别表示视线在地面坐标系中的俯仰角与方位角。

于是，由式（4.71）、式（4.72）和式（4.74）可得

$$\begin{aligned}
\boldsymbol{R}_d &= \begin{bmatrix} R_t & 0 & 0 \end{bmatrix} \boldsymbol{l}_l + \begin{bmatrix} \dot{R}_t & R_t\omega_{lz} & -R_t\omega_{ly} \end{bmatrix} t_d \boldsymbol{l}_l + \begin{bmatrix} u_l & v_l & w_l \end{bmatrix} t_d \boldsymbol{l}_l \\
&= \begin{bmatrix} R_t + (\dot{R}_t + u_l)t_d & (R_t\omega_{lz} + v_l)t_d & (-R_t\omega_{ly} + w_l)t_d \end{bmatrix} \boldsymbol{l}_l \\
&= \begin{bmatrix} R_{dlx} & R_{dly} & R_{dlz} \end{bmatrix} \boldsymbol{l}_l
\end{aligned} \tag{4.76}$$

式中，$R_{dlx} = R_t + (\dot{R}_t + u_l)t_d$，$R_{dly} = (R_t\omega_{lz} + v_l)t_d$，$R_{dlz} = (-R_t\omega_{ly} + w_l)t_d$，分别为目标前置距离 R_d 在视线坐标系 $OX_lY_lZ_l$ 三个坐标轴上的分量。令

$$\boldsymbol{R}_d = \begin{bmatrix} R_{dx} & R_{dy} & R_{dz} \end{bmatrix} \boldsymbol{l}_g \tag{4.77}$$

式中，R_{dx}、R_{dy}、R_{dz} 为目标前置距离 D_T 在地面坐标系 $OX_gY_gZ_g$ 三个坐标轴上的分量。

则有

$$\begin{bmatrix} R_{dx} & R_{dy} & R_{dz} \end{bmatrix}^{\mathrm{T}} = T_{g,l} \begin{bmatrix} R_{dlx} & R_{dly} & R_{dlz} \end{bmatrix}^{\mathrm{T}} \tag{4.78}$$

式中

$$T_{g,l} = \begin{bmatrix} \cos\theta_l\cos\psi_l & -\sin\psi_l & \sin\theta_l\cos\psi_l \\ \cos\theta_l\sin\psi_l & \cos\psi_l & \sin\theta_l\sin\psi_l \\ -\sin\theta_l & 0 & \cos\theta_l \end{bmatrix}$$

为视线坐标系到地面坐标系的转化矩阵。再根据式(4.66)和式(4.67),有

$$\begin{aligned} V_0 t_d &= R_d - V_A t_d - R_G \\ &= \begin{bmatrix} R_{dx} & R_{dy} & R_{dz} \end{bmatrix} l_g - \begin{bmatrix} V_{ax} & V_{ay} & V_{az} \end{bmatrix} t_d l_g - \begin{bmatrix} 0 & 0 & \frac{1}{2}g t_d^2 \end{bmatrix} l_g \\ &= \begin{bmatrix} R_{dx} - V_{ax} t_d & R_{dy} - V_{ay} t_d & R_{dz} - V_{az} t_d - \frac{1}{2}g t_d^2 \end{bmatrix} l_g \\ &= \begin{bmatrix} R_{0x} & R_{0y} & R_{0z} \end{bmatrix} l_g \end{aligned} \tag{4.79}$$

式中,

$$R_{0x} = R_{dx} - V_{ax} t_d, R_{0y} = R_{dy} - V_{ay} t_d, R_{0z} = R_{dz} - V_{az} t_d - \frac{1}{2}g t_d^2$$

由式(4.79)可得击中目标所需的在地面坐标系中的炮线俯仰角和炮线方位角

$$\begin{cases} \theta_b = \arctan\left(\dfrac{-R_{0z}}{\sqrt{R_{0x}^2 + R_{0y}^2}} \right) \\ \psi_b = \arctan\left(\dfrac{R_{0y}}{R_{0x}} \right) \end{cases} \tag{4.80}$$

由以上解算过程可知,要解得炮线俯仰角 θ_b 和炮线方位角 ψ_b 的值,还必须求解弹丸飞行时间 t_d。首先根据外弹道学原理

$$V_{pj} = V_{0a} - K_b R_b \sqrt{V_{0a}} \tag{4.81}$$

式中

$$V_{pj} = \frac{R_b}{t_d} \tag{4.82}$$

表示弹丸的绝对平均速度。K_b 是与弹道有关的系数。V_{0a} 为弹丸绝对初速度。由如图4.20所示的几何关系可得

$$V_{0a} = \sqrt{V_0^2 + 2V_0 V_a \cos\alpha\cos\beta + V_a^2} \tag{4.83}$$

式中,α、β 分别为本机的迎角和侧滑角;$V_a = \sqrt{V_{ax}^2 + V_{ay}^2 + V_{az}^2}$,为本机速度。

将式(4.82)代入式(4.81),可得

$$R_b = \frac{V_{0a} t_d}{1 + K_b t_d \sqrt{V_{0a}}} \tag{4.84}$$

根据式(4.66)和式(4.76),有

$$R_b = R_d = \sqrt{R_{dlx}^2 + R_{dly}^2 + R_{dlz}^2} \tag{4.85}$$

故

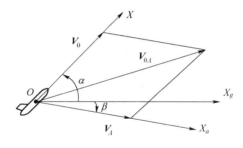

图 4.20　弹丸速度合成

$$\left(\frac{V_{0a}t_d}{1 + K_b t_d \sqrt{V_{0a}}}\right)^2 = R_{dlx}^2 + R_{dly}^2 + R_{dlz}^2$$

$$= \left[R_t + (\dot{R}_t + u_l)t_d \right]^2 + (R_t\omega_{lz} + v_l)^2 t_d^2 + (-R_t\omega_{ly} + w_l)^2 t_d^2$$

整理得

$$C_0 t_d^4 + C_1 t_d^3 + C_2 t_d^2 + C_3 t_d + C_4 = 0 \tag{4.86}$$

式中

$$C_0 = K_b^2 V_{0a} \left[(\dot{R}_t + u_l)^2 + (R_t\omega_{lz} + v_l)^2 + (-R_t\omega_{ly} + w_l)^2 \right]$$

$$C_1 = 2K_b^2 V_{0a} R_t (\dot{R}_t + u_l) + 2K_b \sqrt{V_{0A}} \left[(\dot{R}_t + u_l)^2 + (R_t\omega_{lz} + v_l)^2 + (-R_t\omega_{ly} + w_l)^2 \right]$$

$$C_2 = K_b^2 V_{0a} R_t^2 + 4K_b \sqrt{V_{0A}} R_t - V_{0A}^2 + \left[(\dot{R}_t + u_l)^2 + (R_t\omega_{lz} + v_l)^2 + (-R_t\omega_{ly} + w_l)^2 \right]$$

$$C_3 = 2K_b \sqrt{V_{0a}} R_t^2 + 2R_t (\dot{R}_t + u_l)$$

$$C_4 = R_t^2$$

显然 t_d 为式(4.86)的最小正解,可以用二分法解之,流程图如 4.21 所示。代入式(4.80)即可解得 θ_b、ψ_b。整个解算过程如图 4.22 所示。

4.4.4　空—地射击模态火力/飞行耦合器

空—地射击模态火力/飞行耦合器的任务是根据火控解算所得的期望俯仰姿态角 θ_b 及期望偏航角 ψ_b 确定飞行控制系统的输入指令。选取频带较宽的飞行姿态控制系统,纵向飞行控制系统的输入指令为俯仰角指令 θ_c,侧向飞行控制系统的输入指令为偏航角指令 ψ_c。可得火力/飞行耦合器的结构图如图 4.23 所示。如本章引言所述,加入相位超前校正网络可以使系统的相位角提前,另一方面可以增加系统的通频带,达到截止频率及相角裕度的性能指标要求。

火力/飞行耦合器是综合火力/飞行控制系统的重要组成部分,其性能的优劣将直接影响整个系统的性能好坏。最基本的火力/飞行耦合器可以只是简单地将火控系统解算得到的信息传递给飞行控制系统,但仿真结果表明,这种结构不能达到系统对它的要求,也达不到精确攻击的目的。在实际作战过程中,火力/飞行耦合器是用来取代驾驶员,对火控给出的信息进行分析,然后按照一定的控制策略去操纵飞机,使其跟踪目标运动并进行精确瞄准。因此火力/飞行耦合器除了起到指令信号的传递作用外,还应该具有仿人的"超前意识",尽量缩减进入攻击的时间并增加可持续攻击时间,这样不仅增加了飞机的攻击效率,而且也减小了飞机本身受到攻击的机会,提高生存力。在火力/飞行耦合器环

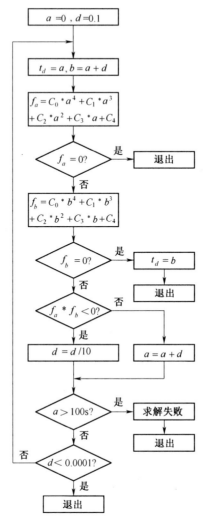

图 4.21 二分法求解弹丸下落时间流程图

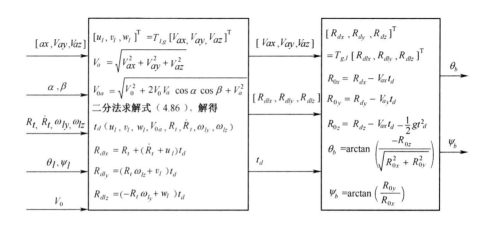

图 4.22 空—地射击模态火控解算流程示意图

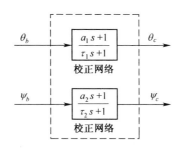

图 4.23　空—地射击模态火力/飞行耦合器结构图

节中加入超前网络可以补偿由于飞行控制系统带来的相位滞后,使飞行控制系统获得超前的指令信号,快速进入跟踪瞄准运动状态。

由经典控制理论可知,常用的校正方式有串联校正和反馈校正两种。在此选用串联校正方式,即在俯仰和偏航指令通道中分别串联上一个相位超前校正环节。加入相位超前校正网络后,一方面可以使系统的相位角提前,另一方面可以增加系统的通频带,达到截止频率及相角裕度的性能指标要求。

在实际工程应用中,相位校正网络的设计方法很多,包括频率响应校正法、根轨迹校正法及其他工程方法。但是综合火力/飞行控制(IFFC)系统为典型的非线性系统,不能简单地通过这些方法来设计相位校正网络,这就需要去寻求一种可行的设计方法。最基本的方法是利用工程调参的方法,根据飞控系统在时域的响应特性采用近似的方法确定其在实轴上的主导极点,并据此对参数进行人工选择。这种方法的优点是设计简单,但通过这种方法确定的网络结构并不一定是最优方案,并且浪费了大量的人力和时间。为此我们选用控制系统优化设计方法进行参数的优化选择。

参数的优化设计就是利用计算机自动选择最佳参数的自动化设计方法。设计者只需给出参数的一组初始值,计算机计算出系统响应后,自动分析计算结果,确定下一次计算的参数值,经过大量计算后,计算机自动选出一组最佳参数值。参数的优化设计方法很多,有梯度法、最速下降法、共轭梯度法、单纯形法、随机射线法等。前面几种方法对于设计变量维数较大的复杂情况,计算量比较大,所以在此选用受变量、寻优目标复杂程度影响不大且寻优效率较高的随机射线法进行参数优化设计。

随机射线法的基本原理:从给定的初始点 O 出发,随机地选取一个试探点进行计算,如果目标函数有改进,则将中心移到新点;如果失败,则回到原点再试探。这种方法是随机试验法与一维探索法中步长加速法的结合,用随机试验法找方向,用步长加速法确定前进的步长。

在寻优之前,必须先进行设计变量、目标函数、约束条件、计算精度等的选定。在图4.23 中 τ_1、τ_2 和 a_1、a_2 均为未知量,但考虑到设计变量的数目也即寻优参数的维数越大计算量也越大,相应的所需寻优时间也就越长,因此在实际寻优时只选取了较重要的时间常数 τ_1、τ_2 为设计变量。考虑到工程实际,为了实现优化网络的微分效应,同时保持较高

的信噪比,在此令分度系数

$$a_1 = a_2 = 0.2 \tag{4.87}$$

设计变量的初值在理论上可以任意选取,但通常做法是取变量区间的中值,以确保寻优的效率,但若根据工程调参法来确定初值可以减少寻优的次数,增加寻优的效率。

1. 目标函数的选择

目标函数的选择是整个优化设计中最重要的决策之一,其选择得恰当与否,对实际效果有很大的影响。在综合火力/飞行控制(IFFC)系统中,最终决定系统性能优劣的是炮弹的脱靶量 ΔR($\geqslant 0$),所以选取脱靶量 ΔR 与时间 t 的乘积的积分作为目标函数(ITAE)。即

$$F = \int_0^T \Delta R \cdot t \mathrm{d}t \tag{4.88}$$

式中,T 为寻优仿真时间;时刻 t 为时间加权系数,其作用是在响应的初始阶段,允许有较大脱靶量(加权系数较小),但随着时间的增加(即加权系数逐渐增大)迫使脱靶量逐渐减小。

空地射击作战模态,目标位置与弹丸位置的偏差为

$$\boldsymbol{\Delta R} = \boldsymbol{R}_t + \boldsymbol{V}_t t_d - (\boldsymbol{V}_a + \boldsymbol{V}_0) t_d - \frac{1}{2} \boldsymbol{g} t_d^2 \tag{4.89}$$

式中,$\boldsymbol{R}_t$ 表示射击时,目标相对飞机的距离矢量;$\boldsymbol{V}_t$ 表示目标速度;$\boldsymbol{V}_a$ 表示飞机空速;$\boldsymbol{V}_0$ 表示弹丸相对飞机的初始速度;$\boldsymbol{g}$ 为重力加速度矢量。

2. 约束条件的选择

约束条件是根据工程实际和以往的经验确定的。具体到本系统可取设计变量的变化区间为

$$\begin{cases} 0 \leqslant \tau_1 \leqslant 2 \\ 0 \leqslant \tau_2 \leqslant 2 \end{cases} \tag{4.90}$$

3. 计算精度的选择

减小计算精度可以提高寻优的精度,但是另一方面也显著地增加了寻优次数,花费了太多的时间,因此从实际的角度来看,计算精度不宜选得过小。在此综合考虑各方面因素取计算精度 $EPS = 0.0001$。

做好以上准备之后就可以利用随机射线法进行参数的优化选择了。随机射线法的流程图如图 4.24 所示。为设计耦合器参数,选取一种作战环境进行空地射击模态综合火力/飞行控制系统数字仿真。本机初始位置取为地面坐标系原点 $[0,0,0]$,本机速度为 204m/s,偏航角为 0°;目标以 50m/s 的速度匀速运动,偏航角为 45°,初始位置为地面坐标系下的 $[4000,400,500]$ 点。图 4.25 为仿真结果,图中虚线为不加校正网络所得脱靶量变化曲线,实线为加入校正网络后,脱靶量变化曲线,显然,用随机射击法设计的耦合器大大提高了系统的攻击精度。此时耦合器参数为

$$\begin{cases} \tau_1 = 0.4242 \\ \tau_2 = 0.8711 \end{cases} \tag{4.91}$$

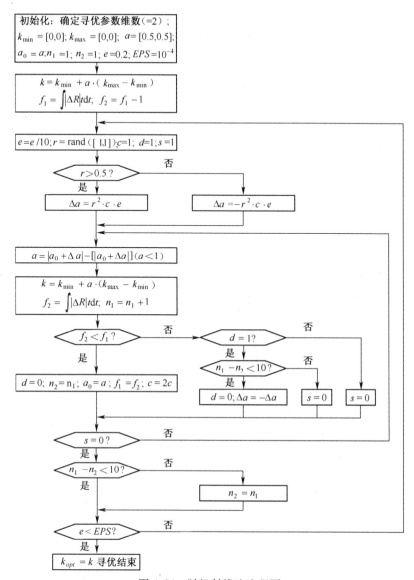

图 4.24 随机射线法流程图

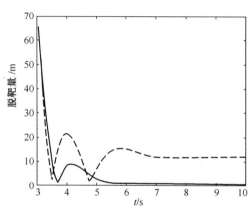

图 4.25 耦合器参数设计效果

4.4.5　空—地射击模态综合火力/飞行控制系统设计开发

1. 空—地射击作战模态之一

图 4.26 为本章开发的空地模态综合火力/飞行控制系统仿真界面。图 4.27 为系统菜单选项。图 4.28 为空—地射击模态综合火力/飞行控制系统数字仿真结构图。假设飞机速度为 204m/s，偏航角为 0°，初始高度为 500m，初始位置取为地面坐标系原点 [0,0,0]；目标以 50m/s 的速度匀速运动，偏航角为 45°，初始位置为地面坐标系下的 [4000,400,500] 点。作战模态的选择及目标与本机的初始运动信息开发界面如图 4.29 所示。

图 4.26　空—地模态综合火力/飞行控制系统仿真界面

图 4.27　空—地模态综合火力/飞行控制系统仿真菜单

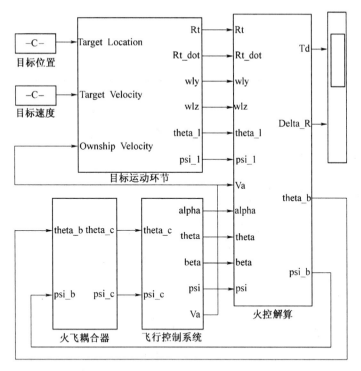

图 4.28 空—地射击模态综合火力/飞行控制系统仿真图

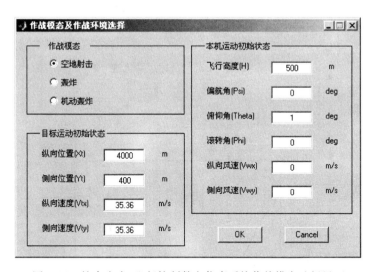

图 4.29 综合火力/飞行控制数字仿真系统作战模态选择界面

目标与飞机的运动轨迹如图 4.30 所示,粗线表示目标运动轨迹。脱靶量(弹丸与目标的位置误差)变化曲线如图 4.31 所示。经过 3.53s 的时间,脱靶量小于 10m,即可进行射击。飞机飞行状态如图 4.32 所示,图中曲线表示火控解算输出的期望炮线角 θ_b, ψ_b。可以看出跟踪角误差的稳态值趋于零,可持续攻击的时间很长,同时,脱靶量自 5.5s 开始小于 1m,满足精确攻击的要求。图 4.33 为飞机操作舵面变化曲线。可以看出飞机纵向机动性能要好于侧向机动性能。

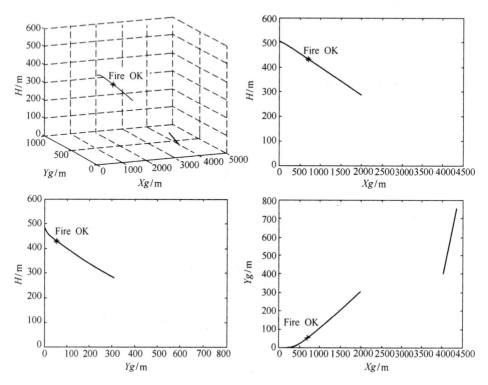

图 4.30 飞机与目标运动轨迹

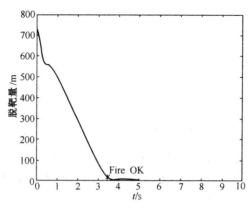

图 4.31 脱靶量变化曲线(一)

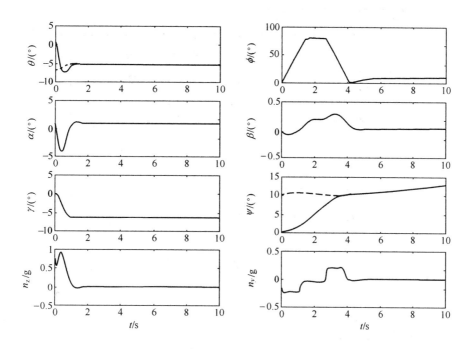

图 4.32 飞机飞行状态变化曲线

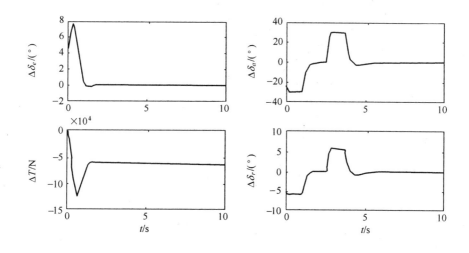

图 4.33 飞机操作舵面变化曲线

2. 空—地射击作战模态之二

假设飞机速度为 204m/s,偏航角为 0°,初始高度为 500m,初始位置取为地面坐标系原点[0,0,0];目标以 50m/s 的速度匀速运动,偏航角为 45°,初始位置为地面坐标系下的[4000,−400,500]点。作战模态的选择及目标与本机的初始运动信息开发界面如图 4.34所示。仿真结果如图 4.35～图 4.38 所示。

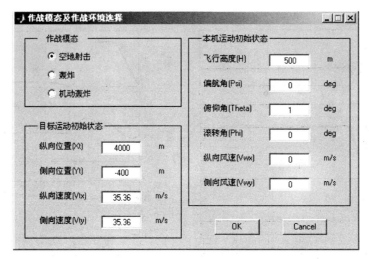

图 4.34　综合火力/飞行控制数字仿真系统作战模态选择界面

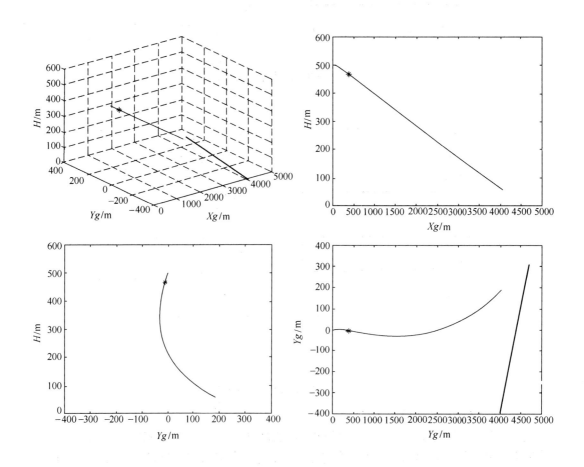

图 4.35　飞机与目标运动轨迹

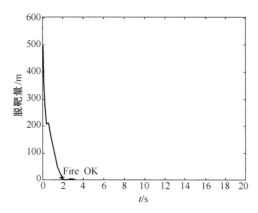

图 4.36 脱靶量变化曲线

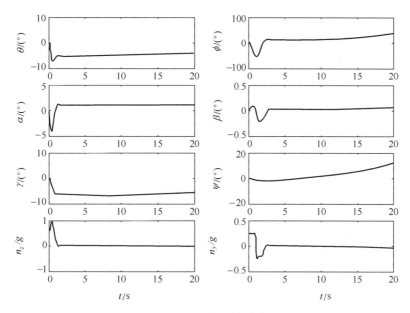

图 4.37 飞机飞行状态变化曲线(二)

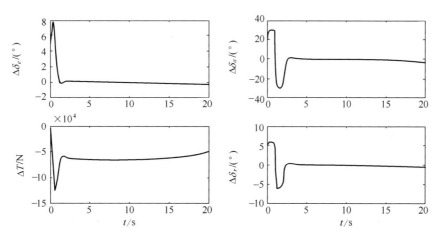

图 4.38 飞机操作舵面变化曲线

3. 空地射击作战模态之三

假设飞机速度为204m/s,偏航角为0°,初始高度为500m,初始位置取为地面坐标系原点[0,0,0];目标以50m/s的速度匀速运动,偏航角为45°,初始位置为地面坐标系下的[4000,2000,500]点。作战模态的选择及目标与本机的初始运动信息开发界面如图4.39所示。仿真结果如图4.40~图4.43所示。

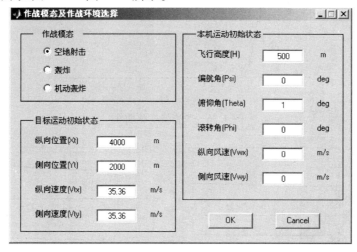

图4.39 综合火力/飞行控制数字仿真系统作战模态选择界面

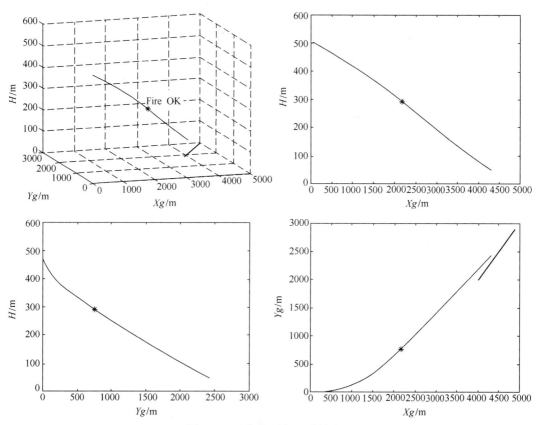

图4.40 飞机与目标运动轨迹

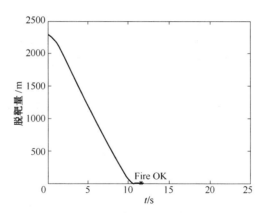

图 4.41　脱靶量变化曲线

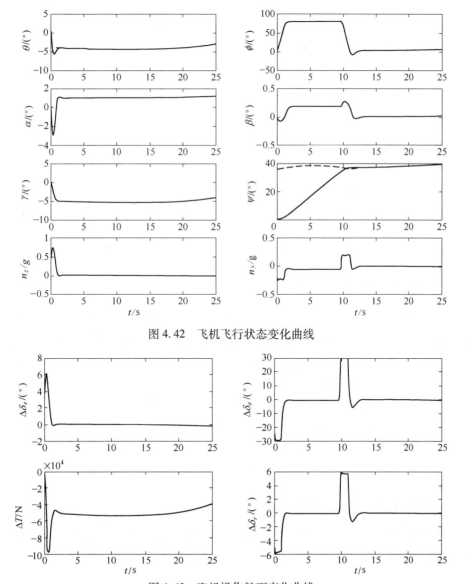

图 4.42　飞机飞行状态变化曲线

图 4.43　飞机操作舵面变化曲线

由以上三种空—地作战模态综合火力/飞行控制系统数字仿真结果可以看出本章以地面惯性坐标系下矢量关系进行火控解算,以具有较大带宽的姿态控制系统作为飞行控制子系统,用随机射线法对耦合器参数进行设计的基本思想是成立的。

4.5 空—地轰炸模态综合火力/飞行控制系统设计

4.5.1 空—地轰炸模态综合火力/飞行控制结构配置

图 4.44 为空—地轰炸模态综合火力/飞行控制系统原理仿真结构图。轰炸瞄准的任务是要使得从飞机上投下的炸弹能落到指定点爆炸。因此必须引导飞机到正确的投弹点。因此需了解飞机上投下的炸弹的运动规律及本机相对目标的运动规律。连续计算投放点瞄准原理(CCRP)就是在飞机接近目标过程中火控计算机连续地计算出击中目标所需的投弹位置,将此位置与飞机的现实位置不断进行比较,两者相一致时,系统进行自动投弹。按此规则可进行轰炸火控解算。本章假设,在炸弹的降落时间 t_d 内,炸弹弹道所经过的整个空间内风速矢量不变,而且风速只有水平分量。

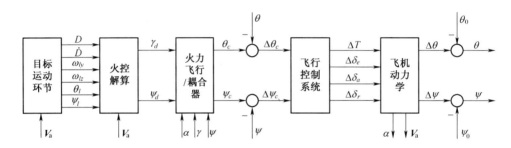

图 4.44 空—地轰炸模态综合火力/飞行控制系统结构配置

4.5.2 目标与本机的相对运动学

与空—地射击模态相同,由于飞机在地面惯性坐标系中以空速 V_a 运动,因此不可能直接测出目标速度 V_t ,但可以测出视线坐标下的目标相对本机的距离、距离变化量、视线转动角速度、视线俯仰角、视线方位角。在实际系统中,描述目标状态的上述变量是由目标状态估计器得到的,但在理论仿真阶段,暂不引进目标估计器,而由目标运动环节直接给出。图 4.18 为目标运动环节信息流程图。由于火控解算要用到目标位置及目标速度,所以要根据本机位置及飞行速度及目标与本机的相对距离 R_t、相对距离变化率 $\dot{R}_t$、视线相对于地面惯性坐标系的俯仰角 θ_l 和方位角 ψ_l 及视线角速度 ω_l 解算出目标位置及目标速度。

4.5.3 空—地轰炸模态火控解算

空—地轰炸模态火控系统的解算方法有很多,本章选用其中的两种,其一是在航向坐标系中进行,特点是计算较为简单;另一种是在地面坐标系中进行,其特点是物理概念清晰。

首先根据飞行速度及目标与本机的相对距离 R_t、相对距离变化率 $\dot{R}_t$、视线相对于地面惯性坐标系的俯仰角 θ_l 和方位角 ψ_l 及视线角速度 $\boldsymbol{\omega}_l$ 解算目标速度 $\boldsymbol{V}_t$。

目标相对本机速度在视线坐标系的表示为

$$\boldsymbol{V}_{xd} = [\dot{R}_t,\ R_t\omega_{lz},\ -R_t\omega_{ly}]\boldsymbol{l}_l \tag{4.92}$$

化为地面坐标系的表示形式

$$\boldsymbol{V}_t = T_{g,l}\boldsymbol{V}_{xd} = T_{g,l}[\dot{R}_t,\ R_t\omega_{lz},\ -R_t\omega_{ly}]^{\mathrm{T}} \tag{4.93}$$

地面坐标系中目标与本机的相对距离为

$$\boldsymbol{R}_t = T_{g,l}[R_t,\ 0,\ 0]^{\mathrm{T}} \tag{4.94}$$

式中

$$T_{g,l} = \begin{bmatrix} \cos\theta_l\cos\psi_l & -\sin\psi_l & \sin\theta_l\cos\psi_l \\ \cos\theta_l\sin\psi_l & \cos\psi_l & \sin\theta_l\sin\psi_l \\ -\sin\theta_l & 0 & \cos\theta_l \end{bmatrix}$$

为视线坐标系到地面坐标系的转化矩阵。

1. 航向坐标系解算方法

图 4.45 是采用航向坐标系所描述的航空轰炸瞄准状态矢量图。图中 $\boldsymbol{V}_a$ 为飞机空速，$\boldsymbol{V}_d$ 为飞机地速，$\boldsymbol{V}_w$ 为风速，ψ_{hw} 为风速与 X_h 轴的夹角，M 点为瞄准点，T 点为目标位置(爆炸点)，$\boldsymbol{R}_a$ 为炸弹射程矢量，$\boldsymbol{R}_{ahx}$ 为射程矢量在 X_h 轴方向的分量，$\boldsymbol{H}$ 为投弹点 O_b 的高度矢量，$\boldsymbol{L}$ 为爆炸点相对瞄准点的前罩量，$\boldsymbol{R}_b$ 为瞄准点位置矢量，$\boldsymbol{R}_d$ 为对瞄准点位置矢量的测量值，$\Delta\boldsymbol{R}$ 为 $\boldsymbol{R}_b$ 与 $\boldsymbol{R}_b$ 的差值，t_d 为炸弹落下时间，λ 为飞机俯冲角。

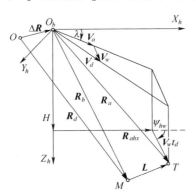

图 4.45 轰炸瞄准状态矢量图

由图可得到如下矢量方程：

$$\boldsymbol{R}_a = \boldsymbol{H} + \boldsymbol{R}_{ahx} + \boldsymbol{V}_w t_d \tag{4.95}$$

$$\boldsymbol{R}_b = \boldsymbol{R}_a - \boldsymbol{L} = \boldsymbol{H} + \boldsymbol{R}_{ahx} + \boldsymbol{V}_w t_d - \boldsymbol{L} \tag{4.96}$$

设

$$\Delta\boldsymbol{R} = \boldsymbol{R}_d - \boldsymbol{R}_b \tag{4.97}$$

显然，系统应引导飞机向减小 $\Delta\boldsymbol{R}$ 的方向飞行，并在 $\Delta\boldsymbol{R} = 0$ 时投弹。

通常认为，前罩量 $\boldsymbol{L}$ 是预先给定的，设

$$\boldsymbol{L} = [L_x\ L_y\ L_z]\boldsymbol{l}_h \tag{4.98}$$

式中，$\boldsymbol{l}_h$ 表示航向坐标系中的单位矢量。而

$$\boldsymbol{H} = \begin{bmatrix} 0 & 0 & H \end{bmatrix} \boldsymbol{l}_h \tag{4.99}$$

$$\boldsymbol{V}_w = \begin{bmatrix} V_w \cos\psi_{hw} & V_w \sin\psi_{hw} & 0 \end{bmatrix} \boldsymbol{l}_h \tag{4.100}$$

H 与 $\boldsymbol{V}_w$ 是可以测量的。设 R_{ahx} 为炸弹的无风射程,则有

$$\boldsymbol{R}_{ahx} = \begin{bmatrix} R_{ahx} & 0 & 0 \end{bmatrix} \boldsymbol{l}_h \tag{4.101}$$

如图 4.46 所示,在不计空气阻力的条件下炸弹的无风射程 R_{ahx} 和落下时间 t_d 可根据下面的公式求解:

$$t_d = \sqrt{\frac{2H}{g} + \frac{V_a \sin^2\lambda}{g^2}} - \frac{V_a \sin\lambda}{g} \tag{4.102}$$

$$R_{ahx} = V_a t_d \cos\lambda \tag{4.103}$$

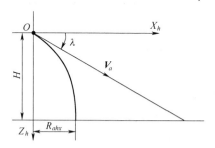

图 4.46 弹丸飞行轨迹

空气中炸弹的无风射程 R_{ahx} 及落下时间 t_d 可根据下面的弹道公式求解:

$$t_d = \frac{1}{\sqrt{gc}} \ln \frac{\mathrm{e}^{cH} + \sqrt{\mathrm{e}^{2cH} - a^2}}{1 + \sqrt{1 - a^2}} \tag{4.104}$$

$$R_{ahx} = \frac{V_a}{a\sqrt{gc}} \left[\arccos(a\mathrm{e}^{-cH}) - \arccos a \right] \tag{4.105}$$

式中,c 为与弹道系数有关的参数;$a^2 = 1 - \dfrac{cV_a^2 \sin^2\lambda}{g}$。

由式(4.99)、式(4.100)及式(4.101),可得

$$\begin{aligned} \boldsymbol{R}_a &= \begin{bmatrix} 0 & 0 & H \end{bmatrix} \boldsymbol{l}_h + \begin{bmatrix} R_{ahx} & 0 & 0 \end{bmatrix} \boldsymbol{l}_h + \begin{bmatrix} V_w \cos\psi_{hw} & V_w \sin\psi_{hw} & 0 \end{bmatrix} t_d \boldsymbol{l}_h \\ &= \begin{bmatrix} R_{ahx} + V_w t_d \cos\psi_{hw} & V_w t_d \sin\psi_{hw} & H \end{bmatrix} \boldsymbol{l}_h \\ &= \begin{bmatrix} A_x & A_y & A_z \end{bmatrix} \boldsymbol{l}_h \end{aligned} \tag{4.106}$$

式中,$A_x = R_{ahx} + V_w t_d \cos\psi_{hw}$;$A_y = V_w t_d \sin\psi_{hw}$;$A_z = H$,分别为炸弹射程矢量在航向坐标系 $O_h X_h Y_h Z_h$ 的三个坐标轴方向的分量。

由式(4.96)、式(4.97)及式(4.106),可得

$$\boldsymbol{R}_b = \begin{bmatrix} A_x - L_x & A_y - L_y & A_z - L_z \end{bmatrix} \boldsymbol{l}_h = \begin{bmatrix} R_{bx} & R_{by} & R_{bz} \end{bmatrix} \boldsymbol{l}_h \tag{4.107}$$

式中,R_{bx},R_{by},R_{bz} 分别为瞄准点位置矢量 $\boldsymbol{R}_b$ 在航向坐标系 $O_b X_h Y_h Z_h$ 的三个坐标轴方向的分量。因此结合式(4.106)及式(4.107),可得

$$R_{bx} = A_x - L_x = R_{ahx} + V_w t_d \cos\psi_{hw} - L_x \tag{4.108}$$

$$R_{by} = A_y - L_y = V_w t_d \sin\psi_{hw} - L_y \tag{4.109}$$

$$R_{bz} = A_z - L_z = H - L_z \tag{4.110}$$

再结合式(4.102)、式(4.103)或式(4.104)、式(4.105),即可解得 R_{bx},R_{by},R_{bz}。

下面,研究瞄准点位置矢量的测量值 $\boldsymbol{R}_d$。通过机载火控雷达和前视红外/激光跟踪器,可以确定本机当前飞行高度 H、本机到瞄准点 M 的斜距 R_d 及瞄准点 M 的方位角 ψ_{hm}。由图 4.47 所示的几何关系可以解得当前瞄准点位置矢量的测量值 $\boldsymbol{R}_d$ 在航向坐标系 $OX_hY_hZ_h$ 的三个坐标轴方向的分量 R_{dx},R_{dy},R_{dz} 为

$$R_{dx} = \sqrt{R_d^2 - (H - L_z)^2}\cos\psi_{hm} \tag{4.111}$$

$$R_{dy} = \sqrt{R_d^2 - (H - L_z)^2}\sin\psi_{hm} \tag{4.112}$$

$$R_{dz} = H - L_z \tag{4.113}$$

要进行投弹,必须使 $\boldsymbol{R}_d$ 与 $\boldsymbol{R}_b$ 的每个分量均相等。

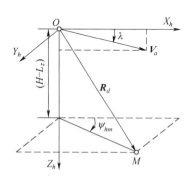

图 4.47　瞄准点位置的测量值

下面针对水平轰炸模态对轰炸的步骤进行分析。如图 4.48 所示,进行水平轰炸时,飞机作水平飞行,即俯冲角 $\lambda = 0$。此时,不计空气阻力时炸弹的落下时间 t_d 和无风射程 R_{ahx} 分别为

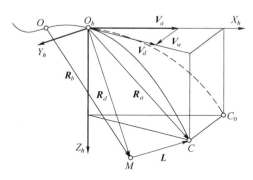

图 4.48　侧风时对固定目标水平轰炸瞄准图

$$t_d = \sqrt{2H/g} \tag{4.114}$$

$$R_{ahx} = V_a\sqrt{2H/g} \tag{4.115}$$

而,R_{bx},R_{by},R_{bz} 及 R_{dx},R_{dy},R_{dz} 可由式(4.108)、式(4.109)、式(4.110)和式(4.111)、式(4.112)、式(4.113)解得。

水平轰炸瞄准分为定向瞄准和定距瞄准两个阶段。定向瞄准是要确定正确的飞行方向。即在保持 $R_{dz} = R_{bz}$ 的条件下使 $R_{dy} = R_{by}$。然后在定距瞄准阶段完成 $R_{dx} = R_{bx}$。定向瞄准阶段,应飞航向的计算如图 4.49 所示,图中 $\boldsymbol{V}_{ad}$ 表示击中目标所需飞行速度。由

图可计算出应飞的航向角 ψ_b 。根据图示角度关系：

$$\psi_{hm} + \psi = \delta + \psi_b \tag{4.116}$$

式中

$$\delta = \arcsin\left(\frac{R_{by}}{R_b}\right) \tag{4.117}$$

而瞄准点 M 的方位角 ψ_{hm} 可由测量得到，ψ 为本机的航向角。

则由式(4.116)及式(4.117)，可解得

$$\psi_b = \psi_{hm} + \psi - \arcsin\left(\frac{R_{by}}{R_b}\right) \tag{4.118}$$

ψ_b 即为火控解算的最终结果，送入火/飞耦合器，进行相位补偿等处理，得到飞行控制系统的控制指令 ψ_c 。同时，飞控系统的纵向通道要设置高度保持系统，以进行水平轰炸。

图 4.50 描述了定向瞄准阶段消除航向偏差的过程，图中

$$\Delta\psi_d = \psi_b - \psi \tag{4.119}$$

图 4.51 为侧向水平轰炸模态火控解算流程，纵向设为高度保持控制即可。

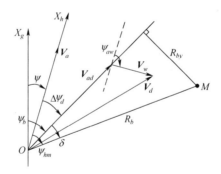

图 4.49　飞机应飞航向示意图

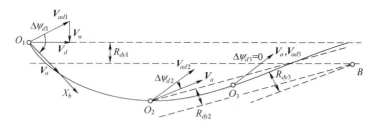

图 4.50　定向瞄准完成过程

2. 地面坐标系解算方法

图 4.52 为地面坐标系下，完成轰炸瞄准时的状态矢量图。图中，$OX_gY_gZ_g$ 是以本机质心为原点的地面坐标系，T 为目标位置，D 为目标前置点，A 为无风时的炸弹落地点，$\boldsymbol{R}_a$ 为无风时炸弹射程矢量，$\boldsymbol{R}_t$ 为目标距离矢量，$\boldsymbol{R}_d$ 为目标前置距离矢量，$\boldsymbol{R}_b$ 为弹丸射程矢量，$\boldsymbol{V}_t$ 为目标相对速度，$\boldsymbol{V}_a$ 为本机空速，$\boldsymbol{V}_w$ 为风速，t_d 为炸弹下落时间。

完成瞄准的必要条件为

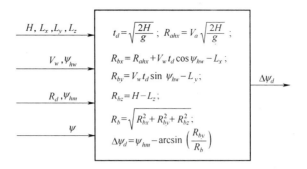

图 4.51　水平轰炸火控解算流程

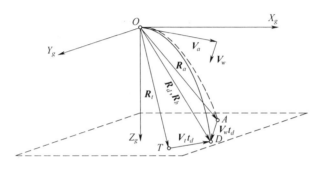

图 4.52　地面坐标系下,轰炸瞄准状态矢量图

$$\boldsymbol{R}_d = \boldsymbol{R}_b \tag{4.120}$$

式中

$$\boldsymbol{R}_d = \boldsymbol{R}_t + \boldsymbol{V}_t t_d \tag{4.121}$$

$$\boldsymbol{R}_b = \boldsymbol{R}_a + \boldsymbol{V}_w t_d \tag{4.122}$$

$\boldsymbol{R}_i$、$\boldsymbol{V}_t$ 通过目标状态测量与估计装置得到,$\boldsymbol{R}_a$、t_d 通过传感器测得的本机运动信息及预估的目标运动信息根据外弹道学原理由火控计算机计算得到,$\boldsymbol{V}_w$ 通过机载传感器测得。$\boldsymbol{R}_d$ 及 $\boldsymbol{R}_b$ 的差异用来引导飞机,式(4.120)成立时进行投弹。

如图 4.52 所示,在不计空气阻力的条件下炸弹的无风射程 R_{ahx} 和落下时间 t_d 可根据式(4.104)和式(4.105)求解,空气中炸弹的无风射程 R_{ahx} 及落下时间 t_d 可根据式(4.114)和式(4.115)求解。设 $\boldsymbol{R}_{agx}$ 为 $\boldsymbol{R}_a$ 在地面的投影,则

$$\boldsymbol{R}_a = \boldsymbol{H} + \boldsymbol{R}_{agx} = \left[\, R_{ahx}\cos\psi,\ R_{ahx}\sin\psi,\ H\,\right] \boldsymbol{l}_g \tag{4.123}$$

式中,ψ 为飞机偏航角;$\boldsymbol{l}_g$ 为地面坐标系单位矢量。

$\boldsymbol{R}_a$、t_d 求出以后,即可求得矢量 $\boldsymbol{R}_d$ 及 $\boldsymbol{R}_b$ 在地面坐标系的值。令

$$\Delta\boldsymbol{R} = \boldsymbol{R}_d - \boldsymbol{R}_b = \left[\, \Delta R_x,\ \Delta R_y,\ \Delta R_z\,\right] \boldsymbol{l}_g \tag{4.124}$$

要完成精确投弹,必须使 $\boldsymbol{R}_d$ 及 $\boldsymbol{R}_b$ 的三个分量均相等,即 $\Delta\boldsymbol{R} = 0$。

纵侧向误差 ΔR_x 及 ΔR_y 的消除,可以首先使 $\Delta R_y = 0$,然后引导飞机飞向计算的投弹点,在 $\Delta R_x = 0$ 时投弹。另一种消除误差方法如图 4.53 所示,以 ψ_d 为飞机偏航角指令引导飞机,则最终 $\Delta R_y = \Delta R_x = 0$。因此求得火控解算侧向输出为

$$\psi_d = \arctan\left(\frac{\Delta R_y}{\Delta R_x}\right) \tag{4.125}$$

同理可进行垂直方向误差 ΔR_z 的消除,火控解算纵向输出为

$$\gamma_d = \arctan\left(\frac{-\Delta R_z}{\Delta R_x}\right) \qquad (4.126)$$

如果要进行水平轰炸,只需保持恒定高度飞行即可;如果要进行俯冲、上仰等非水平轰炸,可以预先设定好俯冲(上仰)轨迹,并将这段轨迹合并入炸弹射程矢量以进行火控解算。

轰炸模态火控解算流程如图 4.54 所示。

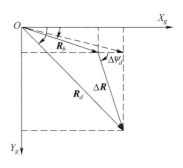

图 4.53 侧向导引指令求解

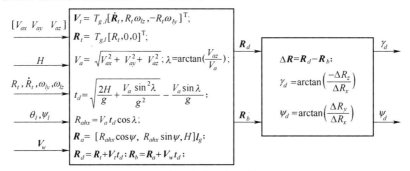

图 4.54 轰炸模态火控解算流程图

4.5.4 空—地轰炸模态火力/飞行耦合器

轰炸模态火力/飞行耦合器的任务是根据火控解算所得的期望航迹倾斜角 γ_d 及偏航角 ψ_d 确定飞行控制系统的输入指令。选取频带纵向飞行控制系统的输入指令为俯仰角指令 θ_c,侧向飞行控制系统的输入指令为滚转角指令 ψ_c。

根据飞机动力学,俯仰角 $\theta = \gamma + \alpha$,因此纵向导引的期望俯仰角

$$\theta_c = \gamma_d + \alpha \qquad (4.127)$$

可得轰炸模态火力/飞行耦合器的结构图如图 4.55 所示。图中参数 K_1,K_2,K_3,K_4 可以通过随机射线法设计得到。引入 PI 控制器相当于引入零点,作用与加入校正网络相同。

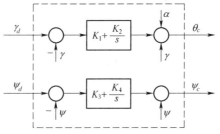

图 4.55 火力/飞行耦合器结构图

4.5.5 空—地轰炸模态综合火力/飞行控制系统设计开发

1. 空—地轰炸作战模态之一

图 4.56 为轰炸模态综合火力/飞行控制系统数字仿真图。设飞机速度为204m/s,偏

航角为 0°,初始高度为 500m,初始位置取为地面坐标系原点[0,0,0];目标以 50m/s 的速度匀速运动,偏航角为 45°,初始位置为地面坐标系下的[4000,400,500]点。作战模态的选择及目标与本机的初始运动信息开发界面如图 4.57 所示。

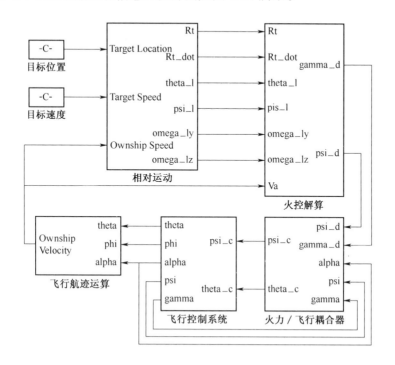

图 4.56　轰炸模态综合火力/飞行控制系统仿真结构图

图 4.57　综合火力/飞行控制数字仿真系统作战模态选择界面

目标与飞机的运动轨迹如图 4.58 所示,粗线表示目标运动轨迹。脱靶量变化曲线如图 4.59 所示。脱靶量最小值小于 1m。脱靶量小于 30m 时,即可进行轰炸。飞机飞行状态如图 4.60 所示,图中曲线表示火控解算输出的期望炮线角 θ_c,ψ_c,振荡表示击中目标后需改变控制方式。图 4.61 为飞机操作舵面变化曲线。

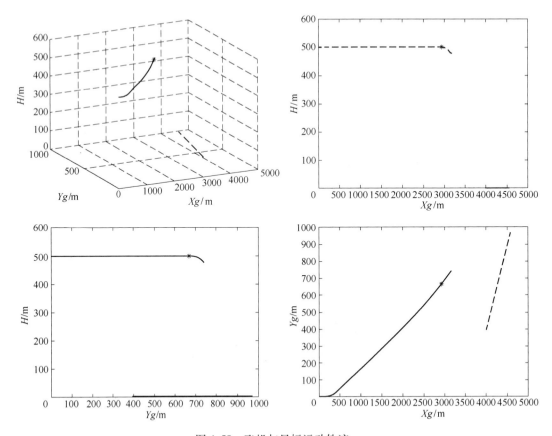

图 4.58　飞机与目标运动轨迹

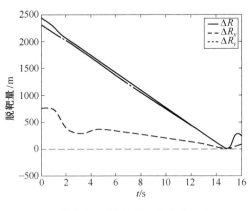

图 4.59　脱靶量变化曲线

2. 空—地轰炸作战模态之二

假设飞机速度为 204m/s,偏航角为 0°,初始高度为 500m,初始位置取为地面坐标系原点 $[0,0,0]$;目标以 50m/s 的速度匀速运动,偏航角为 45°,初始位置为地面坐标系下的 $[4000, -400, 500]$ 点。作战模态的选择及目标与本机的初始运动信息开发界面如图 4.62 所示。仿真结果如图 4.63 ~ 图 4.66 所示。

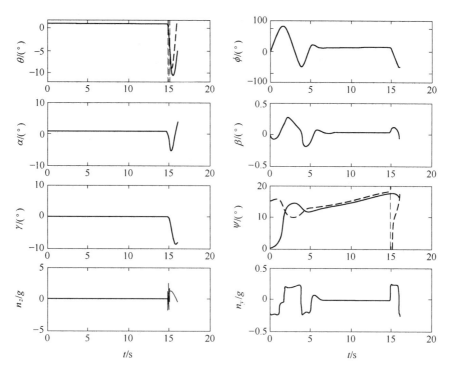

图 4.60　飞机飞行状态变化曲线

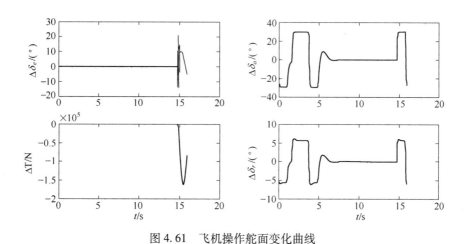

图 4.61　飞机操作舵面变化曲线

3. 空地轰炸作战模态之三

假设飞机速度为 204m/s,偏航角为 0°,初始高度为 500m,初始位置取为地面坐标系原点[0,0,0];目标以 50m/s 的速度匀速运动,偏航角为 45°,初始位置为地面坐标系下的[4000,2000,500]点。作战模态的选择及目标与本机的初始运动信息开发界面如图 4.67所示。仿真结果如图 4.68~图 4.71 所示。

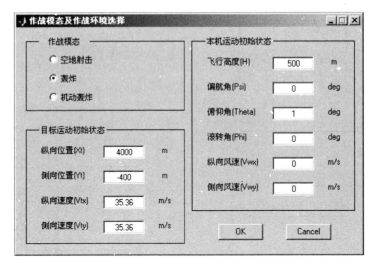

图 4.62　综合火力/飞行控制数字仿真系统作战模态选择界面

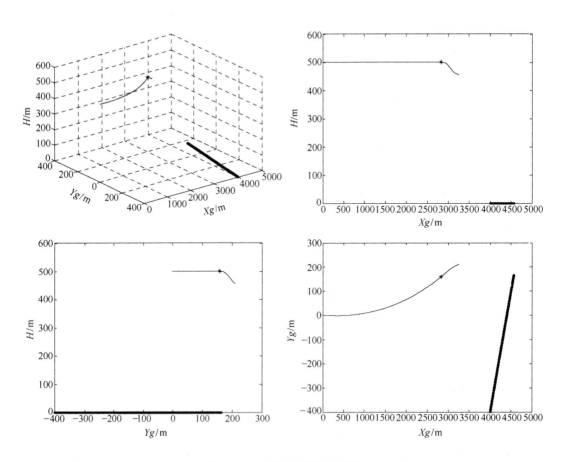

图 4.63　飞机与目标运动轨迹

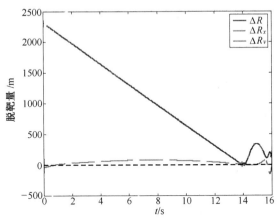

图 4.64　脱靶量变化曲线

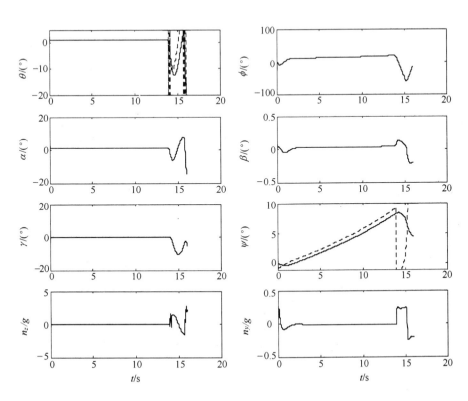

图 4.65　飞机飞行状态变化曲线

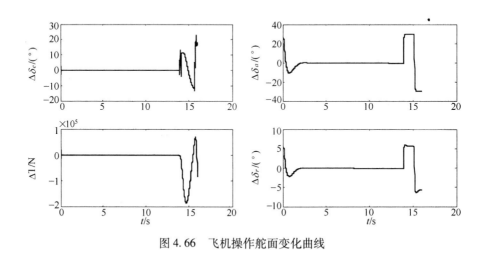

图 4.66　飞机操作舵面变化曲线

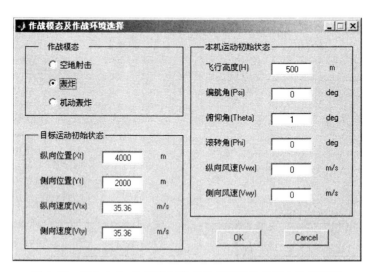

图 4.67　综合火力/飞行控制数字仿真系统作战模态选择界面

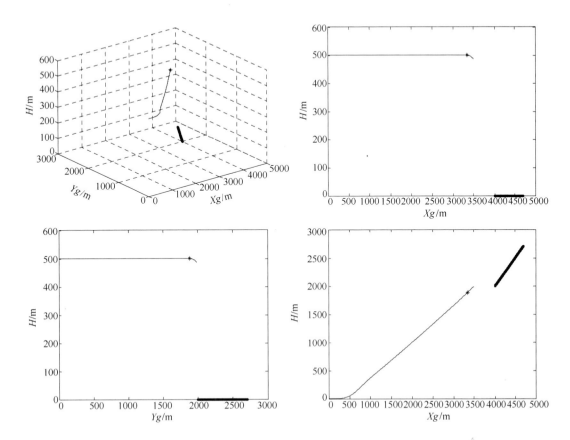

图 4.68　飞机与目标运动轨迹

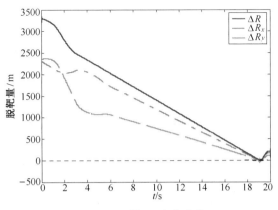

图 4.69　脱靶量变化曲线

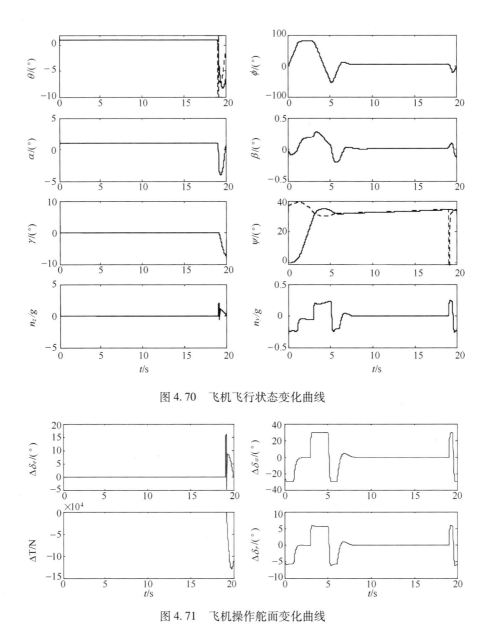

图 4.70　飞机飞行状态变化曲线

图 4.71　飞机操作舵面变化曲线

4.6　机动轰炸模态综合火力/飞行控制系统研究

本章所研究的机动轰炸模态的参考背景是 20 世纪 80 年代由美国空军、海军和国家航空航天局与通用动力公司合作的先进战斗机 F-16 的技术综合研究计划中的自动机动攻击系统(AMAS)机翼非水平轰炸作战方式。机动轰炸模态火控解算的目的是为了获得较高的生存力,设定飞机在低空高速转弯时进行轰炸。

4.6.1　机动轰炸模态综合火力/飞行控制结构配置

对机动轰炸模态综合火力/飞行控制系统进行研究开发,包括目标与本机的相对运动学研究、机动轰炸模态火控解算原理研究、机动轰炸模态火力/飞行耦合器的设计、机动轰炸模态飞行控制系统的选择。本章还给出了几组目标初始状态不同的情况下,机动轰炸模态综合火力/飞行控制系统数字仿真结果,显示了本章所设计开发的机动轰炸综合火力/飞行控制系统具有良好的性能,可进行高精度攻击。

图 4.72 为机动轰炸模态综合火力/飞行控制系统原理仿真结构图。为了从飞机上投下的炸弹能落到指定点爆炸,必须引导飞机到正确的投弹点。因此需了解飞机上投下的炸弹的运动规律及本机相对目标的运动规律。

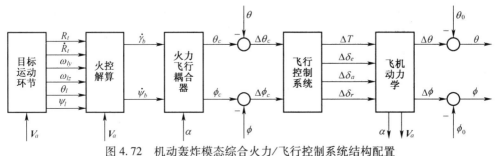

图 4.72 机动轰炸模态综合火力/飞行控制系统结构配置

4.6.2 目标与本机的相对运动学

与一般空—地轰炸模态相同,由于飞机在地面惯性坐标系中以空速 V_a 运动,因此不可能直接测出目标速度 V_t,但可以测出视线坐标下的目标相对本机的距离、距离变化量、视线转动角速度、视线俯仰角、视线方位角。在实际系统中,描述目标状态的上述变量是由目标状态估计器得到的,但在理论仿真阶段,暂不引进目标估计器,而由目标运动环节直接给出。由于火控解算要用到目标位置及目标速度,所以要根据本机位置及飞行速度及目标与本机的相对距离 R_t、相对距离变化率 $\dot{R}_t$、视线相对于地面惯性坐标系的俯仰角 θ_l 和方位角 ψ_l 及视线角速度 ω_l 解算出目标位置及目标速度。

目标相对本机速度在视线坐标系的表示为

$$\boldsymbol{V}_{xd} = [\dot{R}_t, \ R_t\omega_{lz}, \ -R_t\omega_{ly}]\boldsymbol{l}_l \tag{4.128}$$

化为地面坐标系的表示形式

$$\boldsymbol{V}_t = \boldsymbol{T}_{g,l}\boldsymbol{V}_{xd} = \boldsymbol{T}_{g,l} [\dot{R}_t, \ R_t\omega_{lz}, \ -R_t\omega_{ly}]^{\mathrm{T}} \tag{4.129}$$

地面坐标系中目标与本机的相对距离为

$$\boldsymbol{R}_t = \boldsymbol{T}_{g,l} [R_t, \ 0, \ 0]^{\mathrm{T}} \tag{4.130}$$

式中

$$\boldsymbol{T}_{g,l} = \begin{bmatrix} \cos\theta_l\cos\psi_l & -\sin\psi_l & \sin\theta_l\cos\psi_l \\ \cos\theta_l\sin\psi_l & \cos\psi_l & \sin\theta_l\sin\psi_l \\ -\sin\theta_l & 0 & \cos\theta_l \end{bmatrix}$$

为视线坐标系到地面坐标系的转化矩阵。

4.6.3 机动轰炸模态火控解算

机动轰炸模态火控解算的目的是根据目标及本机运动状态,求解完成轰炸所需的飞行指令,同时为了获得较高的生存力,设定飞机在低空高速转弯时进行轰炸。图 4.73 为低空大机动转弯轰炸模式示意图。图 4.74 为相应轰炸几何学。图中辅助点 P 位于目标上方,到地面恰好为炸弹在下落时间内由重力作用而移动的距离。投弹点 R 到辅助点 P 的连线必定为飞机航迹的切线。

图 4.75 为轰炸系统的二维矢量图。图中 O 为飞机当前位置;R 为投弹点;P 为火控解算辅助点;T 为目标当前位置;C 为预估目标未来位置;B 为辅助爆炸点;ω 为飞机转弯角速度;V_a 为飞机地速;V_t 为目标地速;W 为风速;t_f 为投弹前的剩余时间;t_g 为弹丸下落时间;R_t 为飞机到目标当前位置的距离矢量;R_p 为飞机到辅助点的距离矢量;R_{bv} 为投弹点到辅助点的距离;R_b 为投弹点到辅助轰炸点的距离;S 为转弯中心;R_r 为转弯半径;R_s 为转弯中心到辅助点的距离;2σ 为飞机在剩余时间内方位角的变化量;λ 为飞机地速 V_a 与矢量 R_p 的夹角。

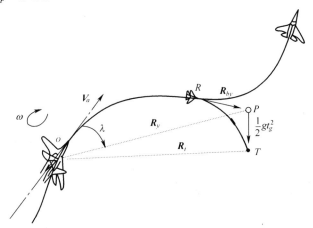

图 4.73   机动轰炸示意图

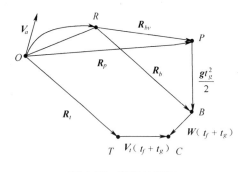

图 4.74   轰炸矢量图

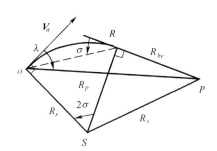

图 4.75   二维轰炸矢量图

由图 4.75 可知,在 $\triangle OPS$ 及 $\triangle RPS$ 中应用三角形余弦定理可得

$$R_s^2 = R_p^2 + R_r^2 - 2R_pR_r\cos\left(\frac{\pi}{2} - \lambda\right) \tag{4.131}$$

$$R_s^2 = R_{bv}^2 + R_r^2 \tag{4.132}$$

式中,转弯半径,

$$R_r = \frac{V_a}{\omega} \tag{4.133}$$

146

联合式(4.131)、式(4.132)及式(4.133)可得

$$2V_a R_p \sin\lambda = \omega(R_p^2 - R_{bv}^2) \tag{4.134}$$

同时,由图4.75可得投弹距离 R_{bv} 与投弹前剩余时间 t_f 的关系。飞机在剩余时间内改变的方位角为

$$2\sigma = \omega \cdot t_f \tag{4.135}$$

在 $\triangle OPR$ 中应用正弦定理

$$\frac{R_p}{\sin(\pi - \sigma)} = \frac{R_{bv}}{\sin(\lambda - \sigma)} \tag{4.136}$$

又由图4.74所示轰炸矢量图可得

$$\boldsymbol{R}_p + \frac{\boldsymbol{g}t_g^2}{2} + \boldsymbol{\omega}(t_f + t_g) = \boldsymbol{R}_t + \boldsymbol{V}_t(t_f + t_g) \tag{4.137}$$

给定投弹距离的初始值,联立方程(4.134)~方程(4.137),进行迭代运算,即可解得剩余时间 t_f、期望转弯角速率 ω 及转弯平面法向矢量 $\boldsymbol{n}_\omega$。

如图4.76所示,转弯平面,即 $\boldsymbol{V}_a$ 与 $\boldsymbol{R}_p$ 所形成平面的法向矢量

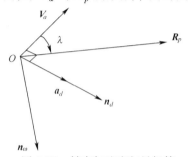

图4.76 转弯加速度矢量解算

$$\boldsymbol{n}_\omega = \boldsymbol{V}_a \times \boldsymbol{R}_p \tag{4.138}$$

则期望转弯加速度 $\boldsymbol{a}_d$ 的方向为

$$\boldsymbol{n}_d = \boldsymbol{n}_\omega \times \boldsymbol{V}_a \tag{4.139}$$

$\boldsymbol{a}_d$ 与地面坐标系中 $\overrightarrow{OZ}$ 矢量的夹角为

$$\theta_d = a\cos\left(\frac{\boldsymbol{n}_d \cdot [0\ 0\ 1]}{|\boldsymbol{n}_d|}\right) \tag{4.140}$$

$\boldsymbol{a}_d$ 与地平面的夹角为

$$\frac{\pi}{2} - \theta_d \tag{4.141}$$

飞机纵向加速度导引指令为

$$\dot{\gamma}_d = \omega\sin\left(\frac{\pi}{2} - \theta_d\right) \tag{4.142}$$

侧向加速度导引指令为

$$\dot{\chi}_d = \omega\cos\left(\frac{\pi}{2} - \theta_d\right) \tag{4.143}$$

考虑侧向导引为期望滚转角指令 ϕ_d。由滚转姿态飞机的受力情况,可得

$$g\tan\phi_d = V_a\dot\chi_d \qquad (4.144)$$

从而

$$\phi_d = \arctan\left(\frac{V_a\dot\chi_d}{g}\right) \qquad (4.145)$$

火控解算流程图如图 4.77 所示。

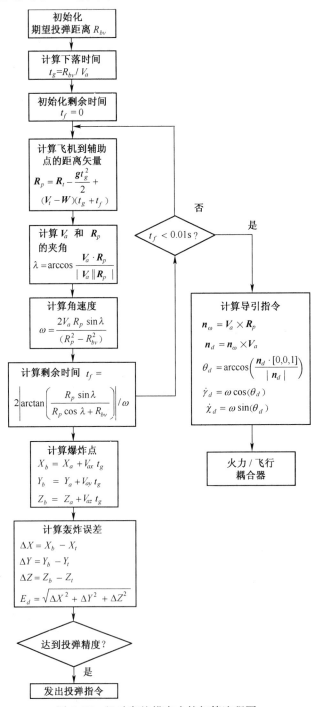

图 4.77　机动轰炸模态火控解算流程图

4.6.4　机动轰炸模态火力/飞行耦合器

机动轰炸模态火力/飞行耦合器的任务是根据火控解算所得的期望航迹倾斜角速度 $\dot{\gamma}_d$ 及航迹偏转角速度 $\dot{\chi}_d$ 确定飞行控制系统的输入指令。选取频带较宽的飞行姿态控制系统，纵向飞行控制系统的输入指令为俯仰角指令 θ_c，侧向飞行控制系统的输入指令为滚转角指令 ϕ_c。

根据飞机动力学，俯仰角 $\theta = \gamma + \alpha$，因此纵向导引的期望俯仰角

$$\theta_d = \gamma_d + \alpha \tag{4.146}$$

设侧向导引期望滚转角指令为 ϕ_d，由滚转姿态飞机的受力情况，可得

$$g\tan\phi_d = V_a\dot{\chi}_d \tag{4.147}$$

从而

$$\phi_d = \arctan\left(\frac{V_a\dot{\chi}_d}{g}\right) \tag{4.148}$$

于是可得火力/飞行耦合器的结构图如图 4.78 所示。图中参数 τ_5, a_5, τ_6, a_a 可用随机射线法设计。

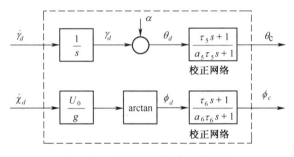

图 4.78　火力/飞行耦合器结构图

4.6.5　机动轰炸模态综合火力/飞行控制系统设计开发

1. 机动轰炸作战模态之一

图 4.79 为机动轰炸模态综合火力/飞行控制系统数字仿真结构图。假设飞机速度为 204m/s，偏航角为 0°，初始高度为 500m，初始位置取为地面坐标系原点 $[0,0,0]$；目标以 50m/s 的速度匀速运动，偏航角为 45°，初始位置为地面坐标系下的 $[2000,4000,500]$ 点。作战模态的选择及目标与本机的初始运动信息开发界面如图 4.80 所示。

仿真结果得到目标与飞机的运动轨迹如图 4.81 所示，粗线表示目标运动轨迹。脱靶量（弹丸与目标的位置误差）变化曲线如图 4.82 所示。脱靶量最小值小于 1m。脱靶量小于 30m 时，满足精确攻击的要求，即可进行轰炸。飞机飞行状态如图 4.83 所示，图中曲线表示火控解算输出的期望航迹角速度 $\dot{\gamma}_d, \dot{\chi}_d$。图 4.84 为飞机操作舵面变化曲线。可以看出飞机纵向机动性能要好于侧向机动性能。

2. 机动轰炸作战模态之二

假设飞机速度为 204m/s，偏航角为 0°，初始高度为 500m，初始位置取为地面坐标系原点 $[0,0,0]$；目标以 50m/s 的速度匀速运动，偏航角为 45°，初始位置为地面坐标系下的

[4000,400,500]点。作战模态的选择及目标与本机的初始运动信息开发界面如图4.85所示。仿真结果如图4.86~图4.89所示。

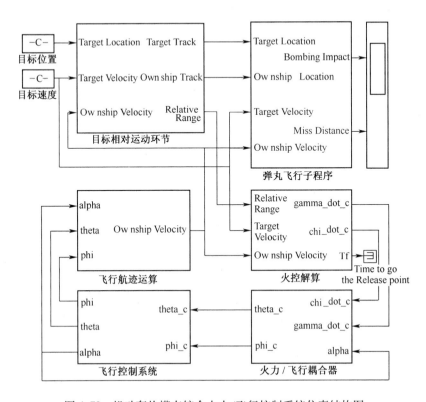

图 4.79　机动轰炸模态综合火力/飞行控制系统仿真结构图

图 4.80　综合火力/飞行控制数字仿真系统作战模态选择界面

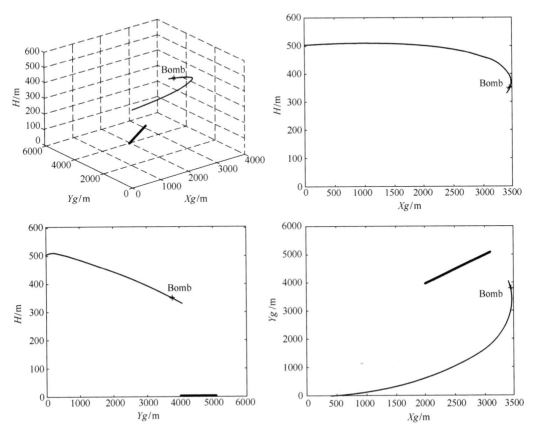

图 4.81　飞机与目标运动轨迹

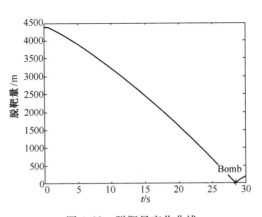

图 4.82　脱靶量变化曲线

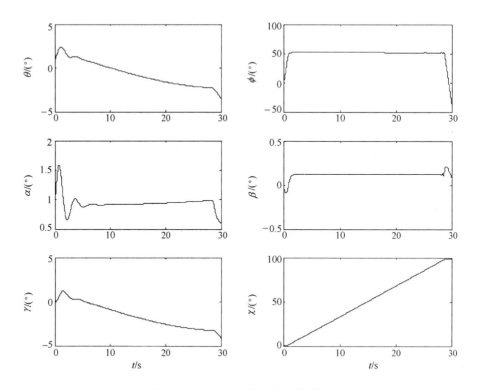

图 4.83　飞机飞行状态变化曲线

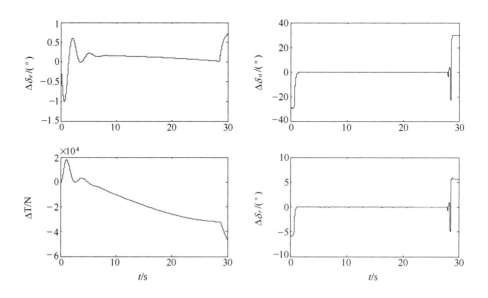

图 4.84　飞机操作舵面变化曲线

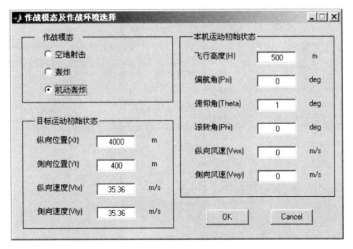

图 4.85　综合火力/飞行控制数字仿真系统作战模态选择界面

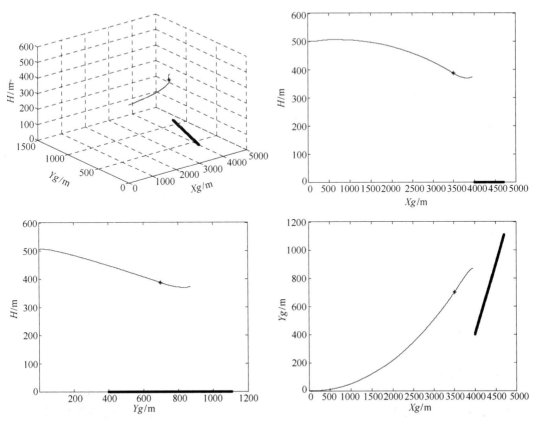

图 4.86　飞机与目标运动轨迹

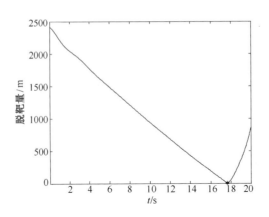

图 4.87　脱靶量变化曲线

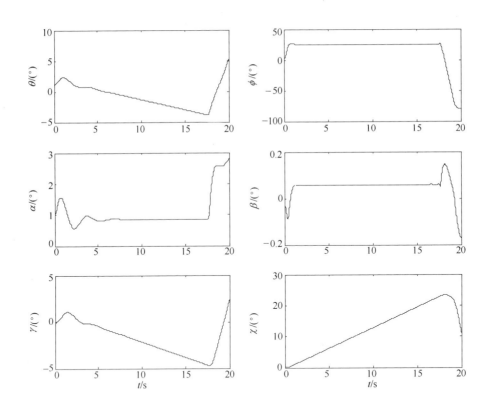

图 4.88　飞机飞行状态变化曲线

3. 机动轰炸作战模态之三

假设飞机速度为 204m/s，偏航角为 0°，初始高度为 500m，初始位置取为地面坐标系原点 [0,0,0]；目标以 50m/s 的速度匀速运动，偏航角为 45°，初始位置为地面坐标系下的 [4000,-400,500] 点。作战模态的选择及目标与本机的初始运动信息开发界面如图 4.90 所示。仿真结果如图 4.91~图 4.94 所示。

154

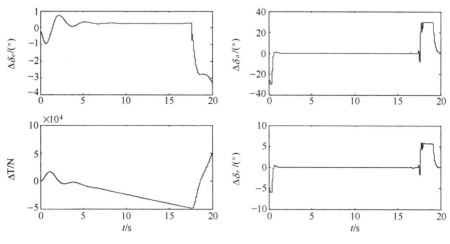

图 4.89 飞机操作舵面变化曲线

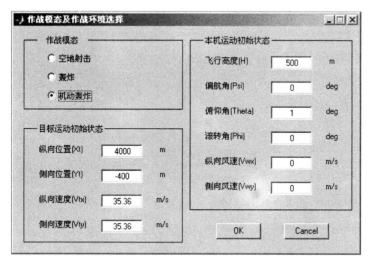

图 4.90 综合火力/飞行控制数字仿真系统作战模态选择界面

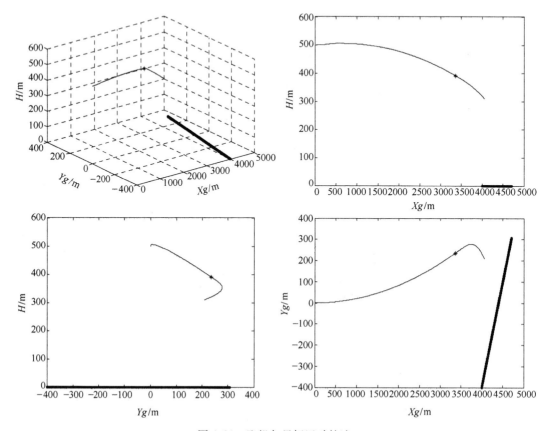

图 4.91　飞机与目标运动轨迹

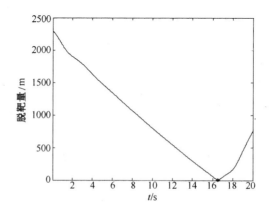

图 4.92　脱靶量变化曲线

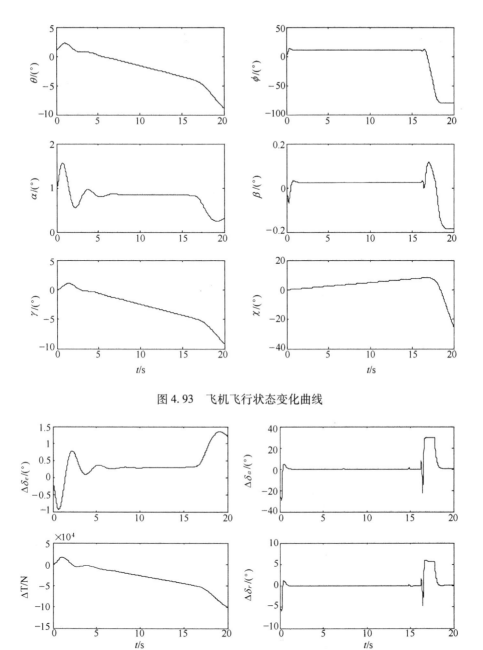

图 4.93　飞机飞行状态变化曲线

图 4.94　飞机操作舵面变化曲线

思考题

1. 综合火力/飞行控制系统的结构,功能及发展简述。

2. 简述空空射击模态火控解算过程,并分析主要解算方程的物理含义。

3. 火飞耦合器的作用是什么,除了相位超前环节外是否还有其他方法来提高跟踪快速性。

4. 简述空地射击模态火控解算过程,并分析主要解算方程的物理含义。

5. 简述随机射线参数优化设计方法,并据此思考是否可采用其他优化设计方法。

6. 简述空地轰炸模态火控解算过程,并分析主要解算方程的物理含义。

7. 分析机动轰炸模态与一般空地轰炸模态的区别,并简述火控解算过程及主要解算方程的物理含义。

第5章 基于 LMI 的 H_∞ 飞行综合控制

本章基于 LMI 的 H_∞ 控制理论进行了纵向着舰导引系统的设计,提出了一种全新的抑制气流扰动策略,首先设计保持由地速构成的迎角 α_d 恒定的 H_∞ 飞/推系统内回路,使其本身就具有抑风扰动性能,然后设计 H_∞ 导引系统外回路,再进行一次抑风处理。仿真证实了该策略在提高着舰导引精度的同时,有效地抑制了舰尾流气流扰动,抑风效果明显优于传统的设计策略。在构造飞/推系统增广模型时,以姿态跟踪精度及抑风扰动为优化指标,这一优化指标其实质是使飞行器在姿态控制状态下或气流扰动下始终使由地速构成的迎角 α_d 保持不变,即 $\Delta\alpha_d$ 为零,从而实现了在大气扰动下飞行器轨迹的精确制导。这一设计思想具有普遍意义。

5.1 系统的 H_∞ 范数

设 G 为线性定常系统。则系统的响应特性可以由频域的传递矩阵 $P(s)$ 或者时域的单位脉冲响应 $P(t)$ 来描述,即,对于任意输入信号 u,输出信号 y 可以表示为

$$y(t) = p(t) * u(t) = \int_{-\infty}^{t} p(t-\tau)u(\tau)\mathrm{d}\tau$$

或者

$$Y(s) = P(s)U(s)$$

如果我们考虑脉冲响应收敛的系统,即 $p(\infty) < \infty$,那么,$P(s)$ 在 s 闭右半平面解析且满足

$$\sup_{\mathrm{Re}\, s \geqslant 0} |P(s)| < \infty \tag{5.1}$$

对于传递矩阵来讲,上式对应于

$$\sup_{\mathrm{Re}\, s \geqslant 0} \sigma_{\max}\{P(s)\} < \infty \tag{5.2}$$

所谓 H_∞ 空间就是指在 s 右半平面解析且满足式(5.2)的复变函数阵的集合。范数的定义为

$$\|P(s)\|_\infty = \sup_{\mathrm{Re}\, s \geqslant 0} \sigma_{\max}\{P(s)\} \tag{5.3}$$

由复变函数极大模原理,上式实际上等价于

$$\|P(s)\|_\infty = \sup_\omega \sigma_{\max}\{P(\mathrm{j}\omega)\} \tag{5.4}$$

对于标量系统,上式右端等于幅频特性的极大值。

定理 5.1 设 $G \in H_\infty$,$u \in L_2(-\infty, +\infty)$。则:

$$\|G\| = \sup_{u \neq 0} \frac{\|y\|_2}{\|u\|_2} = \sup_\omega \sigma_{\max}[P(\mathrm{j}\omega)] = \|P(s)\|_\infty \tag{5.5}$$

证明略。

定理 5.1 的工程意义在于,系统传递矩阵的 H_∞ 范数实际上反映了输入/输出信号的 L_2 范数的最大增益,可视为系统能量的最大增益。

5.2　从 H_∞ 到 LMI

考虑如下闭环系统 $T(s)$ 的稳定性和性能指标

$$T(s):\begin{cases}\dot{x} = A_{cl}x + B_{cl}w \\ z = C_{cl}x + D_{cl}w\end{cases} \tag{5.6}$$

式中,w 是外部输入信号,包括参考输入信号,干扰信号,传感器噪声;z 是与系统的性能指标相关的评价信号。

定理 5.2　式(5.6)中矩阵 A_{cl} 稳定,且性能指标$\|T\|_\infty < \gamma$ 的充分必要条件是存在对称矩阵 X_{cl},满足线性矩阵不等式 LMIs:

$$\begin{bmatrix} A_{cl}^{\mathrm{T}}X_{cl} + X_{cl}A_{cl} & X_{cl}B_{cl} & C_{cl}^{\mathrm{T}} \\ B_{cl}X_{cl} & -\gamma I & D_{cl}^{\mathrm{T}} \\ C_{cl} & D_{cl} & -\gamma I \end{bmatrix} < 0 \tag{5.7}$$

$$X_{cl} > 0 \tag{5.8}$$

5.3　基于 LMI 的 H_∞ 控制

许多控制问题均可以化成如图 5.1 所示的标准 H_∞ 控制问题,其中 $P(s)$ 为增广被控对象,它包括实际被控对象和为了描述设计指标而设计的加权函数等;$K(s)$ 为控制器;u 是控制输入向量,w 是外部输入向量(包括参考信号,干扰信号,传感器噪声等),y 是测量向量,z 是与控制系统相关的输出信号向量。

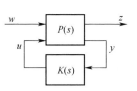

图 5.1　H_∞ 控制标准框架

设 $P(s)$ 的状态空间实现为

$$P(s)\begin{cases}\dot{x} = Ax + B_1 w + B_2 u \\ z = C_1 x + D_{11} w + D_{12} u \\ y = C_2 x + D_{21} w\end{cases} \tag{5.9}$$

其中,$A \in \mathbf{R}^{n \times n}$,$D_{11} \in \mathbf{R}^{p_1 \times m_1}$,$y \in \mathbf{R}^{p_2}$,$u \in \mathbf{R}^{m_2}$。若 $T_{zw}(s)$ 为信号 w 到 z 的闭环传递函数,则 H_∞ 控制问题就是求解控制器 $K(s)$,令 $u = K(s)y$,使得图 5.1 的闭环系统内部稳定,且满足 $T_{zw}(s)$ 的无穷范数小于一非负数性能指标 γ,即

$$\|T_{zw}(s)\|_\infty \leqslant \gamma \tag{5.10}$$

假设 (A, B_2, C_2) 为可控可检测阵对,并且所求控制器 $K(s)$ 的状态空间实现为

$$K(s):\begin{cases}\dot{\zeta} = A_K\zeta + B_K y \\ u = C_K\zeta + D_K y\end{cases},\ A_K \in \mathbf{R}^{n \times n} \tag{5.11}$$

那么对应的 H_∞ 控制原理结构如图 5.2 所示。

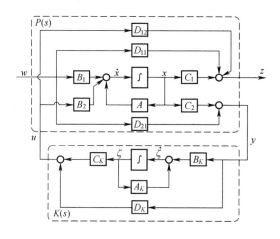

图 5.2 H_∞ 控制的原理结构图

由图 5.2 可得 w 到 z 的闭环传递函数 $T_{zw}(s)$ 的状态方程

$$T_{zw}(s) : \begin{cases} \dot{x}_{cl} = A_{cl}x_{cl} + B_{cl}w \\ z = C_{cl}x_{cl} + D_{cl}w \end{cases} \tag{5.12}$$

其中

$$x_{cl} = \begin{bmatrix} x \\ \zeta \end{bmatrix} , \tag{5.13}$$

$$\left[\begin{array}{c:c} A_{cl} & B_{cl} \\ \hdashline C_{cl} & D_{cl} \end{array} \right] = \left[\begin{array}{cc:c} A + B_2 D_K C_2 & B_2 C_K & B_1 + B_2 D_K D_{21} \\ B_K C_2 & A_K & B_K D_{21} \\ \hdashline C_1 + D_{12} D_K C_2 & D_{12} C_K & D_{11} + D_{12} D_K D_{21} \end{array} \right] \tag{5.14}$$

根据定理 5.2,性能指标为 γ 的 H_∞ 控制问题可解的充分必要条件存在 $2n \times 2n$ 维的矩阵 X_{cl} ,满足 LMI 式(5.7)及式(5.8)。其中未知矩阵是李雅普诺夫矩阵 X_{cl} 及隐含在 A_{cl}, B_{cl}, C_{cl}, D_{cl} 中的控制器 $K(s)$ 的状态现实矩阵 A_K, B_K, C_K, D_K。

5.4 基于 LMI 的 H_∞ 控制器求解

假设 (A, B_2, C_2) 为可控可检测阵对,则存在对应式(5.11)的全阶控制器

$$K(s) = D_K + C_K (sI - A_K)^{-1} B_K, A_K \in R^{n \times n} \tag{5.15}$$

使得闭环系统内部稳定,并满足性能指标 $\| T_{zw}(s) \|_\infty \leqslant \gamma$ 的充要条件是存在两个对称矩阵 R, S。满足下列 LMI 组:

$$\left(\begin{array}{c:c} \mathscr{N}_{12} & 0 \\ \hdashline 0 & I \end{array} \right)^{\mathrm{T}} \begin{pmatrix} AR + RA^{\mathrm{T}} & RC_1^{\mathrm{T}} & B_1 \\ C_1 R & -\gamma I & D_{11} \\ B_1^{\mathrm{T}} & D_{11}^{\mathrm{T}} & -\gamma I \end{pmatrix} \left(\begin{array}{c:c} \mathscr{N}_{12} & 0 \\ \hdashline 0 & I \end{array} \right) < 0, \tag{5.16}$$

161

$$\left(\begin{array}{cc|c} \mathcal{N}_{21} & 0 \\ \hline 0 & I \end{array}\right)^{\mathrm{T}} \left(\begin{array}{cc|c} A^{\mathrm{T}}S + SA & SB_1 & C_1 \\ B_1^{\mathrm{T}}S & -\gamma I & D_{11}^{\mathrm{T}} \\ \hline C_1 & D_{11} & -\gamma I \end{array}\right) \left(\begin{array}{cc|c} \mathcal{N}_{21} & 0 \\ \hline 0 & I \end{array}\right) < 0, \qquad (5.17)$$

$$\left(\begin{array}{cc} R & I \\ I & S \end{array}\right) > 0 \qquad\qquad (5.18)$$

其中, $R,S \in R^{n \times n}$, γ 为非负数, $\mathcal{N}_{12}$ 和 $\mathcal{N}_{21}$ 分别表示为 $(B_2^{\mathrm{T}}, D_{12}^{\mathrm{T}})$ 和 (C_2, D_{21}) 零域空间的标准正交基。若 $K(s)$ 存在,则可以由式(5.16)~式(5.18)求出一组 (R,S),再通过奇异值分解,得到可逆阵 $M,N \in R^{n \times n}$ 满足方程

$$MN^{\mathrm{T}} = I - RS \qquad\qquad (5.19)$$

现在令

$$\widetilde{A}_K := NA_KM^{\mathrm{T}} + SB_2C_KM^{\mathrm{T}} + NB_KC_2R + S(A + B_2D_KC_2)R$$

$$\widetilde{B}_K := NB_K + SB_2D_K \qquad\qquad (5.20)$$

$$\widetilde{C}_K := C_KM^{\mathrm{T}} + D_KC_2R$$

求解下列关于 $\widetilde{A}_K, \widetilde{B}_K, \widetilde{C}_K$ 和 D_K 的矩阵不等式

$$\Delta := \left(\begin{array}{cc} \varGamma I & -D_{cl}^{\mathrm{T}} \\ -D_{cl} & \varGamma I \end{array}\right) > 0,$$

$$\left(\begin{array}{cc} H_{11} + L_1\Delta^{-1}L_1^{\mathrm{T}} & (H_{21} + L_2\Delta^{-1}L_1^{\mathrm{T}})^{\mathrm{T}} \\ H_{21} + L_2\Delta^{-1}L_1^{\mathrm{T}} & H_{22} + L_2\Delta^{-1}L_2^{\mathrm{T}} \end{array}\right) < 0 \qquad (5.21)$$

其中

$$D_{cl} = D_{11} + D_{12}D_KD_{21}$$

$$H_{11} := AR + RA^{\mathrm{T}} + B_2\widetilde{C}_K + \widetilde{C}_K^{\mathrm{T}}B_2^{\mathrm{T}}$$

$$H_{22} := A^{\mathrm{T}}S + SA + \widetilde{B}_KC_2 + C_2^{\mathrm{T}}\widetilde{B}_K^{\mathrm{T}}$$

$$H_{21} := \widetilde{A}_K + (A + B_2D_KC_2)^{\mathrm{T}}$$

$$L_1 := (B_1 + B_2D_KD_{21}, (C_1R + D_{12}\widetilde{C}_K)^{\mathrm{T}})$$

$$L_2 := (SB_1 + \widetilde{B}_KD_{21}, (C_1 + D_{12}D_KC_2)^{\mathrm{T}})$$

解得 $\widetilde{A}_K, \widetilde{B}_K, \widetilde{C}_K$ 和 D_K,从而由式(5.20)最终解得式(5.15)所表达的控制器 $K(s)$。

5.5 H_∞ 跟踪控制问题

图 5.3 中 G 为已知受控对象,其输出 v 要跟踪参考输入信号 r。受控对象的控制输入 u 是由 r 和 v 分别通过控制器 C_1, C_2 所产生的,即

$$u = C_1r + C_2v = \begin{bmatrix} C_1 & C_2 \end{bmatrix} \begin{bmatrix} r \\ v \end{bmatrix}$$

这里,参考输入 r 并不是一个已知的确定信号,它是一类能量有限信号中的一种,即 r 是集合

$$\{r : r = W\omega, \omega \in H_2, \|\omega\| \leq 1\}$$

中的一种信号。

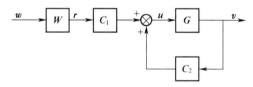

图 5.3 控制系统

跟踪问题中 G, W 已知,C_1 和 C_2 有待设计。跟踪误差 $r-v$ 是设计控制系统所关心的实际受控变量。如果单纯追求跟踪误差最小,可取 $\|r-v\|_2^2$ 作为目标函数。这时,最优控制器会成为一个非真的控制器,控制信号的幅度成为无穷大。若在目标函数中增加一个加权控制能量项,便可保证存在最优的真实有理控制器。因此,在跟踪问题中取:

$$\|r-v\|_2^2 + \|\rho u\|_2^2$$

作为目标函数。该目标函数等于信号

$$z = \begin{bmatrix} r-v \\ \rho u \end{bmatrix}$$

的 H_2 范数,其中 $\rho > 0$ 是加权因子。于是,上述跟踪问题可以归纳为目标函数

$$\sup\{\|z\|_2 : \omega \in H_2, \|\omega\|_2 \leq 1\}$$

的极小化问题。

为将跟踪问题化为相应的标准 H_∞ 控制问题,取

$$z = \begin{bmatrix} r-v \\ \rho u \end{bmatrix}, y = \begin{bmatrix} r \\ v \end{bmatrix}$$

外部输入信号和控制信号分别为 w 和 u。这时广义受控装置及控制器方程为

$$\begin{bmatrix} z \\ y \end{bmatrix} = \begin{bmatrix} r-v \\ \rho u \\ r \\ v \end{bmatrix} = \begin{bmatrix} W & -G \\ 0 & \rho I \\ W & 0 \\ 0 & G \end{bmatrix} \begin{bmatrix} w \\ u \end{bmatrix} \tag{5.22}$$

$$u = \begin{bmatrix} C_1 & C_2 \end{bmatrix} \begin{bmatrix} r \\ v \end{bmatrix} \tag{5.23}$$

相应的 P 和 K 为

$$P = \begin{bmatrix} P_{11} & P_{12} \\ P_{21} & P_{22} \end{bmatrix}$$

$$P_{11} = \begin{bmatrix} W \\ 0 \end{bmatrix} \qquad P_{21} = \begin{bmatrix} -G \\ \rho I \end{bmatrix}$$

$$P_{21} = \begin{bmatrix} W \\ 0 \end{bmatrix} \qquad P_{22} = \begin{bmatrix} 0 \\ G \end{bmatrix} \tag{5.24}$$

$$K = \begin{bmatrix} C_1 & C_2 \end{bmatrix} \tag{5.25}$$

图 5.3 跟踪问题转换成如图 5.4 所示的标准问题。

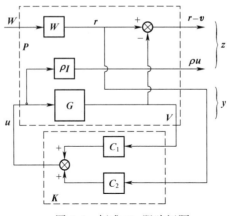

图 5.4　标准 H_∞ 跟踪问题

由如图 5.4 可以清楚地看出标准问题中 **P**、**K** 及 **w**、**z**、**u**、**y** 与实际受控系统各量的关系。其中 **u** 和 **y** 是为实现控制所需的实际物理装置的输出输入信号,是系统的内部信号,而 **w**、**z** 是设计中认为重要的虚构信号,称为外部信号。

5.6　基于 LMI 的 H_∞ 纵向着舰导引系统设计

5.6.1　引言

图 5.5 所示的自动着舰导引系统(ACLS)基本工作原理是:位于航空母舰上的精确跟踪雷达不断地测量飞机的实际高度 H,并与理想高度 H_c 进行比较,若有误差 H_{er},由导引控制器经导引律处理,然后通过数据链发射给机上的飞行/推力系统(简称飞/推系统),从而给出姿态纠偏指令 $\Delta\theta_c$,以改变飞行轨迹角 $\Delta\gamma$,完成对高度的纠偏。

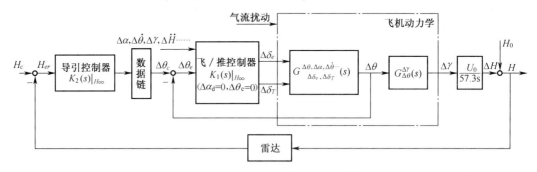

图 5.5　自动着舰导引系统(ACLS)结构图

舰载机着舰时,气流扰动是造成着舰误差的最大来源,仅其中的"雄鸡尾流"就可造成约 39m 的水平距离误差。具有保持迎角恒定的动力补偿所构成的姿态飞控系统、具有 $\dot{H}$ 反馈的飞控系统,以及具有直接力控制的飞行/推力综合控制等控制策略往往仅展宽飞控系统的频带,以利于最终由导引系统提高抗气流扰动的能力。本章提出了一种全新的抑制气流扰动策略,首先设计 H_∞ 控制的飞/推系统内回路,使其本身就具有抑风扰动性能,然后设计 H_∞ 导引系统外回路,再进行一次抑风处理。当飞机在着舰前约 1.8s 处于雷达盲区而导引系统关闭时,这种抑风扰动策略显得尤为重要。

5.6.2 H_∞ 飞/推系统的设计

5.6.2.1 飞/推系统的设计指标

飞/推系统必须达到两项重要指标:一是,$\Delta\gamma$ 对 $\Delta\theta_c$ 具有良好的动态跟踪性能;二是,着舰时具有抑制舰尾气流扰动的能力。由图 5.5 可知,飞机动力学中的 $\Delta\gamma$ 对俯仰角 $\Delta\theta$ 响应品质 $G_{\Delta\theta}^{\Delta\gamma}(s)$ 将直接影响飞/推系统性能。图 5.6 中的曲线 $\Delta\theta|_{\Delta\delta_T=0}$、$\Delta\gamma|_{\Delta\delta_T=0}$ 分别为没有动力补偿时(油门 $\Delta\delta_T=0$),$\Delta\theta$ 及 $\Delta\gamma$ 对俯仰姿态指令 $\Delta\theta_c$ 的阶跃响应。特别是 $\Delta\gamma$ 对 $\Delta\theta_c$ 的稳态响应将为负值,这是一般舰载机在低动压着舰状态下所具有的普遍特性。它表明若没有自动动力补偿(APC),仅依靠舵面 $\Delta\delta_e$ 不能实现轨迹控制目的。而引入油门 $\Delta\delta_T$ 的自动动力补偿所构成的飞/推系统,以往运用单输入单输出(SISO)的经典 PID 控制理论,分别开发 $\Delta\delta_e$ 和 $\Delta\delta_T$ 的控制规律。图 5.6 中的 $\Delta\theta|_{PID}$ 及 $\Delta\gamma|_{PID}$ 分别为运用经典 PID 控制 $\Delta\theta$ 及 $\Delta\gamma$ 对 $\Delta\theta_c$ 的阶跃响应。十分明显其动态跟踪性能仍待改进。另外,图 5.9 表明用经典 PID 控制,在风扰动作用下将产生航迹倾斜角偏移 $\Delta\gamma$,难以增强抑制气流扰动能力。

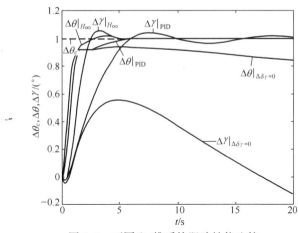

图 5.6 不同飞/推系统跟踪性能比较

5.6.2.2 飞/推系统增广模型的建立

所构建的飞/推系统增广模型应着重体现低动压着舰状态下动态跟踪及抑制气流扰动的要求。由图 5.7 所示的着舰姿态表明,当出现气流扰动,形成扰动迎角 $\Delta\alpha_W$ 时,力求通过 H_∞ 飞/推系统,使稳态时仍具有如下特性: $\Delta\gamma=\Delta\theta=\Delta\theta_c$,及 $\Delta\alpha_d=0$(即不改变由地速构成的迎角)。鉴于该设计思想,构建了图 5.8 所示的 H_∞ 飞/推系统增广模型。图中飞机为纵向增量线性化动力学模型,$\boldsymbol{Q}_1$,$\boldsymbol{Q}_2$ 为需要选择的权阵,$K_1(s)$ 为所求的 H_∞ 控制器,虚线框内 $P_1(s)$ 为增广被控对象,$\boldsymbol{w}=[w_1,w_2]^T$ 为外界输入,其中 $\boldsymbol{w}_1=[\Delta\theta_c,0]^T$(即要求 $\Delta\alpha_d=0$),$\boldsymbol{w}_2=[ug,wg]^T$ 为水平方向与垂直方向的气流扰动,$\boldsymbol{u}$ 为输入至舵机及发动机伺服器的控制信号,$\boldsymbol{x}=[\Delta\theta,\Delta\alpha_d]^T$,$\boldsymbol{e}$ 为跟踪误差,且

$$e = \boldsymbol{w}_1 - \boldsymbol{x} = \left[\Delta\theta_c - \Delta\theta, 0 - \Delta\alpha_d \right]^{\mathrm{T}} = \left[\Delta\theta_e, \Delta\alpha_e \right]^{\mathrm{T}} \tag{5.26}$$

$$\boldsymbol{Q}_1 = \begin{bmatrix} c_1/s & \\ & c_2/s \end{bmatrix}, \boldsymbol{Q}_2 = \begin{bmatrix} c_3 & \\ & c_4 \end{bmatrix} \tag{5.27}$$

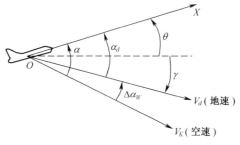

图 5.7　着舰飞机姿态

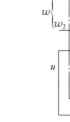

图 5.8　H_∞ 飞行/推力控制系统模型

$\boldsymbol{Q}_1$ 中设置积分项以提高系统稳态跟踪精度,调整 c_1、c_2 以进一步满足跟踪动态性能及抑制气流扰动的能力。增大 c_1 有利于跟踪动态性能,增大 c_2 有利于抑制气流扰动性能;调整 c_3,c_4 可改变舵面 $\Delta\delta_e$ 和油门 $\Delta\delta_\mathrm{T}$ 两控制量大小。此时,性能输出将为

$$z = \begin{bmatrix} z_1 \\ z_2 \end{bmatrix} = \left[c_1\Delta\theta_e/s, \ c_2\Delta\alpha_e/s, \ c_3\Delta\delta_e, \ c_4\Delta\delta_\mathrm{T} \right]^{\mathrm{T}} \tag{5.28}$$

借助 SISO 飞/推系统设计时的物理概念,选择控制器的输入为

$$y = \begin{bmatrix} y_1 \\ y_2 \end{bmatrix} = \left[\Delta\dot{\theta}, \ \Delta\theta, \ \Delta\gamma, \ \Delta\alpha, \ \Delta\ddot{H}, \ \Delta\theta_e/s, \ \Delta\alpha_e/s \right]^{\mathrm{T}} \tag{5.29}$$

其中,$\Delta\dot{\theta}$,$\Delta\ddot{H}$ 分别为俯仰角速率及法向加速度的变化量,$\Delta\alpha = \Delta\alpha_d + \Delta\alpha_w$,它包含了由于气流扰动而形成的迎角变化量 $\Delta\alpha_W$。与经典 PID 控制中引入积分项相类似,这里必须引入误差 e 的积分信号以提高系统无差度,否则将会引起 $K_1(s)$ 无解。

5.6.2.3　求解 $K_1(s)$ 及仿真验证

对应图 5.8 所示的飞/推系统增广模型,取性能指标 $\varGamma = 10$,应用 Matlab 软件的 LMI 工具箱,求得控制器 $K_1(s)$。按上述权阵 $\boldsymbol{Q}_1$,$\boldsymbol{Q}_2$ 的设计原则,调整 $\boldsymbol{Q}_1$ 的参数,以满足跟踪性能及抑制气流扰动的要求;调整 $\boldsymbol{Q}_2$ 的参数使控制量 u 的大小在要求范围内。经调试,最终选择的 $\boldsymbol{Q}_1 = \begin{bmatrix} 8/s & 0 \\ 0 & 6/s \end{bmatrix}$,$\boldsymbol{Q}_2 = \begin{bmatrix} 0.8 & 0 \\ 0 & 0.01 \end{bmatrix}$。此时,求得由式(5.11)表达的控制器 $K_1(s)$。

图 5.6 中的曲线 $\Delta\theta\mid_{H_\infty}$ 及 $\Delta\gamma\mid_{H_\infty}$ 分别为 H_∞ 飞/推系统,$\Delta\theta$ 及 $\Delta\gamma$ 对姿态指令 $\Delta\theta_c$ 的阶跃响应,其跟踪动态性能比经典 PID 控制性能已有明显改善。图 5.9 分别为常值水平与垂直风扰动下,经典 PID 飞/推系统与 $\alpha_d = 0$ 的 H_∞ 飞/推系统抗风性能比较。证实了 $\alpha_d = 0$ H_∞ 飞/推综合控制系统的良好抗风性能,其特点在风扰动下可使 $\Delta\theta$ 及 $\Delta\gamma$ 迅速趋于零,明显地减小了对着舰飞机轨迹的影响。

图 5.10 为某种雄鸡尾流的模型曲线图,其中 ug 为水平分量,顺风为正;wg 为垂直分

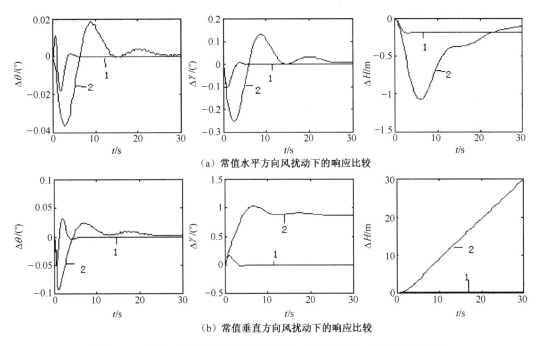

（a）常值水平方向风扰动下的响应比较

（b）常值垂直方向风扰动下的响应比较

图 5.9　不同飞/推系统抗风性能比较（1—H_∞ 系统，2—PID 控制系统）

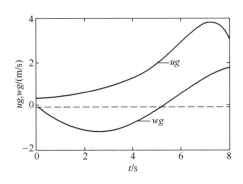

图 5.10　某种雄鸡尾流模型

量，向下为正，第 8s 为到达舰尾时刻。图 5.11 为雄鸡尾流扰动下，经典 PID 飞/推系统的响应与 H_∞ 飞/推系统的响应。二者的抗风性能比较，证实了 $\alpha_d = 0$ 的 H_∞ 飞/推综合控制系统的良好抗风性能。其明显特点是，有效地抑制了 $\Delta\theta$ 及 $\Delta\gamma$ 变化。仿真指出，这主要是通过控制油门，调整飞行速度 U 的大小来实现上述抗风性能的。

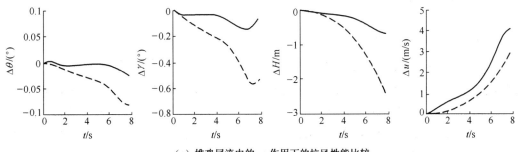

（a）雄鸡尾流中的 ug 作用下的抗风性能比较

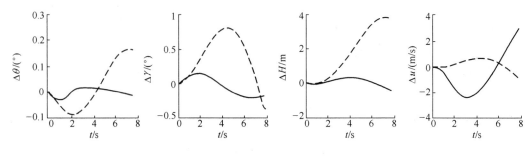

（b）雄鸡尾流中的 wg 作用下的抗风性能比较

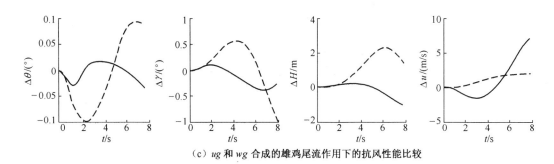

（c）ug 和 wg 合成的雄鸡尾流作用下的抗风性能比较

图 5.11　不同飞/推系统对雄鸡尾流的抑制性能比较

—— H_∞ 飞/推系统;------ $\alpha = 0$ 的 PID 飞/推系统。

图 5.12 为基于不同飞/推系统的 ACLS 对 wg 的抑风性能比较,应指出的是仿真是在飞机着舰前 1.8s 进入雷达盲区,ACLS 系统断开情况下进行的。从而进一步证实了由 $\alpha_d = 0$ 的 H_∞ 飞/推系统所构成的 ACLS 良好的动态跟踪和抗风性能。

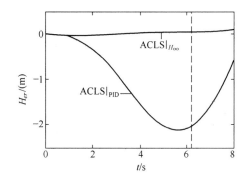

图 5.12　基于不同飞/推系统的 ACLS 抗风性能比较（6.2s 后断开导引系统）

5.6.2.4　飞/推系统的工程实现

图 5.13 为 $\Delta\delta_e$ 和 $\Delta\delta_T$ 在姿态阶跃指令 $\Delta\theta_c = 1°$ 下的系统仿真结果,舵面| $\Delta\delta_e$ |< 3°,油门| $\Delta\delta_T$ |< 7°。而飞机着舰时一般 $\Delta\theta_c = - 3.5°$,所以控制量在工程上是可实现的。

本章所设计的飞/推控制器 $K(s)$ 为 8 阶,为便于工程实现首先需对控制器进行降阶处理。本章没有应用复杂的降阶工具,而是从基本物理概念出发,根据 $K_1(s)$ 的状态空间实现,列出如下控制律:

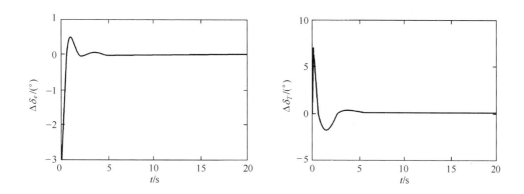

图 5.13 $\Delta\delta_e$ 和 $\Delta\delta_T$ 在指令 $\Delta\theta_c = 1°$ 下的结果

$$\Delta\delta_e(s) = \frac{1}{T_{\delta e} s + 1} \left[G_\theta^{\delta e}(s) \dot{\Delta\theta} + G_\theta^{\delta e}(s) \Delta\theta + G_\gamma^{\delta e}(s) \Delta\gamma + G_\alpha^{\delta e}(s) \Delta\alpha + G_H^{\delta e}(s) \dot{w} + \right.$$
$$\left. G_{\theta_e}^{\delta e}(s) (\Delta\theta_e/s) + G_{\alpha_e}^{\delta e}(s) (\Delta\alpha_e/s) \right] \tag{5.30}$$

$$\Delta\delta_T(s) = \frac{1}{T_p s + 1} \left[G_\theta^{\delta_T}(s) \dot{\Delta\theta} + G_\theta^{\delta_T}(s) \Delta\theta + G_\gamma^{\delta_T}(s) \Delta\gamma + G_\alpha^{\delta_T}(s) \Delta\alpha + G_H^{\delta_T}(s) \dot{w} + \right.$$
$$\left. G_{\theta_e}^{\delta_T}(s) (\Delta\theta_e/s) + G_{\alpha_e}^{\delta_T}(s) (\Delta\alpha_e/s) \right] \tag{5.31}$$

飞控系统频带一般在 $f<10\text{Hz}$ 以内,本章对控制律所构成的各项分别在 s 域中进行近似逼近,只保留其主导零极点,使其各项的频率特性在 $f<10\text{Hz}$ 范围内与原 $K_1(s)$ 控制器完全一致,并通过仿真验证近似逼近方法的有效性。以 $G_\theta^{\delta_e}(s)$ 和 $G_\theta^{\delta_T}(s)$ 近似逼近为例,仅保留三阶的主导零极点,它们的频率特性(图 5.14)在飞控系统工作频带内完全一致。对以上降阶后的控制律进行实时离散化处理,并进行实时数字仿真,经测试表明,在一个采样周期 25ms 中,H_∞ 飞/推系统控制律计算仅需 0.25ms,只占采样周期的 1%。

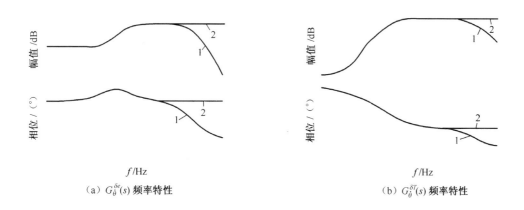

(a) $G_\theta^{\delta e}(s)$ 频率特性 (b) $G_\theta^{\delta_T}(s)$ 频率特性

图 5.14 飞/推控制律降阶的有效性验证

1—降阶前频率特性;2—降阶后频率特性。

169

5.6.3 H_∞ 导引系统设计

5.6.3.1 导引系统增广模型的建立

导引系统的设计是建立在飞/推系统基础上的,主要目的是通过控制飞机的姿态,使飞机能够准确跟踪理想的下滑轨迹。另外,再赋予导引系统具有抗气流扰动的能力。为此,确定了图 5.15 所示的导引系统增广模型结构。图中虚线部分 $P_2(s)$ 为广义增广模型,$\boldsymbol{w}_3$、$\boldsymbol{w}_4$ 为外界输入,其中 $\boldsymbol{w}_3 = H_c$ 为理想高度,$\boldsymbol{w}_4 = [ug, wg]^T$,$\Delta H$ 为飞机高度的变化量。为了使系统对下滑轨迹的斜坡信号具有跟踪能力,选取权阵 $\boldsymbol{Q}_3 = c_5/s^2$,相应的评价信号为 z_3。另外,因为 $\Delta \dot{H} = V_0 \Delta \gamma$,所以为了进一步满足系统的抗风性能要求,使轨迹角偏移 $\Delta \gamma$ 尽可能小,引入评价信号 ΔH 的相关量 z_4,选取权阵 $Q_4 = c_6$。即评价信号 $z = \begin{bmatrix} z_3 \\ z_4 \end{bmatrix} = \begin{bmatrix} H_{er}/s^2 \\ \dot{H} \end{bmatrix}$;控制器 $K_2(s)$ 的输入信号为 $y = \begin{bmatrix} y_3 \\ y_4 \end{bmatrix} = \begin{bmatrix} \Delta H \\ H_{er}/s^2 \end{bmatrix}$,输出信号为俯仰角姿态指令 $\Delta \theta_c$。

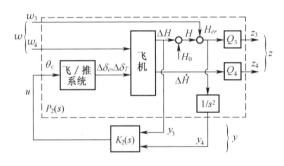

图 5.15 H_∞ 着舰导引系统增广模型

5.6.3.2 求解导引控制器 $K_2(s)$

导引系统的设计步骤及方法与飞/推系统基本一致。调整 Q_3 的参数,以满足高度跟踪性能及抑制气流扰动的要求。调整 Q_4 的参数,以满足系统的阻尼要求。经调试,最终选择 $Q_3 = 4/s^2$,$Q_4 = 50$。此时求得对应式(5.11)所表达的导引控制器 $K_2(s)$。

5.6.3.3 仿真验证

在初始高度为 229m,速度为 66.67m/s,某型舰载机沿 3.5° 理想轨迹下滑着舰时,飞机着舰的动态过程如图 5.16 所示。仿真表明,当采用 H_∞ 控制时,与具有姿态控制的 $\text{ACLS}|_\theta$,具有 $\dot{H}$ 的 $\text{ACLS}|_H$ 相比,动态跟踪误差 H_{er} 明显减小。另外,姿态 θ、轨迹角 γ 及舵偏转角 $\Delta \delta_e$ 的动态过程也有较明显改善。特别是,图 5.17 显示了 $\text{ACLS}|_{H_\infty}$ 对抑制"雄鸡尾流"的气流扰动具有显著效果。仿真时在着舰前 8s,分别加入雄鸡尾式风的水平分量 ug 及垂直分量 wg。

170

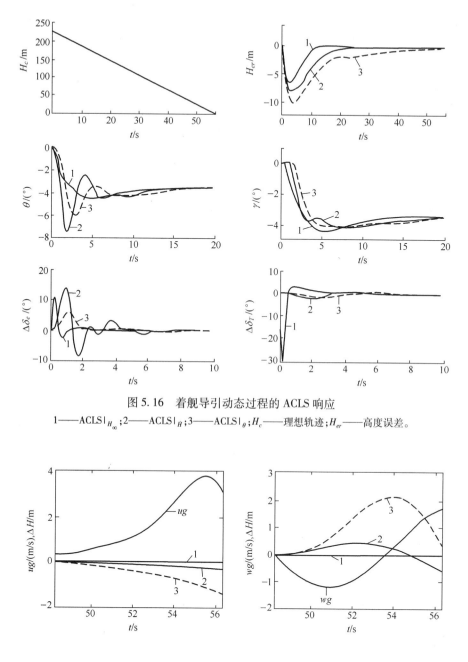

图 5.16　着舰导引动态过程的 ACLS 响应

1——ACLS|$_{H_\infty}$；2——ACLS|$_H$；3——ACLS|$_\theta$；H_c——理想轨迹；H_{er}——高度误差。

图 5.17　不同 ACLS 设计地抑制气流扰动的效果

1——ACLS|$_{H_\infty}$ 高度偏移；2——ACLS|$_H$；高度偏移；3——ACLS|$_\theta$ 高度偏移。

5.6.3.4　导引系统的工程实现

本章所设计的导引控制器 $K_2(s)$ 为 18 阶，为便于工程实现首先需对控制器进行降阶处理。本章没有应用复杂的降阶工具，而是从基本物理概念出发，采用近似逼近的方法，根据 H_∞ 控制器的状态空间实现，列出如下控制律：

$$\Delta\theta_c = G_H^{\theta_c}(s)\Delta H + G_{\mathrm{Hers}}^{\theta_c}(s)(H_{er}/s^2) \tag{5.32}$$

对该控制律所构成的各项分别在 s 域中进行近似逼近,只保留其主导零极点,使其各项的频率特性在 $f<10\mathrm{Hz}$ 范围内与原 $K_2(s)$ 控制器完全一致,并通过仿真验证近似逼近方法的有效性。即分别对 $G_{Hf}^{\theta}(s)$ 和 $G_{\mathrm{Hers}}^{\theta_c}(s)$ 近似逼近,仅保留 8 阶的主导零极点,它们的频率特性(图 5.18)在飞控系统工作频带内完全一致。对以上降阶后的控制律进行实时离散化处理,并进行实时数字仿真,经测试表明,在一个采样周期 50ms 中,H_∞ 制导与控制律计算仅需 0.5ms,只占采样周期的 1%。

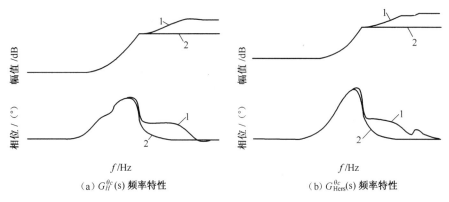

(a) $G_H^{\theta_c}(s)$ 频率特性　　　　　　(b) $G_{\mathrm{Hers}}^{\theta_c}(s)$ 频率特性

图 5.18　导引控制律降阶的有效性验证

1—降阶前频率特性;2—降阶后频率特性。

思 考 题

1. 简述基于 LMI 的 H_∞ 控制参数设计过程。

2. 基于 LMI 的 H_∞ 飞行/推力控制结构,借助 MATLAB 进行参数设计及降阶处理方法。

3. 分析基于 LMI 的 H_∞ 舰载机着舰制导律结构。

4. H_∞ 控制对飞行控制系统鲁棒性影响分析。

第6章 舰载机精确着舰导引综合控制

6.1 舰载机及全天候着舰导引系统

以航空母舰(简称航母)或特殊舰只为起落基地的飞机称为舰载机。常规舰载机尾部装有专门尾钩,在航母甲板上着舰时,尾钩钩住甲板上的阻拦索,飞机所具有的动能由与阻拦钢索相连的缓冲器吸收,一般只滑跑几十米就可停下。舰载机起飞采用弹射器。为减少停放空间,机翼可折叠。由于着舰没有拉平段,以3.5°左右下滑角着舰,因此要求有特殊强度的起落架。

舰载机问世于第一次世界大战期间。进入20世纪60年代后,由于武器技术的发展,例如低空高速飞机、反舰导弹,以及高速深潜大航程低噪声潜艇的出现,大型航母与舰载机所构成的武器作战系统加强了空中预警与水下反潜能力,舰载机逐步成为由战斗机、预警机、反潜机、侦察机、加油机、直升机和运输机所构成的机群。

以如图6.1所示某型核动力航母为例,满排水量91400t,长332.4m,宽76.8m,装舰各类飞机90~100架。动力装置为二台核反应堆,总功率为28~32万马力,舰速约33kn。采用斜直两段飞行甲板,其中直通甲板专供弹射起飞。由于直通甲板长度为80~90m,而现代飞机需加速到350km/h后才能起飞,因此多数固定翼飞机都需有蒸汽弹射器,使飞机在60m左右的距离内加速起飞。斜角甲板在航母左侧,与舰艇首尾中心线成6°~13°夹角,供飞机着舰,其长度为220~270m,宽27~30m,跑道长度仅为陆基飞机的1/10。甲板上装有4根拦阻索,每隔约12m横设一根钢索,高0.5m,与甲板下的液压阻尼器相连。着舰时飞机尾钩钩住任意一根,由阻拦索巨大的阻尼力使飞机经60m左右停下。另外,若飞机着舰前尾钩不能放下,或燃油耗尽不能复飞等意外情况需迫降时,一般在第三根拦阻索位置处架设拦机网,飞机冲到网上后,连机带网冲出40~50m后停下。

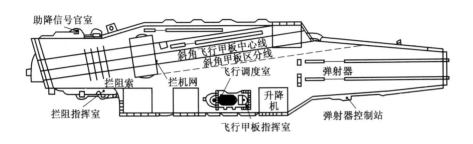

图6.1 航母甲板配置

第二次世界大战后所出现的喷气式飞机,进场速度已超过200km/h,考虑着舰时航母的前驶运动,着舰的啮合速度已达150~180km/h,下沉速率达到5.2m/s,因此广泛采用菲涅尔透镜光学助降系统。它由助降镜与稳定平台两部分组成。助降镜装在稳定平台上，以保证镜中所透射的光束不受舰体摇摆的影响。助降装置的灯球装置设在长宽各 2m 左右的镜架上，由红、绿、黄、橙色灯组成，利用透镜原理，射出一组由光组成的下滑坡面。当飞行员操纵飞机在正确的下滑面上时见到橙色光，飞行时偏高或偏低时分别见到黄色与红色光，从而操纵飞机回到正确的下滑坡上。这种着舰方式的缺点是易受气象等因素影响。据统计采用这种人工着舰方式，飞机着舰事故率比陆基飞机着陆时大 3.6 倍。而着舰失误率占总失误率的 85%，黑夜又比白天大 2 倍。

为适应全天候飞行能力，以及提高着舰的安全可靠，美国在 20 世纪 40 年代末提出了全天候着舰系统 AWCLS(All Weather Carrier Landing System)。自 50 年代中期起一直致力于开发该项技术，并以 F-14A、A-7E 等飞机为验证机进行不断试飞。60 年代已进入实用阶段。80 年代趋向成熟。特别是 1983 年，F/A-18A 飞机在 64 次自动着舰飞行中，将着舰漂移控制在 22ft 以内，使 AWCLS 技术达到新水平。

AWCLS 的着舰顺序由进场与着舰两个阶段组成。进场阶段，从航母交通管制中心截获飞机并引导飞机到精确跟踪雷达的截获窗为止，如图 6.2 所示。进场开始点离航母约 32km，进场导引由仪表着陆系统 ILS(Instrument Landing System)完成。飞机从进入精确跟踪雷达截获窗到着舰为止称着舰阶段，该阶段为 3.2~6.4km。当飞行员在显示仪上获悉被截获的飞机在下滑线上的飞行数据后，采用何种工作模态进行着舰由飞行员决定。

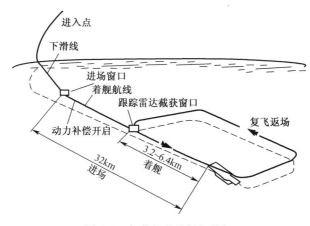

图 6.2　舰载机的进场与着舰

AWCLS 着舰阶段由Ⅰ、ⅠA、Ⅱ、Ⅲ四种模态组成。模态Ⅰ为自动着舰控制系统 ACLS(Automatic Carrier Landing System)，从飞机进入跟踪雷达截获窗到着舰实现全自动控制。模态ⅠA 类似于模态Ⅰ，不同之处是按模态Ⅰ飞行至离舰 800m 处转入菲涅尔透镜人工目视着舰。模态Ⅱ又称为半自动着舰，它属于仪表着陆系统(ILS)，与模态Ⅰ不同之处在于飞机的导引误差的处理信息不与飞行控制系统耦合。而导引误差通过平显仪显示给飞行员，飞行员按显示值的指示操纵飞机保持在要求的下滑轨迹上。当模态Ⅱ工作到飞行员能见到航母时，通常离舰 1200m 时，飞行员仍采用菲涅尔助降系统进行目视着舰。模态Ⅲ是人工着舰模式，由舰上控制台的操纵员观察雷达显示器，获得飞机方位与高低误差，发出口令，以语音通信方式指示飞行员操纵飞机，直到能使飞机转入菲涅尔助降系统工作为止，故称为地面(舰上)控制进场系统 GCAS(Ground Controlled Approaching

174

System）。由此可知，AWCLS 的四种工作模态除模态 I（ACLS）外，其他三种模态最终都以菲涅尔透镜人工着舰方式着舰。

本章主要论述 ACLS 这一着舰导引技术，故首先描述自动着舰导引工作机理。雷达导引的自动着舰导引系统由舰上设施与机上设施两部分组成，如图 6.3 所示。当飞机进场进入跟踪雷达截获窗，则进入 ACLS 工作区，此后雷达一直跟踪飞机直到着舰前 1.5s 进入盲区后为止。由雷达跟踪天线测得的飞机相对于舰的极坐标中的位置信息（方位角、高低角及斜距），以及由稳定平台得到的甲板运动信息一起送入计算机，经数据稳定处理，从雷达信号中消去了舰的横滚、俯仰、偏摆及起伏的影响，从而得到飞机在惯性空间坐标中的精确位置。此惯性空间测量坐标系的原点设在预期降落挂钩点（即在第 2 与第 3 根拦阻绳索的中间），X 轴沿跑道中心线指向舰尾，Z 轴沿航母垂直向上方向。将飞机的坐标信息与事先储存于计算机中的理想着舰轨迹进行比较，由此产生的轨迹导引误差，一方面通过地—空数据链发送至飞机，由机上平显仪的指示作为监视信息显示给驾驶员；另一方面经导引规律计算形成指令也经数据链按 10 次/s 的频率发送至飞机。机上的数据链接收机接收该导引信息后，经译码耦合到飞行控制系统（FCS），以不断地纠正飞行轨迹，使飞机按设置的理想着舰轨迹飞行。

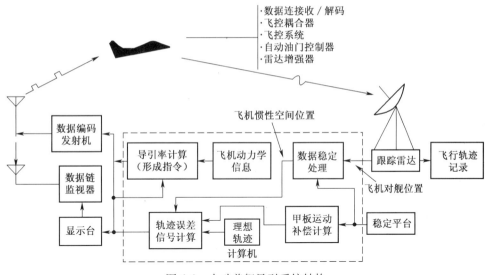

图 6.3 自动着舰导引系统结构

在舰载计算机中存储了不同飞机的导引规律，以引导不同类型飞机着舰。而存储于计算机中的理想下滑轨迹亦可根据现场情况临时变动，例如有恒定的下滑角进场、陆上实验时的拉平进场、垂直/短距起落飞机大角度进场或直升机的悬浮进场等。另外在舰载计算机中还需引入由于甲板运动对飞行轨迹控制的修正信息。

模态 II 是仪表着陆系统（ILS），它独立于模态 I，其工作机理与陆基飞机等信号线波束导引的 ILS 有差别。它由舰上两台发射机及机上的接收/译码器组成。两发射机工作在相同频率，按时分方式工作。其中一台天线作纵向扫描，设置在舰的左舷，它对舰的横滚与俯仰运动保持稳定，天线波束宽度为 1.3°，扫描范围为 0°～20°，另一台天线作方位扫描，设置在甲板的后端，并对舰的横滚与航向摆动保持稳定。波束宽度为 2°，以跑道中心线为基准作 ±20° 扫描。两天线的扫描率均为 2.5 次/s。采用脉冲对码（Pulse Pair

Coding)以区别纵向与方位两个通道,及区别飞机处在跑道中心线的左边还是右边,在下滑线的上方还是下方。脉冲对的间隔大小表征飞机偏离跑道中心线或下滑线的大小。图6.4为其中的纵向扫描。

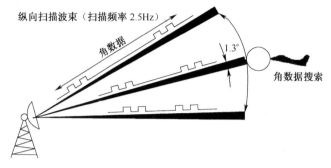

图 6.4 模态Ⅱ(ILS)工作示意图

当飞机进入跟踪雷达截获窗后,AWCLS 四模态的工作进程是:首先由驾驶员得到飞机被雷达截获的信息指示,当着舰轨迹正常时机上的"耦合灯"亮,驾驶员接通飞行控制系统,可选择模态Ⅰ或模态ⅠA工作,此时"指令控制灯"亮,表明飞行控制系统正在接收舰上自动着舰导引信号。若"耦合灯"熄灭,表明飞机离开安全区,飞行控制系统自动断开。驾驶员转入模态Ⅱ工作。若飞机重返安全区,在"耦合灯"亮的指示下又回到模态Ⅰ(或ⅠA)。若模态Ⅱ工作时超出安全区,驾驶员在地面指令下,按模态Ⅲ工作。

6.2 舰载机的着舰环境

ACLS 必须全天候地引导飞机在十分恶劣的环境下安全着舰。着舰的环境主要指着舰的几何环境、舰的甲板运动,以及舰尾气流扰动。这些环境因素构成了 ACLS 设计的关键技术。

6.2.1 着舰的几何环境

着舰的几何环境主要由飞机下滑角、飞机在舰尾安全高度、理想着舰点位置以及着舰安全区组成。以某型航母为例,沿跑道中心线从离舰尾 50m 处开始,设置着舰安全区,其区域为向前延伸 48m,宽 12m(即跑道左右各 6m)。如图 6.1 所示,第四根拦阻索设置在安全区末端,向后每隔 12m 设置一根。理想着舰挂钩点应落在第二与第三根之间的跑道中心线上。常用下滑角为 3.5°~4°。飞机在舰尾的安全高度一般为 3m,以保证有纵向甲板运动及着舰误差时,有安全的舰尾净空。相对于理想下滑轨迹,当垂直(高度)偏差上偏 1.5m 时,飞机需逃逸,下偏 1.5m 时,有撞舰危险。理想着舰点的平均误差小于 3m 认为是较理想的,若大于 7.6m 则会产生大量逃逸及短着陆。为了控制对着舰点误差分布的松散程度,在平均着陆点上的离散差应控制在 12m 内。

6.2.2 舰的甲板运动

舰的甲板运动幅度及频率与海况有关。一般海浪主要引起舰的俯仰,具有短周期特性(约20s),而海涌(长浪)主要引起沉浮运动,具有长周期运动特性(约1min)。海况分8级,在7级海况下,会引起约1°(RMS)俯仰,与约1.37m(RMS)沉浮运动。在中等海况下,当舰以30kn典型舰速行驶,可按如下正弦波组合描述舰的俯仰 θ_s、横滚 ϕ_s、偏航 ψ_s 及沉浮运动 Z_s:

$$\theta_s(°) = 0.5\sin(0.6t) + 0.3\sin(0.63t) + 0.25 \tag{6.1}$$

$$\varphi_s(°) = 2.5\sin(0.5t) + 3.0\sin(0.52t) + 0.5 \tag{6.2}$$

$$\psi_s(°) = 0.25\sin(0.7t) + 0.5\sin(0.1t) \tag{6.3}$$

$$Z_s(m) = 1.22\sin(0.6t) + 0.3\sin(0.2t) \tag{6.4}$$

此时引起舰运动的幅值为:俯仰 $1.05°$,横滚 $6.0°$,偏航 $0.7°$,沉浮 $1.52m$。在预期着舰点上可引起约3m的垂直运动。舰的甲板运动将明显地影响着舰点的预期位置,也是诱发舰尾气流扰动的原因之一。为提高着舰精度,在 ACLS 设计时需对纵向及侧向甲板运动进行补偿。

6.2.3 舰尾气流扰动

为分析并确定着舰时的操纵反应与轨迹控制精度,必须建立离母舰约0.8km至舰尾的气流扰动模型。设总的水平,横向及垂直气流扰动分量为 U_g,V_g 及 W_g。规范 MIL-F-8785C 指出:

$$U_g = U_1 + U_2 + U_3 + U_4 \tag{6.5}$$

$$V_g = V_1 + V_4 \tag{6.6}$$

$$W_g = W_1 + W_2 + W_3 + W_4 \tag{6.7}$$

式中, U_1,V_1,W_1 为自由大气紊流,它与飞机相对于舰的位置无关。其功率谱密度为

$$\Phi_{U1}(\Omega) = \frac{200}{1 + (100\Omega)^2} \quad \frac{(英尺/秒)^2}{弧度/英尺} \tag{6.8}$$

$$\Phi_{V1}(\Omega) = \frac{939 \cdot [1 + (400\Omega)^2]}{[1 + (1000\Omega)^2] \cdot \left[1 + \left(\frac{400}{3}\Omega\right)^2\right]} \quad \frac{(英尺/秒)^2}{弧度/英尺} \tag{6.9}$$

$$\Phi_{W!}(\Omega) = \frac{71.6}{1 + (100\Omega)^2} \quad \frac{(英尺/秒)^2}{弧度/英尺} \tag{6.10}$$

为研究飞机穿越大气紊流时的动态仿真,需将上述空间功率谱 $\Phi(\Omega)$ 转变为时间功率谱 $\Phi(\omega)$,且

$$\Phi(\omega) = \frac{1}{v}\Phi(\Omega) = \frac{1}{v}\Phi(\omega/v) \tag{6.11}$$

式中,v 为飞机飞行速度在水平、横向、垂直三方向的分速度。动态仿真时,由离散型白噪声通过零阶保持器产生连续白噪声,然后分别通过与时间功率谱相对应的成型滤波器产生 U_1,V_1,W_1 自由大气紊流。

W_2 与 U_2 为舰尾气流扰动的稳态分量。这是由于舰船顶风行驶,空气从舰的平坦艉突处流出在垂直面内所产生的形如雄鸡尾式的风力。仅这一气流扰动将使飞机偏离下滑线,下沉2m左右,从而出现41m的水平着舰误差。故着舰导引应特别关注形如图6.5所示的某种雄鸡尾气流模型,以仿真验证着舰导引系统对该气流扰动的性能。图中 W_2 与

U_2 为正值时,表明飞机进入下沉及顺风气流。图中第 8s 为到达舰尾时刻。

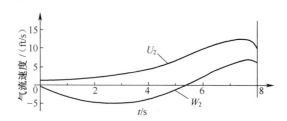

图 6.5 雄鸡尾式风气流扰动

U_3 与 W_3 为舰尾流的周期性分量,它取决于舰的纵摇频率 $\omega_p(\text{rad}/\text{s})$,幅度 $\theta_s(\text{rad})$,甲板风速 $V_{w/d}$ 及飞机离舰距离 X 。

$$U_3 = \theta_s V_{w/d}(2.22 + 0.0009X)\ C \tag{6.12}$$
$$W_3 = \theta_s V_{w/d}(4.98 + 0.0018X)\ C \tag{6.13}$$

式中

$$C = \cos\left\{\omega_p\left[t + \left(1 + \frac{V - V_{w/d}}{0.85V_{w/d}}\right) + \frac{X}{0.85V_{w/d}}\right] + P\right\} \tag{6.14}$$

P 为随机相位(rad)。U_3 与 W_3 的幅值随飞机离舰距离增大而减小。当 $X < -2236\text{ft}$ 时, $U_3 = 0$。当 $X < -2536\text{ft}$ 时,$W_3 = 0$。

U_4,V_4 与 W_4 是舰尾流的随机分量,由白噪声经成型滤波器得到:

$$U_4 = [\text{单位白噪声}] \cdot \left[\frac{s}{s + 0.1}\right]\sin(10\pi t)\ \frac{\sigma(x)\sqrt{2\tau(x)}}{\tau(x)\ s + 1} \tag{6.15}$$

$$V_4 = W_4 = [\text{单位白噪声}] \cdot \left[\frac{s}{s + 0.1}\right]\sin(10\pi t)\cdot\frac{0.035V_{w/d}\sqrt{6.66}}{3.33s + 1} \tag{6.16}$$

式中,$\sigma(x)$ 是与距离 x 有关的均方根;$\tau(x)$ 是与距离有关的时间常数。规范 MIL–F–8785C 还给出了 σ、τ 与飞机离舰俯仰中心距离 x 的关系。

6.3 着舰导引的动力补偿系统

由图 6.6 所示的纵向自动着舰导引系统(ACLS)出现着舰高度偏差 H_{er} 时,经数据链发送给飞机的导引信息是通过控制飞机的姿态($\Delta\theta$)以实现对轨迹角($\Delta\gamma$)的控制,从而完成对高度的纠偏。因此飞机 $\Delta\gamma$ 对 $\Delta\theta$ 的响应特性 $W^{\Delta\gamma}_{\Delta\theta}(s)$ 将直接关系着 ACLS 性能。着舰导引系统中的自动动力补偿系统(APCS)使飞机在低动压着舰状态下,有效地阻尼飞机长周期运动并使 $\Delta\gamma$ 对 $\Delta\theta$ 有快速精确跟踪能力。

建立在稳定轴系的飞机运动方程为:

$$\dot{u} = X_u u + X_w w - g\Delta\theta + X_{\Delta T}\Delta T \tag{6.17}$$
$$U_0\Delta\dot{\gamma} = -Z_u u - Z_w w - Z_{\Delta T}\Delta T \tag{6.18}$$

式中,u ,w 分别为飞机纵向与法向的速度变化;ΔT 为推力变化。与方程对应的结构图如图 6.7 所示。

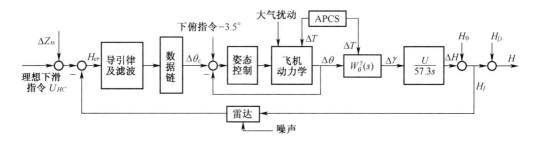

图 6.6　纵向自动着舰导引系统

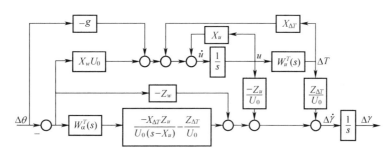

图 6.7　$\Delta\gamma$ 对 $\Delta\theta$ 的响应结构

当无动力补偿时 $\Delta T = 0$，以 $A-7E$ 舰载机为例，环节 $W_\theta^\gamma(s)$ 将有如图 6.8 曲线 1 所示的阶跃响应过程。由此可知，稳态后 $\Delta\gamma$ 仅跟随 $\Delta\theta$ 的 10%。其原因是当姿态变化 $\Delta\theta$ 时，由于重力（g）的影响而引起的速度变化没有得到补偿，在更严重的低动压下，$W_\theta^\gamma(s)$ 将会出现负的稳态值。

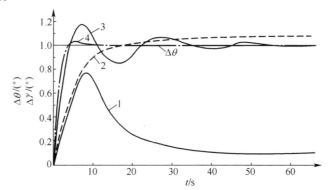

图 6.8　不同动力补偿 $W_\theta^\gamma(s)$ 动特性响应

6.3.1　保持速度恒定的动力补偿系统

为补偿重力影响，可采用速度恒定的 APCS，其推力控制律为

$$W_u^T(s) = \frac{k_E}{T_E s + 1} \cdot \frac{1}{T_{\delta_T} s + 1} \cdot \left[-K_T \frac{s + k_I}{s} \right] \tag{6.19}$$

式中，T_E 及 T_δ 分别为发动机及油门伺服器动特性时间常数。由图 6.7 可知，速度恒定的动力补偿相当于增加飞机的速度稳定导数 X_u，从而有效地抑制了由姿态变化（$\Delta\theta$）而引起的速度变化，改善了长周期运动阻尼。但速度稳定的动力补偿会出现由于 $Z_{\Delta T}$ 而引起

的 $\Delta\gamma$ 跟踪 $\Delta\theta$ 的静差：

$$\Delta\gamma_s = \left[Z_{\Delta T}\left(\frac{g}{U_o} - X_w\right)/Z_w X_{\Delta T} \right] \cdot \Delta\theta \qquad (6.20)$$

且 $W_\theta^\gamma(s)$ 有较长的动态响应时间(约20s)，如图6.8曲线2所示。

6.3.2 迎角恒定的动力补偿系统

迎角恒定的 APCS 的设计思想是由迎角的变化量 $\Delta\alpha$ 及其积分调节发动机推力 ΔT，使飞机在姿态控制时始终保持所设计的基准迎角 α_0，从而使 $\Delta\gamma$ 对 $\Delta\theta$ 有良好的跟踪响应。因此迎角恒定的动力补偿规律为

$$W_\alpha^T(s) = \frac{k_E}{T_E s + 1} \cdot \frac{1}{T_{\delta_T} s + 1} \cdot \left[\frac{k_\alpha}{T_\alpha s + 1} + \frac{k_{\alpha I}}{s} \right] \qquad (6.21)$$

由图6.7可知，$W_\alpha^T(s)$ 与 Z_w 并联，它相当于增加了飞机表征机动能力的气动导数 Z_w，从而加速了 $\Delta\gamma$ 对 $\Delta\theta$ 的响应过程。因此这种形式的动力补偿系统也称为轨迹响应增强器。此时 $W_\theta^\gamma(s)$ 将有如下形式：

$$W_\theta^\gamma(s) = A_{\theta\gamma}(T_{\theta 1}s + 1)/(T_{\theta\gamma}^2 s^2 + 2\zeta_{\theta\gamma}T_{\theta\gamma}s + 1) \qquad (6.22)$$

式中

$$A_{\theta\gamma} = 1 + \frac{gZ_u}{U_o} \cdot \frac{1}{(X_u Z_w - X_w Z_u) + W_\alpha^T(s)(X_u Z_{\Delta T} - X_{\Delta T}Z_u)} \qquad (6.23)$$

$$\zeta_{\vartheta\gamma} = \frac{-[X_u + Z_w + W_\alpha^T(s)Z_{\Delta T}]}{2\sqrt{X_u Z_w - X_w Z_u + W_\alpha^T(s)(X_u Z_{\Delta T} - X_{\Delta T}Z_u)}} \qquad (6.24)$$

由式(6.23)及式(6.24)可知，$W_\alpha^T(s)$ 使 $W_\theta^\gamma(s)$ 出现动态响应加快但阻尼不足的响应过程，如图6.8的曲线3所示。为增加阻尼，在油门控制律中引入法向加速度反馈信息 Δa_z，使控制律为

$$\Delta\delta_T(s) = \frac{1}{T_{\delta_T} s + 1}\left[\left(\frac{k_\alpha}{T_\alpha s + 1} + \frac{k_{\alpha I}}{s} \right)\Delta\alpha + \frac{k_a}{T_a s + 1}\Delta a_z \right] \qquad (6.25)$$

式中，T_α、T_a 分别为相应传感器滤波时间常数；Δa_z 引入油门所构成的反馈相当于增加气动导数 X_u，从而使飞机具有阻尼良好的长周期运动模态。此时 $W_\theta^\gamma(s)$ 将有如图6.8曲线4所示的良好动态过程。

在轨迹机动时，舵的偏转使飞机姿态发生变化，但舵的作用也导致速度与迎角发生变化。为抑制舵偏转对飞行速度与迎角的影响，其有效途径是将舵的操纵信息 $\Delta\delta_e$ 引入油门，也即当舵向上偏转时($-\Delta\delta_e$)，飞机抬头，应使油门适当增大；反之当舵下偏时($+\Delta\delta_e$)油门适当减小。故最终的油门控制律为

$$\Delta\delta_T(s) = \frac{1}{T_{\delta_T} s + 1}\left[\left(\frac{k_\alpha}{T_\alpha s + 1} + \frac{k_{\alpha I}}{s} \right)\Delta\alpha + \frac{k_a}{T_a s + 1}\Delta a_z - k_{\delta_e}\Delta\delta_e \right] \qquad (6.26)$$

6.4 精确着舰导引综合控制技术

利用直接升力控制(DLC)可在不转动机身的状态下，获得迅速的高度纠偏及抑制风

扰动的效果。这正是着舰状态所期望的。故直接力控制成为实现高精度着舰导引系统的重要技术途径。

由飞机直接升力控制机 δ_F 参与的具有动力补偿的 ACLS 称为 DLC/APC/ACLS 综合控制系统,如图 6.9 所示。

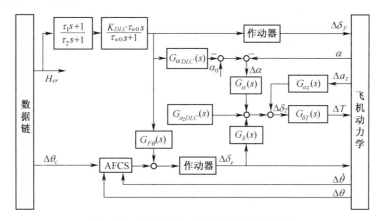

图 6.9　DLC/ADC/ACLS 综合控制系统

由着舰高度误差 H_{er} 通过相位超前网络及洗出网络的处理后进入直接力控制作动器以偏转 $\Delta\delta_F$,由直接力达到迅速纠正高度偏差的目的。为实现这一预期目的,必须由 $\Delta\delta_F$ 信息通过 $G_{Fe}(s)$ 修正水平尾翼的偏转量 $\Delta\delta_e$,通过 $G_{\alpha,DLC}(s)$ 修正配平迎角 α_0,通过 $G_{a_Z,DLC}(s)$ 修正油门控制量 $\Delta\delta_T$,从而由 $\Delta\delta_e$、$\Delta\delta_F$、$\Delta\delta_T$ 对飞机实现综合控制。下面简要阐述相位超前网络、洗出网络,以及 $\Delta\delta_F$ 至舵面和油门的各种修正的设计原理。

1. $G_{Fe}(s)$ 作用及设计

由于 $\Delta\delta_F$ 所产生的气动升力变化作用点与飞机重心不重合,因此由 $\Delta\delta_F$ 产生直接升力变化同时也将引起配平力矩的不平衡。故设置 $G_{Fe}(s)$,以修正舵的偏转量 $\Delta\delta_e$,求得力矩平衡。因此可在姿态不变的约束条件下求出 $\Delta\delta_{Fe}(s)$ 理论值。设约束条件为 $\Delta\ddot{\theta}=\Delta\dot{\theta}=\Delta\theta=0$,此时飞机动力学将为

$$\dot{u}=X_u u+X_w w+X_{\delta_e}\Delta\delta_e+X_{\delta_F}\Delta\delta_F \tag{6.27}$$

$$\dot{w}=Z_u u+Z_w w+Z_{\delta_e}\Delta\delta_e+Z_{\delta_F}\Delta\delta_F \tag{6.28}$$

$$M_u u+M_w w+M_{\dot{w}}\dot{w}+M_{\delta_e}\Delta\delta_e+M_{\delta_F}\Delta\delta_F=0 \tag{6.29}$$

由上述方程可得

$$G_{Fe}(s)=\frac{\Delta\delta_e(s)}{\Delta\delta_F(s)}=\frac{B(s)D-A(s)F(s)}{A(s)E(s)-B(s)C}=\frac{P(s)}{Q(s)} \tag{6.30}$$

式中,$A(s)$,$B(s)$,$E(s)$,$F(s)$,C,D 均与着舰状态的气动导数有关。工程设计时可对 $G_{Fe}(s)$ 理论值进行简化处理。

2. $G_{\alpha,DLC}(s)$ 的作用及设计

在 $\Delta\delta_F$ 作用下所得的升力变化会引起航迹倾斜角 $\Delta\gamma$ 的变化,当姿态不变时则引起迎角的变化 $\Delta\alpha_s$。而动力补偿系统的工作又力图使迎角保持不变,为解决这一矛盾,应如图 6.9 所示,使 $\Delta\alpha_s$ 不引起油门的工作。亦即以 $\Delta\alpha_s$ 调整配平迎角 α_0。

181

由式(6.27)~式(6.30),可得 $\Delta\delta_F$ 而引起的 $\Delta\alpha_s(s)$:

$$G_{\alpha,DLC}(s)=\frac{\Delta\alpha_s(s)}{\Delta\delta_F(s)}=\frac{CP(s)+DQ(s)}{U_0Q(s)A(s)} \tag{6.31}$$

同理,工程设计时对上式亦应进行简化处理。

3. $G_{a_Z,DLC}(s)$ 的作用及设计

在 $\Delta\delta_F$ 作用下(例如向下偏转),将引起负的法向加速度变化($-\Delta a_Z$),使高度 H 增加。但在动力补偿系统作用下,$-\Delta a_Z$ 将引起推力减小,飞机速度减小,从而抑制了 $\Delta\delta_F$ 而引起的高度响应。因此设置 $G_{a_Z,DLC}(s)$,以抵消由 $\Delta\delta_F$ 而引起的进入油门的 Δa_Z 值。亦即此时 APCS 将不对 $\Delta\delta_F$ 所引起的高度响应起阻尼作用。

4. 洗出网络的作用

当 $\Delta\delta_F$ 工作时,由图6.9可得如下关系:

$$\begin{cases} G_{a_Z,DLC}(s)\Delta\delta_F+\Delta a_Z G_{a_Z}(s)=0 \\ \Delta a_Z=\dot{W}_s \\ \Delta\alpha_s=W_s/U_0=G_{\alpha_Z,DLC}(s)\Delta\delta_F \end{cases} \tag{6.32}$$

所以

$$G_{a_Z,DLC}(s)=-U_0 s G_{a_Z}(s) G_{\alpha,DLC}(s) \tag{6.33}$$

由图6.9可知,当 $G_{Fe}(s)$、$G_{\alpha,DLC}(s)$、$G_{a_Z,DLC}(s)$ 同时作用下,可以认为 $\Delta\delta_F$ 引起的 $\Delta\ddot{\theta}$、$\Delta\dot{\theta}$、$\Delta\theta$、ΔT 及 u 均为零,因此

$$\begin{cases} \dot{w}=Z_w \cdot w+\left[Z_{\delta_E}G_{Fe}(s)+Z_{\delta_F}\right]\Delta\delta_F \\ \Delta a_Z=\dot{w} \end{cases} \tag{6.34}$$

由此可得

$$\frac{\Delta a_Z(s)}{\Delta\delta_F(s)}=\frac{s}{s-Z_w}[Z_{\delta_F}G_{Fe}(s)+Z_{\delta_F}] \tag{6.35}$$

因此可得出如下结论:Δa_Z 对 $\Delta\delta_F$ 的响应有自然洗出的特性,即 $\Delta\delta_F$ 进入稳态后,不再生成 Δa_Z,因此当高度误差 H_{er} 进入稳态后没有必要再偏转 $\Delta\delta_F$,为确保 $\Delta\delta_F$ 对动态 H_{er} 的工作权限,故在 δ_F 通道中设置洗出网络,当 H_{er} 稳态后使 δ_F 回中。一般取洗出网络的时间常数 $\tau_{\omega 0}=20$,仅使 $\omega\geqslant 0.05\mathrm{rad/s}$ 的动态信息通过。

5. δ_F 通道超前网络的设计

由 $\Delta\delta_F$ 引起的飞行高度变化为 ΔH,其传递函数为 $G_{\delta_F}^H(s)$,其值由下列方程推导可得

$$\begin{cases} \dfrac{\Delta H(s)}{\Delta a_Z(s)}=-\dfrac{1}{s^2} \\ \dfrac{\Delta a_Z(s)}{\Delta\delta_F(s)}=\dfrac{s}{s-Z_w}[Z_{\delta_e}G_{Fe}(s)+Z_{\delta_F}] \end{cases} \tag{6.36}$$

因此:

$$G_{\delta_F}^H(s)=\frac{\Delta H(s)}{\Delta\delta_F(s)}=\frac{-1}{s(s-Z_w)}[Z_{\delta_e}G_{Fe}(s)+Z_{\delta_F}] \tag{6.37}$$

由于 $G_{\delta_F}^H(s)$ 在 ACLS 工作频段 $0.2\sim 1\text{rad/s}$ 之间相位滞后 $120°\sim 170°$,故设置超前网络 $\dfrac{\tau_1 s+1}{\tau_2 s+1}$ 使在 $\omega=0.8$ 处约有 $40°$ 的相位提前。

K_{DLC} 值的选择应使 δ_F 工作在"邦邦"状态。从而使 δ_F 在工作极限范围内(如 $\pm 5°$)发挥最大工作效益。

图 6.10 表明,DLC/APC/ACLS 综合系统与一般的无 DLC 的基本系统相比,有较宽的闭环频率特性响应。在垂风阵风 $W_g=[5\cos(2\pi t)-5](\text{m/s})$ 作用下,DLC/APC/ACLS 综合系统显示出良好抑制垂风扰动效果。在 F-14A 上验证表明,在 10kn(5.1m/s)迎风干扰下,纵向轨迹偏离小于 10ft,下滑角最大偏离仅为 $\pm 0.8°$,下滑时最大姿态漂移小于 $2°$。

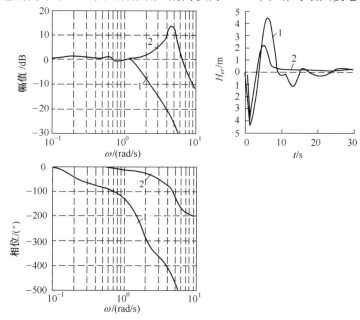

图 6.10　ACLS 频率特性
1—ACLS 基本系统;2—DLC/APC/ACLS 系统。

6.5　着舰导引律设计及电子噪声抑制

如图 6.6 所示的自动着舰导引系统,须进行导引律设计及对雷达测高信息中的电子噪声进行滤波。这是由舰上的中心计算机完成的,避免由电子噪声进入导引系统,引起舵面振动磨损。

若不考虑对电子噪声的抑制,采用常规的 PIDDD(比例、积分、微分、二次微分)导引律,此时姿态飞行控制系统所获得的姿态指令将为

$$\Delta\theta_c = K_0\left[K_P + \frac{K_I}{s} + K_D s + K_{DD}s^2\right]H_{er} \tag{6.38}$$

若已知飞行控制系统的频响特性 $G_{\Delta\theta_c}^{\Delta H}(s)$,则导引系统可在频率域内进行综合。一般要求导引系统 $W_{H_c}^H(s)$ 的开环截止频率 $W_c=0.4\text{rad/s}$ 左右,并有 $50°\sim 60°$ 相角裕度。这样

可决定式(6.38)中各系数。例如对某 ACLS,有
$$[K_P, K_I, K_D, K_{DD}, K_0] = [1.36, 0.13, 2.0, 0.5, 0.2]$$
图 6.11 为纵向着舰导引系统 $W_{H_c}^H(s)$ 的典型阶跃响应特性。

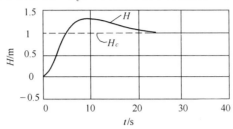

图 6.11　ACLS 典型的阶跃响应

采用如图 6.12 所示具有 $\alpha\text{-}\beta$ 滤波器的导引规律,对高频电子噪声的抑制有明显效果。

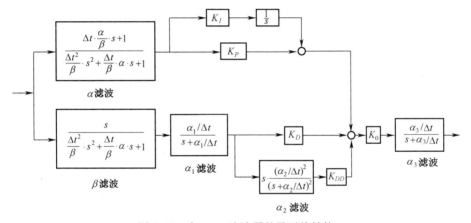

图 6.12　有 $\alpha\text{-}\beta$ 滤波器的导引律结构

$\alpha\text{-}\beta$ 滤波器实质上是离散卡尔曼滤波器的稳定解形式,它可在有噪声污染的雷达信息中估计出高度差及其微分信息:$H_{er}, \dot{H}_{er}, \ddot{H}_{er}$。其中的 $\alpha\text{-}\beta$ 滤波器是它们在时域中的等效传递函数。当选取滤波器的带宽 $w_n = 4\text{rad/s}$,阻尼 $\zeta = 0.6$,及采样周期 $T = 0.1\text{s}$ 时,可确定 $\alpha, \beta, \alpha_1, \alpha_2, \alpha_3$ 等值。经设计表明,具有 $\alpha\text{-}\beta$ 滤波器的 ACLS,展宽了导引系统频带,并对高频噪声有明显的抑制作用。但对含有中频(4.0rad/s)特性的雷达噪声的滤波效果仍不十分明显。

为解决加大 ACLS 频带宽度和抑制噪声的矛盾,可采用一种抑制雷达噪声的预处理器,如图 6.13 所示,由预处理器滤去雷达测高信息中的噪声,再将此信号与高度指令信号

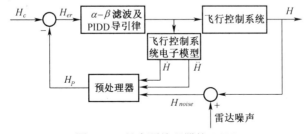

图 6.13　具有预处理器的 ACLS

进行比较,由此得到的无噪声污染的误差信号去进行导引律计算。

预处理器又称混合滤波器,它输入高度测量信号 H_{noise}、垂直速度信号 $\dot{H}$ 及垂直加速度信号 $\ddot{H}$,按下式获取高度估计信号 H_P:

$$H_P = \frac{H_{noise} + A\dot{H}(s) + B\ddot{H}(s)}{1 + As + Bs^2} \tag{6.39}$$

式中的 $\dot{H}(s)$ 及 $\ddot{H}(s)$ 由飞行控制系统电子模型提供,由于着舰状态飞机各气动参数基本不变,因此该数学模型较精确地成立。由式(6.39)表明,由于无噪声污染的 $\dot{H}(t)$、$\ddot{H}(t)$ 信息的提供,在相位上充分补偿了滤波器中由于 $\dfrac{1}{1+As+Bs^2}$ 所形成的相位滞后。滤波器中 A 与 B 参数的选择应考虑有良好滤波效果的同时,对大气紊流所引起的高度偏差信号能顺利通过,不影响 ACLS 对气流扰动的抑制。

抑制雷达噪声的又一途径是采用一种基于飞机动力学特性的跟踪滤波器,其设计思想是认为进场时飞机的 95% 的升力取决于如下计算式:

$$升力 = (C_{L_o} + C_{L_\alpha})\frac{1}{2}\rho V^2 S \tag{6.40}$$

测量当时的迎角 α 及速度 V,可实时计算出升力,再由式

$$\hat{\ddot{Z}} = (升力 - 重力)/飞机质量 \tag{6.41}$$

可实时估算垂直法向加速度 $\hat{\ddot{Z}}$,因此可估计出高度误差信息 $\ddot{Z}_e$、$\dot{Z}_e$。从而避开了直接对所测得含噪声的高度信号进行微分。据报导,这一措施可抑制 90% 以上的雷达噪声。

6.6　着舰导引系统对气流扰动的抑制

舰尾气流扰动是造成着舰导引误差,影响着舰安全的主要因素。飞行员甚至把接近舰尾的复杂气流扰动区称为进入"鬼门关"。

为有效地抑制气流扰动,除了采用前述的具有直接力的 DLC/APC/ACLS 综合控制以外,常采用以高度变化率 $\Delta\dot{H}$ 为主反馈的飞行控制系统 $\text{FCS}|_{\dot{H}}$,它在姿态飞行控制系统 $\text{FCS}|_{\theta}$ 的基础上构成,其控制律为

$$\Delta\delta_e(s) = \frac{-1}{T_\delta s + 1}\left[K_\theta\Delta\theta + K_{\dot{\theta}}\Delta\dot{\theta} + K_{\dot{H}}(\Delta\dot{H} - \Delta\dot{H}_c) + K_{\ddot{H}}\Delta\ddot{H}\right] \tag{6.42}$$

由于 $\Delta\dot{H} \doteq U_0\Delta\gamma$($U_0$ 为飞行速度),所以具有 $\Delta\dot{H}$ 主反馈飞行控制系统 $\text{FCS}|_{\dot{H}}$ 相当于对航迹倾斜角 γ 的控制,即直接控制飞机的飞行方向。由于 $\text{FCS}|_{\dot{H}}$ 对原姿态系统进行了 $\Delta\dot{H}$、$\Delta\ddot{H}$ 的反馈校正,展宽了飞行控制系统的频带,如图 6.14 所示,从而加快了 ACLS 的动态响应过程,对气流扰动有明显的抑制能力。

图 6.15 比较了两种不同的飞行控制系统所对应的 $\text{ACLS}|_{\theta}$ 及 $\text{ACLS}|_{\dot{H}}$ 对抑制气流扰动的能力。图中(a)、(b)表示在阶跃水平风及垂直风作用下的高度偏差;(c)、(d)为自由大气紊流 U_1 及 W_1 作用下的高度偏差。

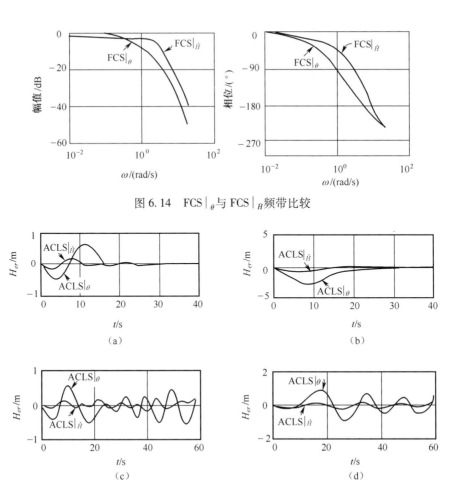

图 6.14 FCS$|_\theta$ 与 FCS$|_H$ 频带比较

图 6.15 ACLS$|_\theta$ 与 ACLS$|_H$ 抑制气流扰动比较

6.7 着舰导引甲板运动的补偿

航母在作 30kn 典型速度行驶,海浪及风作用于舰,将引起舰的俯仰、侧滚与偏航运动。在中等海况下仅对纵向而言可以使航母的预期降落点产生大约 10ft 的垂直偏差。由于雷达测量信息被数据稳定装置稳定,所测高度为飞机惯性空间高度,它不敏感舰的甲板运动,因此为了使着舰飞行轨迹随甲板的起伏而起伏,必须将稳定平台所敏感的甲板运动信息以如图 6.6 所示方式,在着舰前约 12.5s 加入到 ACLS 中。

纵向甲板运动 H_D 取决于期望降落点的垂直运动与俯仰运动。

$$H_D = Z_s - 0.5X_F\theta_s \tag{6.43}$$

式中,X_F 是期望降落点至舰尾的距离;Z_s 及 θ_s 为舰的沉浮与俯仰运动。

由于 ACLS 在有效工作频段 0.2~1.0rad/s 内存在相位迟后,因此必须将甲板运动信号经相位超前网络 $G_{DMC}(s)$ 处理后加入至 ACLS。设图 6.6 所示的 ACLS 闭环传递函数为 $G_{H_c}^H(s)$,则欲达到理想甲板运动补偿,必须有

$$G_{DMC}(j\omega)G_{H_c}^H(j\omega)\big|_{\omega=0.2\sim1} = 1 \tag{6.44}$$

但要寻求 $G_{DMC}(j\omega) = \dfrac{1}{G_{H_c}^H(j\omega)}$ 无实际意义,因为它将是高阶相位超前网络,一般 $G_{DMC}(s)$ 具有如下形式:

$$G_{DMC}(s) = \frac{1.5s^3 + 2.88s^2 + 2.15s + 1}{0.0016s^4 + 0.032s^3 + 0.24s^2 + 0.8s + 1} \tag{6.45}$$

图 6.16 为自动着舰导引系统有无 $G_{DMC}(s)$ 补偿网络时 ACLS 对作正弦起伏的甲板运动的仿真响应。仿真表明,经甲板运动相位提前补偿后,飞行轨迹基本实现与甲板运动同步。

但仅采用甲板运动补偿技术,难以消除飞机对甲板运动跟踪的相位差,因此可采用甲板运动预估技术,将甲板运动补偿信息提前加入。

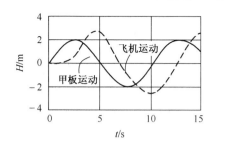 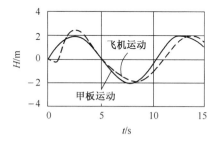

(a) 无 $G_{DMC}(s)$ 时 ACLS 对甲板运动跟踪响应　　(b) 有 $G_{DMC}(s)$ 时 ACLS 对甲板运动跟踪响应

图 6.16　$G_{DMC}(s)$ 的补偿作用

6.8　侧向着舰导引系统

6.8.1　侧向着舰导引运动学及飞机动力学

为阐明侧向自动着舰导引系统基本原理与结构配置,须导出飞机相对于舰的运动几何,即运动学,如图 6.17 所示。图中 O_s 为飞机着舰点,V_s 为舰前进运动的速度,它相对于舰体甲板中心线的夹角约为 $11°$,U 为飞机飞行速度。$O_sX_sY_s$ 为水平面内舰的惯性测量系,它相对于舰甲板运动是稳定的。所以 O_sX_s 也称稳定的测量轴,它是由雷达天线测量轴经稳定装置稳定后实现。$O_sX_{sp}Y_{sp}$ 为固连于舰体甲板水平面内舰体坐标系。$O_aX_aY_a$ 为飞机稳定机体轴系。O_aX_g 属地球坐标系。设 X_g 平行于 X_{sp},且飞机作无侧滑飞行($\beta=0$),即飞机的偏航角 ψ 与航迹偏转角 χ 由于侧向协调控制而始终一致,即 $\psi=\chi$。

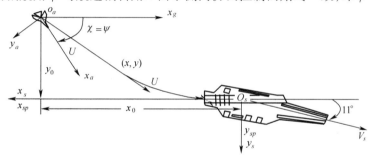

图 6.17　侧向着舰运动学

由图 6.17 可知,飞机相对于舰的侧向位移 y 的变化率为

$$\dot{y} = U\sin\psi - V_s\sin 11° \quad (6.46)$$

由于机头基本对准跑道中间线,故 ψ 较小,因此

$$\dot{y} = U\psi - V_s\sin 11° \quad (6.47)$$

经拉普拉斯变换后可得

$$y(s) = \frac{1}{s}(U\psi - V_s\sin 11°) + y_0 \quad (6.48)$$

式中,y_0 为飞机相对于舰测量轴的水平起始侧向偏离,同理,由于飞机相对于舰的距离 x 变化率为

$$\dot{x} = V_s\cos 11° - U\cos\psi \quad (6.49)$$

由于无侧滑飞行,故可得飞机相对于 $O_sX_sY_s$ 坐标系中的位移 x 的拉普拉斯变换式:

$$x(s) = x_0 - \frac{1}{s}\left[V_s\cos 11° - U\cos\chi \right] \quad (6.50)$$

飞机侧向运动动力学线性化小扰动方程为

$$\begin{cases} \dot{\chi} = -y_\beta\beta - y_{\delta_r}\delta_r - y_\phi\phi \\ \dot{p} = -L_\beta\beta - L_p p - L_r r - L_{\delta_a}\delta_a - L_{\delta_r}\delta_r \\ \dot{r} = -N_\beta\beta - N_p p - N_r r - N_{\delta_r}\delta_r - N_{\delta_a}\delta_a \end{cases} \quad (6.51)$$

式中,χ、p、r、β、ϕ、δ_a、δ_r 分别为以增量形式给出的飞机航迹偏转角、绕纵轴转动角速度、绕立轴转动角速度、侧滑角、滚动角、副翼舵及方向舵偏转角。

6.8.2 基本侧向自动着舰导引系统的构成

基本侧向着舰导引系统是指无侧向甲板运动,此时舰体坐标系 $O_sX_{sp}Y_{sp}$ 与稳定测量坐标系 $O_sX_sY_s$ 重合。即测量轴也精确地跟踪了甲板中心线 O_sX_{sp}。故侧向导引系统具有如图 6.18 所示的结构。

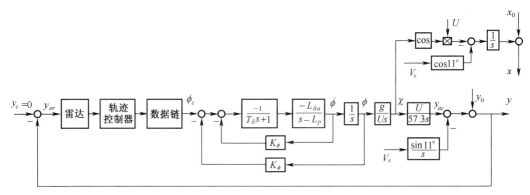

图 6.18 基本侧向着舰自动导引系统

侧向导引系统基本要求是使飞机沿着甲板中心线飞行,实现侧偏 $y_c = 0$。若飞机有侧向偏移(如起始侧偏 y_0),则被雷达测量轴感受后,形成误差信号 y_{er},经导律处理,由数据链发送至飞机,机上的横滚姿态飞行控制系统接收该指令后,不断操纵飞机,修正航迹

188

角 χ，以最终消除侧偏 y。飞机的方向舵通道执行转弯协调控制，以实现无侧滑飞行，并达到抗侧风扰动的目的。其基本控制律为

$$\delta_r = \frac{1}{T_\delta s+1}\left[\left(r-p\alpha_0\right)K_r\,\frac{\tau s}{\tau s+1}-K_\beta\beta\right]+K_{ari}\delta_a \tag{6.52}$$

引入 $(r-p\alpha_0)$ 信息至方向舵，相当于使飞机绕飞行速度轴进行滚转，以消除由于着舰状态迎角 α_0 较大而产生的 $\dot\beta$；引入副翼方向舵交联信息 $K_{ari}\delta_a$，以力图消除由 δ_a 而引起的侧滑；引入侧滑角反馈信息 $K_\beta\beta$ 以增加航向静稳定，增加荷兰滚频率，并以闭环修正形式最终消除 β。

类似于纵向 ACLS 的导引律及 α-β 滤波器设计，侧向导引系统的导引律为

$$\phi_c = \left(K_y+K_{yd}s+K_{yi}\frac{1}{s}\right)y_{er}(s) \tag{6.53}$$

6.8.3　侧向甲板运动补偿技术

侧向 ACLS 的甲板运动补偿技术，用于补偿海浪等因素导致甲板中心线偏移而引起的着舰侧向偏差。图 6.19 为甲板运动补偿状态时的侧向着舰几何。

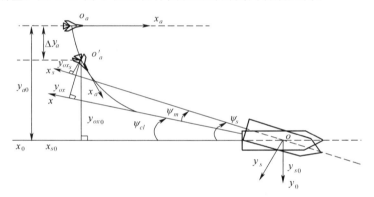

图 6.19　甲板运动补偿时着舰几何

侧向 ACLS 导引功能是使飞机沿雷达测量轴 ox 着舰，使 y_{ox} 为零。故要求测量轴 ox 与甲板中心线 ox_s 严格重合。为减小飞机不必要的机动，ox 对 ox_s 的跟踪只有当飞机接近母舰约 0.5n mile 时，才设置这一跟踪状态。ψ_m 为 ox 跟踪 ox_s 时的动态误差。

侧向甲板运动补偿技术体现为如下三个方面：

（1）设置测量轴对甲板中心线的跟踪

ox 对 ox_s 的跟踪策略为：要求 ox 轴的跟踪速率 $\dot\psi_{cl}$ 正比于跟踪误差 ψ_m，如图 6.20 所示。另外，随着飞机接近母舰，要求提高跟踪速率，故设置比例系数 K。将 K 的变化域定为 $(0\sim1)$，且从 10km 开始，K 按指数形式随 X 的减小而增加。

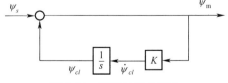

图 6.20　测量轴跟踪策略

（2）建立甲板运动跟踪状态下的导引结构图

设 y_{ox_o} 为无甲板运动时飞机相对于测量轴 ox 的侧偏，y_{ox_s} 为飞机相对于甲板中心线 ox_s 的侧偏，$x(t)$ 为飞机离母舰着舰点水平距离。则由图6.19可知：

$$y_{ox} = (y_{ox_0} - x\tan\psi_{cl})\cos\psi_{cl} \tag{6.54}$$

也即

$$y_{ox} = y_{ox_0}\cos\psi_{cl} - x\sin\psi_{cl} \tag{6.55}$$

由于通常 $\psi_{cl} \leqslant 0.7°$

故

$$y_{ox} = y_{ox_0} - x \cdot \psi_{cl} \tag{6.56}$$

同样

$$y_{ox_s} = (y_{ox_o} - x\tan\psi_s)\cos\psi_s \tag{6.57}$$

$$y_{ox_s} = y_{ox_0} - x \cdot \psi_s \tag{6.58}$$

因此可建立如图6.21所示的甲板运动补偿导引系统仿真模型。

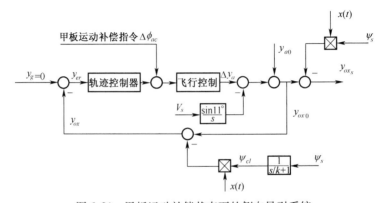

图6.21　甲板运动补偿状态下的侧向导引系统

（3）甲板运动补偿指令模型的建立

侧向甲板运动补偿的基本思想是：给飞机增加一横滚指令 $\Delta\phi_{ac}$，使该指令所产生的飞机侧偏速率 $\Delta\dot{y}_a$ 等于测量轴 ox 跟踪甲板中心线 ox_s 时所对应的侧偏速率 $\Delta\dot{y}_{cl}$。

由飞机运动学，对应滚转补偿指令 $\Delta\phi_{ac}$ 所产生的相应航迹偏转角及侧偏速率为

$$\Delta\chi \approx \frac{g}{V_0 s} \cdot \Delta\phi_{ac}, \quad \Delta\dot{y}_a = V_0\Delta\chi \tag{6.59}$$

所以

$$\Delta\dot{y}_a = \frac{g}{s} \cdot \Delta\phi_{ac} \tag{6.60}$$

而此时，ox 轴跟踪 ox_s 所产生的侧偏速率为

$$\Delta\dot{y}_{cl} = \frac{\mathrm{d}(x \cdot \psi_{cl})}{\mathrm{d}t} = \dot{x}\psi_{cl} + x\dot{\psi}_{cl} \tag{6.61}$$

根据甲板运动补偿设计思想，应使 $\Delta\dot{y}_a = \Delta\dot{y}_{cl}$，故可得

$$\Delta\phi_{ac} = \frac{1}{g} \cdot [\ddot{x}\psi_{cl} + 2\dot{x}\dot{\psi}_{cl} + x\ddot{\psi}] \tag{6.62}$$

因飞机以恒定速度着舰,而母舰速度也假设为恒定,故令 $\ddot{x} \approx 0$,所以,最终的甲板运动补偿指令将为

$$\Delta\phi_{ac} = \frac{1}{g}\left[x\ddot{\psi} + 2\dot{x}\dot{\psi}_{cl} \right] \tag{6.63}$$

图 6.22 为获得 $\Delta\phi_{ac}$ 指令模型的实现结构图。为证实甲板运动补偿指令 $\Delta\phi_{ac}$ 的有效性,应对图 6.21 所示的系统进行如下仿真:在离舰 0.5n mile 之前,无甲板运动补偿,测量轴 OX 稳定。Ψ_{cl} 与 φ_s 重合。仿真时令起始偏离 y_{ao} 为 -10m,当 $X = 0.5\text{n mile}$ 时,加入甲板运动信息 $\Psi_s(\text{度}) = 0.5\sin(0.7t)$。仿真结果如图 6.23 所示。曲线 1 为无 $\Delta\phi_{ac}$ 时的 ACLS 特性,曲线 2 为加入补偿信息 $\Delta\phi_{ac}$ 后的 ACLS 响应曲线。仿真表明,ACLS 侧偏误差 y_{er} 在补偿指令作用下明显减小。证实补偿指令模型的正确性。

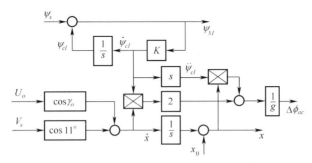

图 6.22　侧向甲板运动补偿指令仿真模型

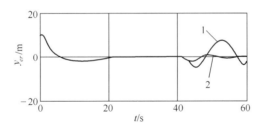

图 6.23　侧向 ACLS 甲板运动补偿效果仿真

思 考 题

1. 简述全天候着舰导引系统的模态组成及其着舰过程。
2. 简述舰载机着舰环境,并分析舰载机着舰的关键技术难题。
3. 分析着舰过程中雷达噪声特性及其抑制策略分析。
4. 分析基于 $\dot{H}$ 的舰尾流抑制控制律结构,简述其提高舰尾流抑制效果的物理原因。
5. 简述纵向甲板运动补偿指令设计原则,思考甲板运动预测方法。
6. 简述侧向甲板运动补偿指令设计过程。

第7章　推力矢量控制的着舰综合控制

7.1　推力矢量控制技术的发展

推力矢量技术的概念最早形成于20世纪40年代,当时德国在V2火箭上使用的石墨燃气舵就是早期推力矢量控制技术的雏形。所谓推力矢量控制是指飞机的推力系统,除了为飞机提供前进动力外,还能在飞机的俯仰、偏航、滚转和反推力方向上单独或同时提供发动机内部推力,用以部分或者全部取代飞机的常规操纵面,或替代其他装置所产生的外部气动力,以达到对飞行进行控制的目的,也就是把发动机的推力矢量化。随着美德合作研制的 X－31 验证机和俄罗斯的 SU－37 战斗机在法国巴黎和英国范堡罗航展上的公开亮相和成功表演,推力矢量控制技术已成为各国航空界的关注焦点。目前,美国和俄罗斯在推力矢量技术领域的研究水平最高,以色列和欧洲一些国家也已投入大量技术力量和经费开展推力矢量技术的研究。作为第四代战斗机标准技术之一的推力矢量飞行控制技术能够极大地改善战斗机的性能,例如,使战斗机具有过失速机动能力,增强飞机双发高速熄火时的恢复能力,提高战斗机的机敏性,改善战斗机起飞和着陆性能等。

7.2　推力矢量控制在舰载机着舰技术中的应用

众所周知,舰载飞机的着舰环境十分恶劣,它必须着落在相当于陆基飞机 1/10 长的跑道上,而且着舰点纵向的散布误差必须小于12m。同时,为了减小着舰时与航母甲板的啮合速度,飞机需降落在以 30kn 典型速度逆风行驶的航母上,加之海浪的作用,舰体将作三自由度偏摆及垂直起伏,从而导致飞机的预期降落点为三维空间的活动点,此外,飞机还要受到大气扰动的影响,这些因素都将直接影响舰载机着舰的准确性与安全性。

由于采用推力矢量控制技术能够极大地提高飞机的作战效能与生存力,因此它已成为设计未来战斗机的基本要求和标准技术,是目前航空界研究和发展的热点。为了加快我国海军装备现代化,有必要对推力矢量技术在舰载机中的应用进行研究。目前,用于垂直起落(VTOL)飞机的巡航升力涡轮风扇发动机技术已日趋成熟,这种发动机具有推力偏转装置,其推力矢量方向可绕发动机中心线转动,最大转角可达90°。因此,本章将致力于研究采用推力矢量控制技术以改善舰载机的着舰性能。

本章首先基于推力矢量飞机的物理特性及已有的某型舰载飞机的数学模型(本章称基本飞机),建立了可供研究的推力矢量飞机动力学模型,接着对所建立的推力矢量飞机进行进场速度、下沉速率的仿真验证,以检验所建立的模型的正确性;然后针对所建立的推力矢量飞机,开发了具有自动进场动力补偿(APC)功能,并基于姿态(θ)控制的自动着

舰导引系统（ACLS）（本章简称 $ACLS\big|_{\Delta\theta_c}^{APC}$），以及具有姿态保持、进行油门推力大小（$\Delta T$）控制的 ACLS（本章简称 $ACLS\big|_{\Delta T_c}^{\Delta\theta=0}$），并将以上两种由推力矢量控制的 ACLS 模态与具有进场动力补偿、基于姿态控制的一般飞机的 ACLS（本章称 $ACLS\big|_{base}$）进行性能对比，以证实推力矢量飞机着舰导引的优良动特性。本章还重点研究了含推力矢量控制的舰载机的抗风性能以及复飞性能，并以仿真证实推力矢量飞机的优良抑风性能与复飞性能。本章最后对最优推力矢量角的选择问题进行了讨论，并得出推力矢量角 $\delta_0 = 45°$ 为最优的结论。

7.3　推力矢量飞机的数学模型及特性验证

7.3.1　推力矢量飞机的动力学模型的建立

在着舰状态下，加装具有俯仰推力涡扇发动机的推力矢量飞机，其工作状态如图 7.1 所示。

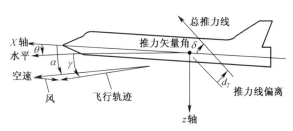

图 7.1　推力矢量飞机工作状态

图中，θ 为姿态角，α 为迎角，γ 为对地的航迹倾斜角，δ_0 为推力矢量角，d_T 为推力到飞机重心的距离。首先列出建立在机体坐标系上的推力矢量飞机小扰动动力学方程：

$$\begin{cases} \Delta\dot{u} = X_u(\Delta u - u_g) + X_w(\Delta w - w_g) - g\Delta\theta + X_{\delta e}\Delta\delta_e + X_{\Delta T}\Delta T \\ \Delta\dot{w} = U_0\Delta\dot{\theta} + Z_u(\Delta u - u_g) + Z_w(\Delta w - w_g) + Z_{\delta e}\Delta\delta_e + Z_{\Delta T}\Delta T \\ \Delta\ddot{\theta} = M_u(\Delta u - u_g) + M_w(\Delta w - w_g) + M_{\dot{w}}\Delta\dot{w} + M_q\Delta\dot{\theta} + M_{\delta e}\Delta\delta_e + M_{\Delta T}\Delta T \\ \Delta\gamma = \Delta\theta - \Delta\alpha \\ \Delta\alpha = (\Delta w - w_g)/U_0 \end{cases} \quad (7-1)$$

式中，U_0 为着舰时基准配平速度；g 为重力加速度；Δu、Δw 分别为速度变化量在机体轴坐标系 X 轴及 Z 轴方向分量；u_g，w_g 分别为气流扰动在上述两轴方向的分量；$\Delta\delta_e$ 为升降舵偏转角；ΔT 为发动机推力变化，其他未加说明的符号为飞机的气动参数。方程中的 $Z_{\Delta T}\Delta T$、$M_{\Delta T}\Delta T$，体现了推力矢量对飞机纵向动力学特性的影响，以此改善着舰性能。

图 7.2 是控制量为 $\Delta\delta_e$、ΔT，扰动量为 u_g、w_g，与式（7.1）对应的飞机纵向动力学仿真结构图。

由图 7.1 可知，采用推力矢量技术，飞机的一部分重量由发动机推力支撑，因此可减小机翼产生的升力，从而可减小飞机配平进场速度。显然，推力矢量角 δ_0 越大，飞机配平进场速度会越小。因此首先应确定在不同推力矢量角时的飞机配平进场速度，并在此基

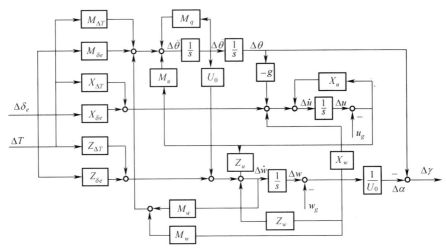

图 7.2 推力矢量飞机全面运动仿真结构

础上对飞机气动参数进行拟合计算。

处于配平进场飞行的基本飞机,其重力等于升力,即

$$W = 1/2\rho V_0^2 S C_{L0} \tag{7.2}$$

但对于推力矢量角为 δ_0 的推力矢量飞机,其重力可近似认为是升力与发动机推力的垂直分量之和:

$$W = 1/2\rho V_0'^2 S C_{L0}' + T\sin\delta_0 \tag{7.3}$$

由式(7.2),当已知飞机重量 W、大气密度 ρ、进场速度 V_0、机翼面积 S 时,即可求出升力系数 C_{L0}。由于飞机进场时保持迎角恒定,因此可认为 $C_{L0}' = C_{L0}$,因此由式(7.3),当已知发动机工作点推力 T、推力矢量角 δ_0,则可求出推力矢量飞机相应进场速度 V_0'。经计算,当 δ_0 工作在 $\delta_0 = 0°$,$20°$,$45°$,$70°$ 时,飞机的配平进场速度分别为 66.67m/s,64.56m/s,62.22m/s,60.69m/s。采用不同推力矢量角,可相应地减小进场配平速度。这正是着舰导引所期望的。

表 7.1 为本章基于气动导数定义及飞机的配平进场速度所导出的在不同推力矢量角下的飞机气动导数,从而最终得到推力矢量飞机的气动模型。

7.3.2 推力矢量飞机对推力变化的响应特性

舰载飞机所设置的推力矢量角 δ_0 不同时,飞机的下沉速率变化量 $\Delta\dot{H}$ 及飞行速度变化量 Δu 对油门 $\Delta\delta_T$ 的操纵量响应是不同的。对舰载机着舰导引而言,希望下沉率 $\Delta\dot{H}$ 对 $\Delta\delta_T$ 有灵敏的响应,而 Δu 对 $\Delta\delta_T$ 的响应应不明显。为了验证这一特性,构建了如图 7.3、图 7.4 所示的结构图。其中,图 7.3 为对基本飞机的验证结构图,图 7.4 为在不同 δ_0 时推力矢量飞机的验证结构图。图中 FCS$|_\theta$ 提供姿态保持,并具有如下经典控制律:

$$\Delta\delta_e = \frac{-20}{s+20}\left[K_\theta(\Delta\theta_c - \Delta\theta) - K_{\dot{\theta}}\Delta\dot{\theta}\right] \tag{7.4}$$

当油门 $\Delta\delta_T$ 作阶跃变化时,基本飞机及推力矢量飞机下沉速率 $\Delta\dot{H}$ 和进场速度 Δu 的变化如图 7.5 所示。

表 7.1 气动导数

δ_0	$X_{\delta e}$	X_w	$X_{\Delta T}$	X_u	Z_u	Z_w	$Z_{\dot w}$	$Z_{\delta e}$	$Z_{\Delta T}$	M_w	$M_{\dot w}$	M_u	M_q	$M_{\delta e}$	$M_{\Delta T}$
0°	1.223	-0.0838	0.0014	-0.086	-0.2434	-0.4762	0	-4.0224	0	-0.015	-0.0011	-0.000063	-0.246	-1.275	0
20°	1.147	-0.081	0.0013	-0.0836	-0.2357	-0.4918	0	-3.771	-0.00048	-0.01452	-0.0011	-0.000065	-0.238	-1.19	-0.000116
45°	1.065	-0.077	0.00098	-0.08	-0.2272	-0.5	0	-3.503	-0.00098	-0.0140	-0.0011	-0.000068	-0.230	-1.11	-0.000116
70°	1.009	-0.075	0.00048	-0.078	-0.2216	-0.5231	0	-3.333	-0.0013	-0.0137	-0.0011	-0.000069	-0.224	-1.05	-0.000116

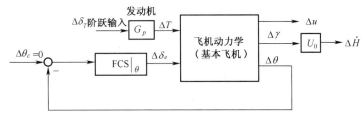

图 7.3 基本飞机对油门 $\Delta \delta_T$ 的响应

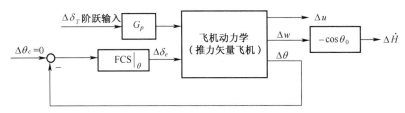

图 7.4 推力矢量飞机对油门 $\Delta \delta_T$ 的响应

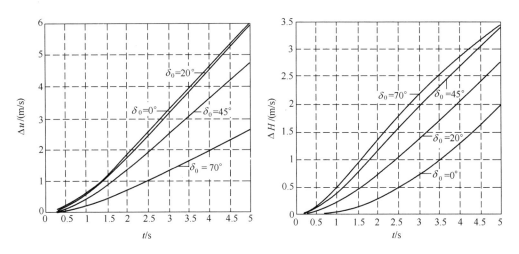

图 7.5 在姿态保持下,推力矢量飞机与基本飞机
在阶跃油门 $\Delta \delta_T$ 作用下的动态响应

其中,推力矢量角 $\delta_0 = 0°$ 为基本飞机,其他为不同 δ_0 时的推力矢量飞机。推力矢量飞机的 $\Delta \dot{H}$ 对 $\Delta \delta_T$ 的响应十分明显,同时还发现,当 $\delta_0 = 45°$ 时,应是最为合适的推力矢量偏转角,因此时 Δu 变化不明显,而 $\Delta \dot{H}$ 的变化十分显著。

7.4　推力矢量飞机自动着舰导引系统设计

为了阐明具有推力矢量飞机对着舰导引性能的改善,首先应给出一般飞机即基本飞机的着舰导引系统并阐述其所具有的性能。

7.4.1　基本飞机自动着舰导引系统

基本飞机的自动着舰导引系统($\text{ACLS}|_{base}$)如图 7.6 所示。它是通过具有自动动力

补偿状态下的姿态控制,不断纠正着舰高度偏差,以跟踪基准着舰轨迹。

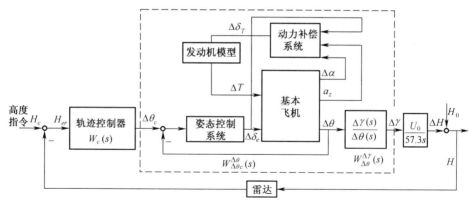

图 7.6　基本飞机 ACLS 结构图

$ACLS|_{base}$ 中的姿态控制系统 $FCS|_{base}$ 通常采用式(7.4)所示经典控制律,为进行 $ACLS|_{base}$ 的特性仿真验证,设计了 $\begin{bmatrix} K_\theta & K_{\dot{\theta}} \end{bmatrix} = \begin{bmatrix} 4.7 & 2.6 \end{bmatrix}$。

本章设计了迎角恒定($\Delta\alpha = 0$)的进场动力补偿系统,以实现飞机的轨迹角 $\Delta\gamma$ 快速、准确地跟踪姿态角的变化 $\Delta\theta$,其推力控制律为

$$\Delta T = G_p \left[K_\alpha (G_1 + G_2) \Delta\alpha + G_3 a_z + G_4 \Delta\delta_e \right] \tag{7.5}$$

式中,$G_1 = K_1/s$;$G_2 = \dfrac{K_2}{T_2 s + 1} = \dfrac{K_2}{0.35 s + 1}$;$G_3 = \dfrac{K_3}{T_3 s + 1} = \dfrac{K_3}{s + 1}$;$G_4 = \dfrac{-K_4 s}{T_4 s + 1} = \dfrac{-K_4 s}{2.3 s + 1}$;$K_\alpha = K_{\alpha 1} \dfrac{57.3}{U_0}$;

$G_P = \dfrac{K_P}{T_P s + 1} = \dfrac{1223.57}{s + 1}$。

以 $J = \displaystyle\int_{t_0}^{t_f} t \, |e(t)|^{3/2} \mathrm{d}t$(其中 $e(t) = \Delta\theta(t) - \Delta\gamma(t) = \Delta\alpha(t)$)为目标函数,经随机射线法寻优,可得 $\begin{bmatrix} K_1 & K_2 & K_3 & K_4 \end{bmatrix} = \begin{bmatrix} 0.042 & 0.55 & 0.85 & 5.38 \end{bmatrix}$。

在动力补偿系统作用下的姿态控制系统具有如图 7.6 中虚线部分所示的结构配置,图 7.7 显示了在 $\Delta\theta_c$ 阶跃作用下的姿态系统动特性。

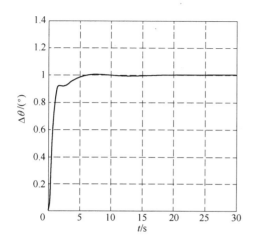
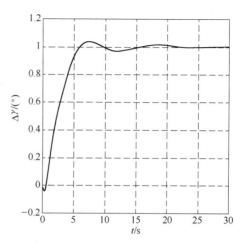

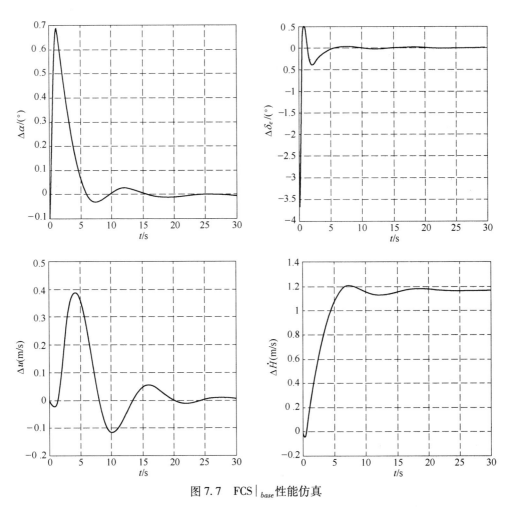

图 7.7 FCS$|_{base}$性能仿真

ACLS$|_{base}$中的轨迹控制器应完成对 ACLS$|_{base}$的制导律计算及雷达高度测量噪声的滤波,它通常由 P – I – D – DD 制导律及 α – β 滤波器组成,如图 7.8 所示。

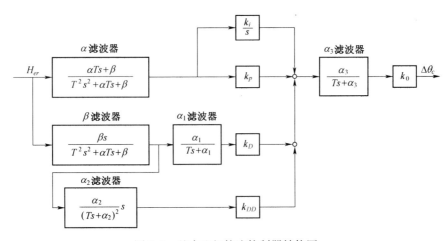

图 7.8　基本飞机轨迹控制器结构图

对 ACLS$|_{base}$进行综合设计,最终所完成的轨迹控制器参数为

$$\begin{bmatrix} k_i & k_p & k_D & k_{DD} & k_0 \end{bmatrix} = \begin{bmatrix} 0.131 & 1.36 & 1.45 & 3.31 & 0.009044 \end{bmatrix}$$

如图 7.6 所示的 ACLS$|_{base}$对单位阶跃高度指令及着舰导引基准下滑轨迹的响应如图 7.9 和图 7.10 所示,本章开发的 ACLS$|_{base}$的特性与国外文献报导相一致。

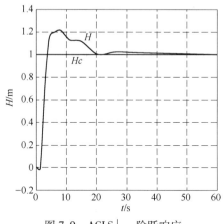

图 7.9　ACLS$|_{base}$阶跃响应　　　　图 7.10　ACLS$|_{base}$跟踪理想轨迹响应

7.4.2　推力矢量飞机自动着舰导引系统的开发研究

本章将开发具有工程应用意义的推力矢量工作状态下的 ACLS 两种工作模态:一是类似于基本飞机,以舵面进行姿态控制,实现轨迹控制目的,此时,以油门控制实现动力补偿,其 ACLS 基本配置与图 7.6 相同,只是控制对象是推力矢量角为 $\delta_0 = 45°$ 的飞机动力学,本章将该着舰导引系统称为 ACLS$\Big|_{\substack{APC \\ \Delta\theta_c}}$。二是控制油门推力 ΔT,产生直接法向力,实现高度轨迹跟踪控制,由舵面执行飞机姿态保持,称该导引系统为 ACLS$\Big|_{\substack{\Delta\theta=0 \\ \Delta T_c}}$。

7.4.2.1　推力矢量飞机着舰导引系统ACLS$\Big|_{\substack{APC \\ \Delta\theta_c}}$方案的设计研究

ACLS$\Big|_{\substack{APC \\ \Delta\theta_c}}$的基本结构配置如图 7.11 所示。

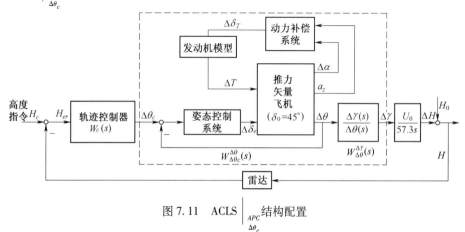

图 7.11　ACLS$\Big|_{\substack{APC \\ \Delta\theta_c}}$结构配置

199

首先对 $\text{ACLS}\Big|_{\substack{APC \\ \Delta\theta_c}}$ 中的姿态控制系统进行设计,由于采用迎角恒定的动力补偿,此时飞机动力学可仅考虑短周期运动模态,由表 7.1 飞机气动数据经推导可得

$$G^{\Delta\theta}_{\Delta\delta e}=\frac{-1.1138(s+0.4642)}{s(s^2+0.6701s+0.9884)} \tag{7.6}$$

经设计其相应经典控制律参数为: $[K_\theta \quad K_{\dot\theta}]=[7.5 \quad 5.4]$。

$\text{ACLS}\Big|_{\substack{APC \\ \Delta\theta_c}}$ 中的迎角恒定动力补偿系统的控制律如式(7.7)所示:

$$\Delta T=G_p[K_\alpha(G_1+G_2)\Delta\alpha+G_3 a_z] \tag{7.7}$$

并可通过与基本飞机动力补偿系统类似的参数寻优方法确定其参数: $[K_1 \quad K_2 \quad K_3]=[9.9 \quad 6.3 \quad 9.9]$。

对如图 7.11 虚线部分所示的 $\text{ACLS}\Big|_{\substack{APC \\ \Delta\theta_c}}$ 中的飞控系统进行在 $\Delta\theta_c$ 单位阶跃作用下的动特性仿真。图 7.12 表明由于推力矢量的作用,其动特性已明显优于一般基本飞机在动力补偿作用下的姿态系统性能。图中 $\delta_0=0°$ 表示基本飞机飞控系统的响应, $\delta_0=45°$ 表示推力矢量角为 45° 时的飞控系统响应。

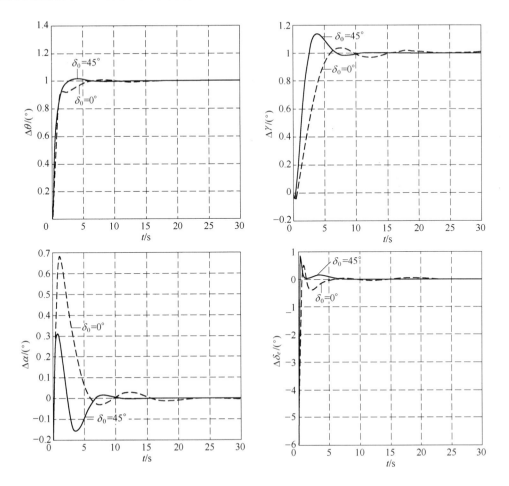

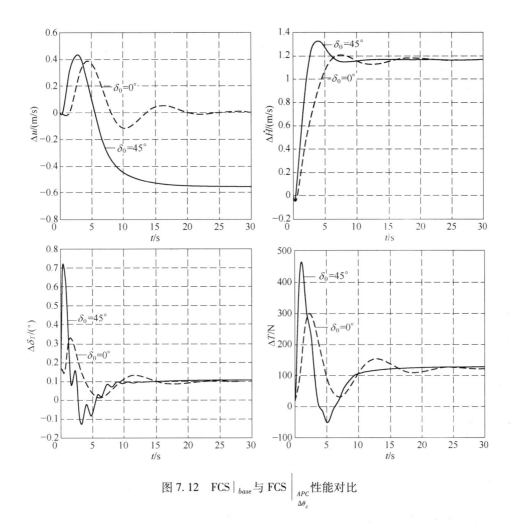

图 7.12 FCS$|_{base}$ 与 FCS$\left.\right|_{\substack{APC \\ \Delta\theta_c}}$ 性能对比

为验证 ACLS$\left.\right|_{\substack{APC \\ \Delta\theta_c}}$ 的优越性能,需在 FCS$\left.\right|_{\substack{APC \\ \Delta\theta_c}}$ 设计完成基础上,对导引律进行设计,采用与基本飞机确定导引律相类似的方法,可确定轨迹控制器参数为

$$\begin{bmatrix} K_i & K_p & K_D & K_{DD} & K_0 \end{bmatrix} = \begin{bmatrix} 0.15 & 1.01 & 0.62 & 0.0097 & 0.0032 \end{bmatrix}$$

图 7.13 为 ACLS$\left.\right|_{\substack{APC \\ \Delta\theta_c}}$ 在单位阶跃高度指令($H_c = 1\text{m}$)作用下的动特性响应,与 ACLS$|_{base}$ 相比显示出明显的快速跟踪响应的优越性。

图 7.14 为两种 ACLS 在着舰基准下滑轨迹作用下,高度跟踪误差 H_{er} 的比较曲线,高度动态跟踪误差 H_{er} 明显减少。

7.4.2.2 着舰导引系统的ACLS$\left.\right|_{\substack{\Delta\theta = 0 \\ \Delta T_c}}$方案设计研究

前节所述的 ACLS$\left.\right|_{\substack{APC \\ \Delta\theta_c}}$ 方案是通过控制姿态对飞机的下沉速率进行控制,以实现飞行轨迹的控制,而其中的油门自动补偿仅保证飞行轨迹角 $\Delta\gamma$ 对姿态的变化 $\Delta\theta$ 有良好的跟

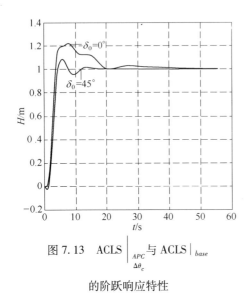

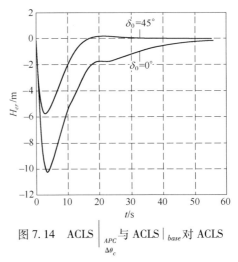

图 7.13 ACLS$\Big|_{APC}^{\Delta\theta_c}$ 与 ACLS$\big|_{base}$

的阶跃响应特性

图 7.14 ACLS$\Big|_{APC}^{\Delta\theta_c}$ 与 ACLS$\big|_{base}$ 对 ACLS

基准指令的响应误差比较

踪响应。由于推力矢量飞机存在垂直于飞机飞行轨迹的推力,因此可通过直接改变发动机推力,以改变轨迹法向力从而达到改变飞机的下沉速率的目的,亦即通过控制油门产生直接力,以直接产生使轨迹角 $\Delta\gamma$ 发生变化的法向加速度,在此思想指导下可设计得到 ACLS$\Big|_{\Delta T_c}^{\Delta\theta=0}$ 方案,其基本结构配置如图 7.15 所示。在 ACLS$\Big|_{\Delta T_c}^{\Delta\theta=0}$ 中,尽管油门推力的变化受发动机动力学滞后的影响,但它不再出现如 ACLS$\Big|_{APC}^{\Delta\theta_c}$ 那样由舵面控制,使飞机刚体转动从而改变迎角而产生的法向力的变化,而这一过程受飞机刚体转动惯性迟后的影响,而 ACLS$\Big|_{\Delta T_c}^{\Delta\theta=0}$ 不存在这一间接轨迹的动力学滞后控制过程。另外,为了使 ACLS$\Big|_{\Delta T_c}^{\Delta\theta=0}$ 控制有效,必须使飞机姿态保持,而这正是飞机着舰接近舰尾时所期望的。

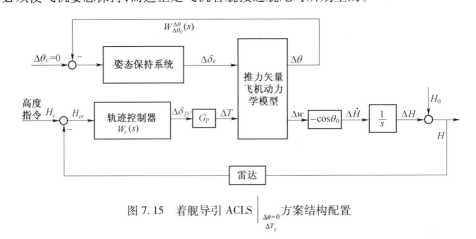

图 7.15 着舰导引 ACLS$\Big|_{\Delta T_c}^{\Delta\theta=0}$ 方案结构配置

应指出的是 ACLS$\Big|_{\Delta T_c}^{\Delta\theta=0}$ 方案的姿态保持系统 FCS$\big|_{\Delta\theta=0}$ 的设计,其控制对象因无动力

补偿,故需考虑如式(7.1)所示的推力矢量飞机全面运动动力学,由表7.1气动参数可求出 $\Delta\delta_e$ 与 $\Delta\theta$ 之间的近似传递函数:

$$G_{\Delta\delta_e}^{\Delta\theta} = \frac{-1.1135(s+0.5118)(s+0.03265)}{(s^2+0.05126s+0.03224)(s^2+0.6989s+0.9564)} \qquad (7.8)$$

运用常规经典设计,可得 $[K_\theta \quad K_{\dot\theta}]=[9.28 \quad 5.42]$。为了验证 $\text{ACLS}\Big|_{\substack{\Delta\theta=0\\\Delta T_c}}$ 方案设计思想的有效性,特设置如图7.16所示的结构配置。在姿态保持条件下,油门作阶跃变化,以校验对轨迹角 $\Delta\gamma$ 及下沉速率 $\Delta\dot{H}$ 的控制有效性。

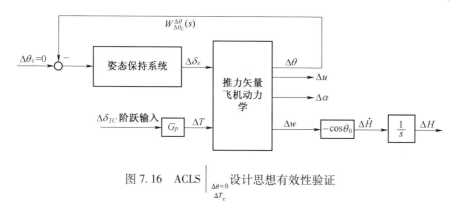

图7.16 $\text{ACLS}\Big|_{\substack{\Delta\theta=0\\\Delta T_c}}$ 设计思想有效性验证

图7.16的工作原理示意图如图7.17所示,它表明油门阶跃作用时,所产生的法向力增量 ΔT_1,使飞机产生 $\Delta\gamma$,从而使迎角减小 $\Delta\alpha$,形成升力的平衡,而切向力的增量 ΔT_2,与速度增加而引起的阻力增加量相平衡,由于飞机迎角减小,因此配平舵也应相应减小,故出现正的 $\Delta\delta_e$。动态仿真验证结果如图7.18所示。

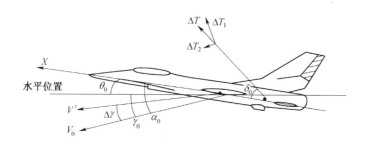

图7.17 图7.16对应系统的工作原理示意图

$\text{ACLS}\Big|_{\substack{\Delta\theta=0\\\Delta T_c}}$ 方案的导引律设计方法与基本飞机相类似,经综合可得导引律参数为 $[K_i$ $K_p \quad K_D \quad K_{DD} \quad K_0]=[0.32 \quad 4.17 \quad 15.1 \quad 5.26 \quad 0.019]$。对如图7.15所示的 $\text{ACLS}\Big|_{\substack{\Delta\theta=0\\\Delta T_c}}$ 进行 $H_c=1\text{m}$ 的阶跃作用下的动特性仿真,如图7.19所示,其清晰的物理过程及优良的动特性表明该方案是十分可取的。

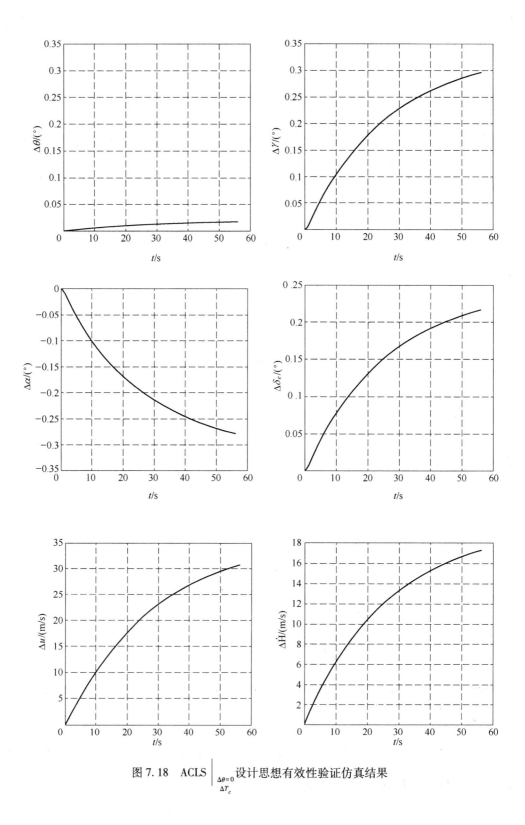

图 7.18　ACLS $\Big|_{\substack{\Delta\theta=0 \\ \Delta T_c}}$ 设计思想有效性验证仿真结果

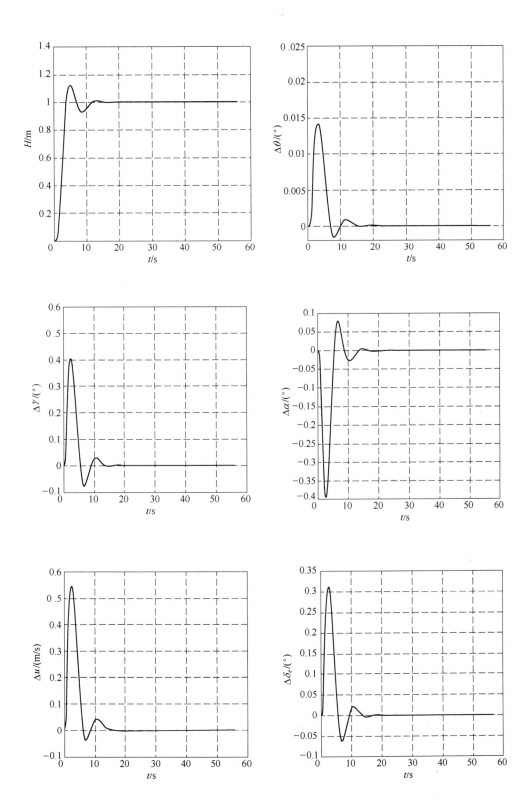

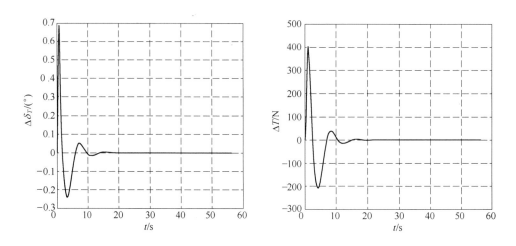

图 7.19 ACLS$\Big|_{\substack{\Delta\theta=0 \\ \Delta T_c}}$ 方案阶跃指令作用下的动特性响应

为进行综合比较,图 7.20、图 7.21 给出了 ACLS$\big|_{base}$、ACLS$\Big|_{\substack{APC \\ \Delta\theta_c}}$ 及 ACLS$\Big|_{\substack{\Delta\theta=0 \\ \Delta T_c}}$ 三种不同方案下的跟踪高度阶跃指令的响应及跟踪理想基准下滑轨迹的误差。由此可得出结论,由于采用了推力矢量技术,不论是 ACLS$\Big|_{\substack{APC \\ \Delta\theta_c}}$ 或 ACLS$\Big|_{\substack{\Delta\theta=0 \\ \Delta T_c}}$,其动态性能均优于 ACLS$\big|_{base}$。

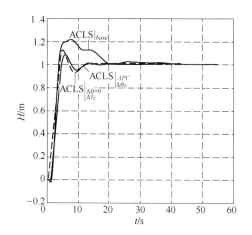

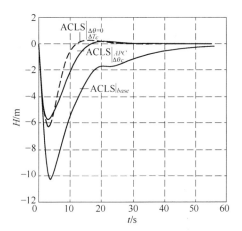

图 7.20 三种不同 ACLS 方案阶跃响应　　图 7.21 三种不同 ACLS 方案的动态跟踪
　　　　动特性对比　　　　　　　　　　　　　　　误差对比

7.5 推力矢量飞机自动着舰导引系统的抗风性能

飞机在着舰过程中最主要的误差来源是由于舰体运动所造成的气流扰动。美国着舰导引设计规范 AR－40 指出,飞机的着舰允许误差在垂直方向为 $H_{er}<0.3\mathrm{m}$,水平方向为

$L_{er} < 12.2\text{m}$,而舰尾大气扰动的存在,很容易使飞机的着舰误差超出此范围,故在未使用自动着舰导引系统前,飞行员常把接近舰尾的复杂气流扰动区称为"鬼门关"。足见其对飞机着舰成败的影响。因此,研究推力矢量飞机自动着舰导引系统的抗风性能具有十分重要的意义。

为了阐明推力矢量飞机自动着舰导引系统对抗风性能的改善,首先应分析基本飞机的着舰导引系统的抗风机理,其基本仿真结构图如图 7.22 所示。以垂直方向的阶跃风为例进行分析,当出现垂直向上的垂风扰动时,相当于飞机出现迎角扰动 $\Delta\alpha_d$,飞机迎角增加,升力增加,$\Delta\dot{\gamma}$ 增加,因此 $\Delta\ddot{H}$ 增加,$\Delta\dot{H}$ 增加,H_{er} 经过轨迹控制器产生负的 $\Delta\theta_c$,因此 $\Delta\theta$ 减小,在动力补偿系统作用下 $\Delta\gamma$ 减小,ΔH 减小,飞机高度误差被消除。具体仿真结果如图 7.23 所示。

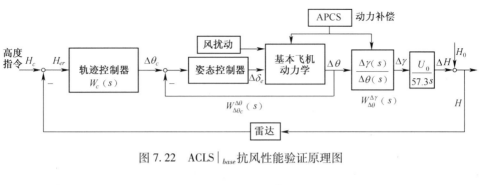

图 7.22　ACLS$|_{base}$抗风性能验证原理图

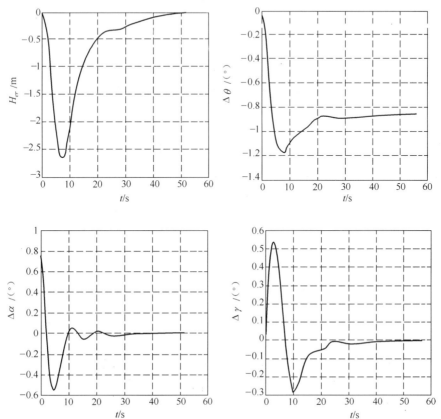

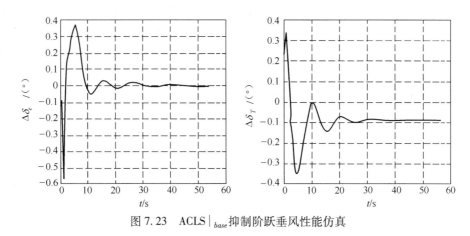

图 7.23   ACLS $\big|_{base}$ 抑制阶跃垂风性能仿真

ACLS $\big|_{\substack{APC \\ \Delta\theta_c}}$ 抗风性能验证的原理图与图 7.22 基本相同,唯一的区别就是将基本飞机动力学换为推力矢量飞机动力学。ACLS $\big|_{\substack{APC \\ \Delta\theta_c}}$ 的抗风原理为:当出现垂直向上的垂风扰动时,相当于飞机出现迎角扰动 $\Delta\alpha_d$,飞机迎角增加,升力增加,与此同时,在动力补偿系统作用下,发动机推力增加,垂直于飞行轨迹方向的法向力也增加,因此 $\Delta\dot{\gamma}$ 迅速增加,因此 $\Delta\ddot{H}$ 迅速增加,$\Delta\dot{H}$ 迅速增加,H_{er} 经过轨迹控制器产生负的 $\Delta\theta_c$,因此 $\Delta\theta$ 减小,在动力补偿系统作用下 $\Delta\gamma$ 减小,ΔH 减小,飞机高度误差被消除,具体仿真结果如图 7.24 所示。对上述过程的分析可看出,采用推力矢量技术后,存在垂直于飞机飞行轨迹的推力分量,因而 ACLS $\big|_{\substack{APC \\ \Delta\theta_c}}$ 比 ACLS $\big|_{base}$ 有更加优越的抑制风扰动性能。

图 7.25 为 ACLS $\big|_{\substack{\Delta\theta=0 \\ \Delta T_c}}$ 抗风性能验证原理图,当出现垂直向上的垂风扰动时,相当于飞机出现迎角扰动 $\Delta\alpha_d$,飞机迎角增加,升力增加,因此 $\Delta\dot{\gamma}$ 增加,$\Delta\ddot{H}$ 增加,$\Delta\dot{H}$ 增加,H_{er} 经过轨迹控制器产生负的 $\Delta\delta_{TC}$,使发动机推力 ΔT 减小,因此,垂直于飞行轨迹方向的法向力也减小,导致 $\Delta\ddot{H}$ 减小,$\Delta\dot{H}$ 减小,ΔH 减小,飞机高度误差被消除,具体仿真结果如图 7.26 所示。

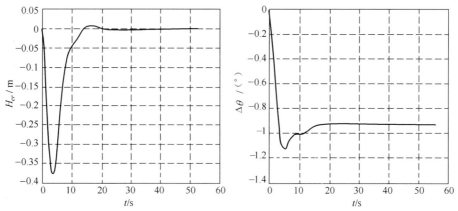

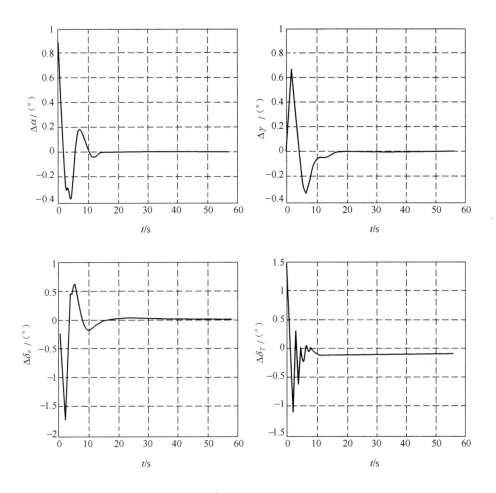

图 7.24 ACLS$\left.\right|_{APC}^{\Delta\theta_c}$抑制阶跃垂风性能仿真

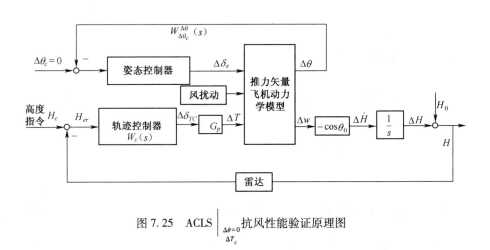

图 7.25 ACLS$\left.\right|_{\Delta\theta=0}^{\Delta T_c}$抗风性能验证原理图

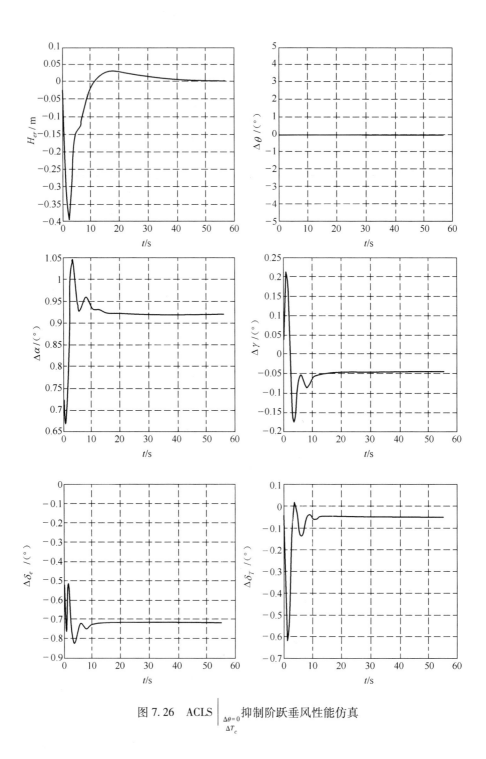

图 7.26 ACLS$\Big|_{\substack{\Delta\theta=0 \\ \Delta T_c}}$抑制阶跃垂风性能仿真

　　为了进一步说明推力矢量技术对 ACLS 抗风性能的影响,在 ACLS$\big|_{base}$,ACLS$\Big|_{\substack{APC \\ \Delta\theta_c}}$及

ACLS$\Big|_{\substack{\Delta\theta=0 \\ \Delta T_c}}$中加入阶跃垂风和阶跃水平风得到其高度误差对比曲线,如图 7.27 和图 7.28

所示。

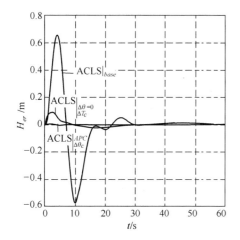

图 7.27　三种不同 ACLS 方案的抗水平
　　　　阶跃风仿真曲线

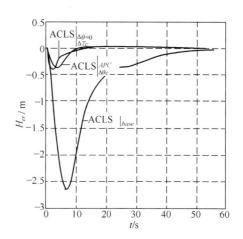

图 7.28　三种不同 ACLS 方案的抗垂直
　　　　阶跃风仿真曲线

"雄鸡尾流"是舰尾大气扰动的主要组成部分,它是由于航母迎风行驶时,空气从其平坦艉突流出而造成的,它是造成舰尾误差的主要因素,因此,还有必要验证推力矢量飞机自动着舰导引系统的抗雄鸡尾流扰动的性能。采用经典的仿真拟合方法(5 阶拟合)对雄鸡尾流进行数学建模,得到如图 7.29 所示的仿真结果。

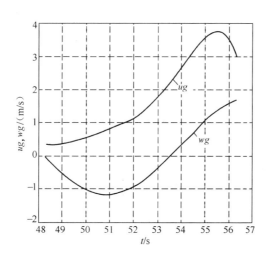

图 7.29　雄鸡尾流数学模型

为了验证推力矢量技术对 ACLS 抗雄鸡尾流能力的影响,分别在 $ACLS\mid_{base}$、$ACLS\mid_{\Delta\theta_c}^{APC}$ 及 $ACLS\mid_{\substack{\Delta\theta=0\\\Delta T_c}}$ 中加入雄鸡尾流的水平分量、垂直分量及垂直和水平分量,得到其高度误差,如图 7.30～图 7.32 所示,可以看出采用推力矢量技术后,飞机的抗风性能明显提高。

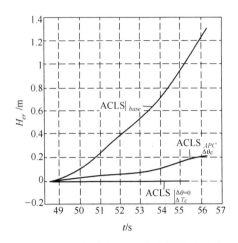

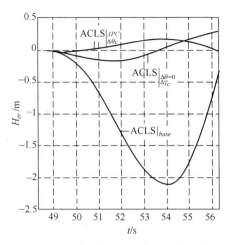

图 7.30 三种不同 ACLS 方案抗雄鸡尾流
水平分量性能对比

图 7.31 三种不同 ACLS 方案抗雄鸡尾流
垂直分量性能对比

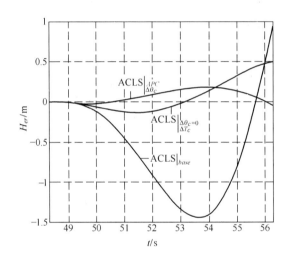

图 7.32 三种不同 ACLS 方案抗雄鸡尾流水平及垂直分量性能对比

7.6 推力矢量控制改善复飞性能

飞机在着舰过程中,由于飞行员误操纵或其它外界因素影响,经常会严重偏离给定下滑轨迹,此时,飞行员必须及时执行复飞任务(waveoff),为飞机再一次安全着舰做准备。而复飞事故产生的主要原因是由于飞行员不能很及时地执行着舰指挥官(LSO)发出的复飞指令,因此如果 LSO 能够提前发出复飞指令,很多事故即可避免。因此,有必要开发复飞决策系统,协助 LSO 进行复飞决策和管理,提高舰载机着舰安全。

为了研究推力矢量控制对飞机复飞性能的改善,必须首先定义复飞区及其边界。

7.6.1 复飞边界定义准则及复飞区

为了确定飞机的复飞区,本章参考有关规定,首先拟定求复飞区的三条准则:

（1）飞机复飞到达舰尾时,离甲板有3m的高度间隙,如图7.33所示。

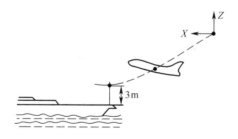

图 7.33　复飞边界定义准则示意图

（2）驾驶员对复飞信号的允许反应时间为0.7s。

（3）驾驶员在复飞操纵时仅使用发动机的军用推力控制。

在上述三条准则前提下,当飞机处在着舰纵向剖面中的某一位置(X_0,Z_0),并已知此时的速度V_0及下沉率H_0,基于飞机本身的动力学,则只有唯一的一条复飞轨迹,由复飞起始点所形成的空间区域即为复飞区。图7.34、图7.35即为满足复飞三条准则,在不同初始位置执行复飞的复飞轨迹以及在此基础上得到的复飞区。

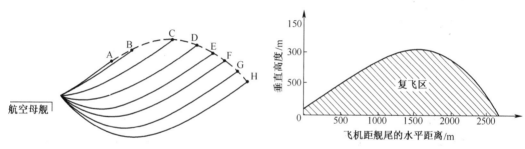

图 7.34　在某进场速度及下沉速率下,
满足复飞准则的一组复飞轨迹

图 7.35　与图7.34相对应的复飞区

7.6.2　推力矢量飞机与基本飞机复飞性能对比

与基本飞机相比,推力矢量飞机具有垂直于飞行轨迹的较大推力分量,可直接改变飞机飞行轨迹,快速纠正干扰下沉速率影响,明显改善飞机的复飞性能,在相同进场速度及干扰下沉速率情况下,推力矢量飞机的起始复飞位置比一般飞机更接近舰尾,因此,采用推力矢量技术可以减小飞机复飞区,减少不必要的复飞,改善飞机的复飞性能。

7.6.2.1　复飞轨迹的对比

为了求解飞机的复飞轨迹,应对复飞指令及发动机模型进行描述:

（1）由复飞边界定义准则可知,飞行员对复飞信号的响应时间为0.7s,因此飞行员对油门杆的操纵是在接到复飞指令0.7s后加入。

（2）将发动机模型定义为:$W_T(s)=\dfrac{\Delta T_{\max}}{\tau s+1}$,其中,$\Delta T_{\max}$为最大推力变化量,仿真时采用某型发动机,其最大军用推力为22225N,工作点推力为12446N,油门杆从额定工作状态到军用推力状态的变化量为 $10°$,发动机环节时间常数 τ 为1s。

本章基于飞机纵向小扰动动力学模型,分别建立了基本飞机与推力矢量飞机,求解复飞轨迹的结构框图,如图7.36、图7.37所示。图中 V_0、$\dot{H}_0$、X_0 及 H_0 分别为复飞起始值,由于复飞轨迹坐标系建立在以舰尾作为原点的动坐标上,因此,在解算复飞轨迹的结构图中考虑了船本身的运动速度 V_{ship}。

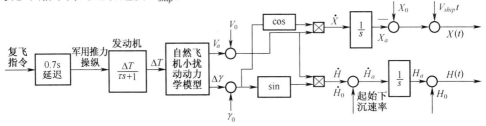

图7.36 基于基本飞机小扰动动力学求解复飞轨迹结构图

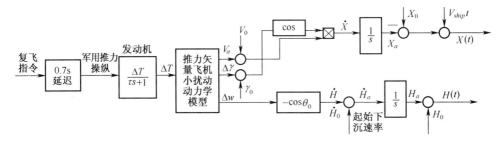

图7.37 基于推力矢量飞机小扰动动力学求解复飞轨迹结构图

图7.38为在相同初始条件下($V_0 = 62.22\mathrm{m/s}$, $\dot{H}_0 = -7.5\mathrm{m/s}$, $H_0 = 55\mathrm{m}$),推力矢量飞机与基本飞机的复飞轨迹。由比较可知,推力矢量飞机的复飞起始点距舰尾水平距离为400m,而基本飞机为730m。亦即在同样条件下,推力矢量飞机比基本飞机的起始复飞点更接近航母舰尾。而且复飞过程中,推力矢量飞机的高度损失也明显减少,飞机复飞性能明显改善。

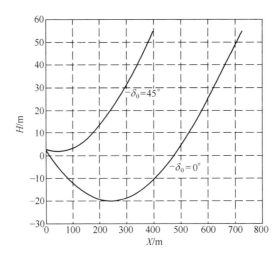

图7.38 推力矢量飞机与基本飞机复飞轨迹对比

7.6.2.2 复飞区的对比

复飞区是反映飞机复飞性能的另外一个重要因素,由基于飞机小扰动动力学复飞决策系统的工作原理可知,复飞区范围减小可使飞机的复飞次数减少,以避免不必要的复飞,因此本章还对基本飞机与推力矢量飞机在相同条件下($V_0 = 62.22\text{m/s}, \dot{H}_0 = -7.5\text{m/s}$)的复飞区进行了对比,求解结果如图 7.39 所示。可见推力矢量飞机的复飞区比基本飞机明显减小。

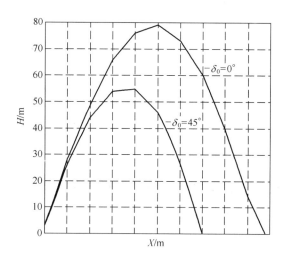

图 7.39　推力矢量飞机与基本飞机复飞区对比

7.7　最优推力矢量角 δ_0 的确定

由于轨迹控制性能、抗气流扰动性能及复飞性能直接关系到舰载机的着舰精度及安全性,而推力矢量角 δ_0 的选取将直接影响舰载机上述三个方面性能,因此,本章基于对上述三性能的综合评定确定了最优推力矢量角。

7.7.1　具有不同推力矢量角的推力矢量飞机飞行轨迹控制性能

图 7.40 为 $\text{ACLS}|_{base}$ 及 $\text{ACLS}\Big|_{\substack{\Delta\theta=0\\\Delta T_c}}$ 在 δ_0 分别为 20°、45° 及 70° 时跟踪理想着舰轨迹时的高度误差($H_{er}(t)$)曲线,显然,推力矢量飞机的轨迹控制性能明显优于基本飞机。由图 7.40 可知,当 $\delta_0 \leqslant 45°$ 时,跟踪性能随着 δ_0 的增加明显改善,但当 $\delta_0 > 45°$ 时,对飞行性能的改善已不明显。其原因是:当 $\delta_0 > 45°$ 时,气动导数 $Z_{\Delta T}$ 缓慢增加,而 $X_{\Delta T}$ 迅速减小,即,发动机推力垂直分量增加缓慢,而水平分量减小迅速。而飞行速度减小将导致升力的迅速减小,发动机推力的垂直分量中要有较多部分用来增补升力减少的量,这在一定程度上削弱了推力矢量对飞行轨迹性能的控制能力。

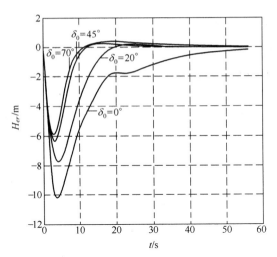

图 7.40 ACLS $|_{base}$ 与不同 δ_0 时 ACLS $\Big|_{\substack{\Delta\theta=0 \\ \Delta T_c}}$ 跟踪理想着舰轨迹的高度误差

7.7.2 具有不同推力矢量角的推力矢量飞机抗风性能

在图 7.29 所示的雄鸡尾流作用下，ACLS $|_{base}$ 及 δ_0 分别为 20°、45° 及 70° 的 ACLS $\Big|_{\substack{\Delta\theta=0 \\ \Delta T_c}}$ 所造成的轨迹误差如图 7.41 所示。显然采用推力矢量技术的 ACLS 可显著提高飞机的抗风性能。且由图 7.41 可知，当 $\delta_0 > 45°$ 时，飞机抗风性能的改善已不明显。

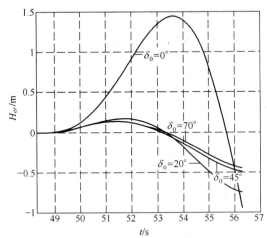

图 7.41 ACLS $|_{base}$ 与不同 δ_0 时 ACLS $\Big|_{\substack{\Delta\theta=0 \\ \Delta T_c}}$ 抗风性能对比

7.7.3 推力矢量飞机的复飞性能

图 7.42 所示为基本飞机及 δ_0 分别为 20°、45° 及 70° 的推力矢量飞机，在相同速度、下沉速率及初始高度时成功复飞的复飞轨迹。显然，当 $\delta_0 \leqslant 45°$ 时，随 δ_0 的增加，成功复飞

216

的起始点越接近舰尾,但当 $\delta_0 > 45°$ 时,复飞起始点反而远离舰尾。为了进一步论证 δ_0 对复飞性能的影响,本章又求解了在不同推力矢量角下飞机在相同初始条件下的复飞区,如图 7.43 所示,由图可见,当 $\delta_0 \leqslant 45°$ 时,随着 δ_0 的增加,飞机的复飞区不断减小,明显地改善了复飞性能。但当 $\delta_0 > 45°$ 时,复飞区反而变大,复飞性能变差。其原因仍然是:随 δ_0 的增加,由于飞机操纵量 ΔT 的前向推力部分迅速减小,导致飞机升力减小,严重削弱了推力矢量垂直分量对飞行轨迹的控制能力,因此,当 $\delta_0 > 45°$ 时,飞机复飞性能不但没有改善,反而随 δ_0 的增加而变差。

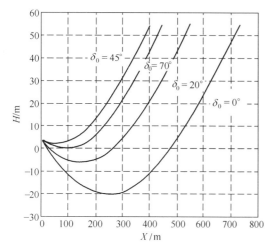 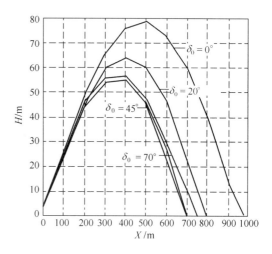

图 7.42 基本飞机与推力矢量飞机复飞轨迹的对比   图 7.43 基本飞机与推力矢量飞机复飞区对比

7.7.4 最优推力矢量角的结论

仿真表明,在低速进场的情况下,推力矢量控制可大大地增强飞机的操纵性,增强了飞机的着舰准确性及抗风性能,并且明显地改善了复飞性能。但经对上述诸着舰性能进行综合评定,本章得出 $\delta_0 = 45°$ 为最优推力矢量偏转角的结论。

思 考 题

1. 推力矢量技术的发展及其在舰载机着舰过程中的作用分析。

2. 比较具有推力矢量控制的舰载机着舰控制结构与无推力矢量时的区别,及在不同推力矢量角时对着舰精度影响。

3. 分析采用姿态保持,由推力矢量控制飞行轨迹控制结构特点,及对着舰精度的影响。

4. 推力矢量舰尾流抑制与直接力舰尾流抑制和基于 $\dot{H}$ 的舰尾流抑制技术对比。

5. 简述舰载机复飞决策及复飞区的概念。推力矢量技术对复飞区及复飞性能的影响体现在哪些方面。

第8章 飞行管理系统

现代飞机上广泛采用的飞行管理系统(FMS)是综合化的自动飞行控制系统(AFCS),它集导航、制导、控制、显示、性能优化与管理功能为一体,实现飞机在整个飞行过程中的自动管理与控制。飞行管理系统旨在提高飞机的综合竞争能力。

首先,从经济上可降低直接使用成本(DOC),包括燃油费用、机组人员费用、维护费用和飞机的折旧费等。由统计和分析表明,纵向剖面性能参数的优化可降低使用成本2.5%~4.5%,横向航路参数优化也降低2%~3%的潜在使用成本。

其次,飞行管理系统可以提高飞行人员的操作能力,可通过多种方式使飞行人员工作负荷达到最小化。当飞行计划、航路、速度和高度以及优化标准更改时,系统即可计算出预期的飞行性能和飞行航线,包括燃油、时间、距离、速度和高度。计算不但可以在飞机起飞前在地面完成,而且在飞行中还可根据实测的风速、温度、高度和燃油量进行调整。从而可使飞行人员不但能及时了解和控制飞行计划的进展情况,还可在飞行中重新进行航线规划,利用当时的风和温度条件,调整飞行计划使直接成本最低;当遇到机场交通拥挤时,还可以帮助飞行人员选择备份的进近路线。

本章将叙述飞行管理系统的组成与功能,重点论述横向剖面的无线电导航、纵向剖面的基准轨迹的建立以及纵向和侧向飞行轨迹制导。本章可进一步认识飞机作为质点,其外回路的综合控制与制导原理与方法。

8.1 飞行管理系统的发展、功能与组成

飞行管理的概念最早可以追溯到20世纪20年代。自从1929年杜立特上尉历史性的盲目飞行后,人们感到借助一个系统摆脱完全依靠飞行员的感官进行飞行的重要性。但飞行管理系统直到20世纪60年代才真正开始发展起来,并大致经历5个发展阶段:区域导航系统、性能管理系统、飞行管理系统、四维导航和新一代飞行管理系统。

20世纪60年代末和70年代初,日趋成熟的区域导航系统利用了机载数字计算机、专用的控制和显示装置(CDU)。给驾驶员和自动驾驶仪提供了用于水平和垂直导航的制导信息,使飞机能飞更直接的航线和提供更有效的操作。

20世纪70年代中期,由于燃料的不足和价格的上升,美国飞机公司开始设计和研制以节能为目标的性能管理,并推出了商用的性能数据计算机系统。该系统把飞机手册提供的各种性能图表,以表格形式存放在机载计算机中,按照手册的最优推力调节、巡航高度和当前的空速,以查表的形式提供开环制导。性能数据计算机的出现,为以后飞行管理系统的研制迈开了可喜的一步。这种性能数据计算机系统不需要大量的计算,即可提供实时制导,但需要很大内存,在以后的年代里很少再采用了。

性能管理系统是在性能数据计算机系统的基础上发展而成的一种新系统,它实质上是一台与自动驾驶仪和自动油门系统耦合的性能数据计算机,能按照存储的飞机手册的数据,计算飞机的爬高、巡航和下降剖面,通过与之耦合的自动驾驶仪和自动油门系统,控制飞机按预定的垂直剖面飞行。它与性能数据计算机系统的区别在于:垂直剖面是通过计算而不是通过查表获得的;它与自动驾驶仪和自动油门系统相耦合。

在飞行管理系统的发展过程中,性能管理系统与日益成熟的区域导航系统的合并,即发展成今天的飞行管理系统。典型的飞行管理系统附加有很大的导航数据库,其计算机系统还与侧向自动驾驶仪耦合,使之具有自动导航能力,可提供自起飞到目的地的水平轨迹制导。它从对巡航的优化发展到按最少燃料或按最小直接操作成本为性能指标的垂直剖面优化,提供垂直轨迹和垂直制导能力。这种能对飞机进行管理的飞行管理系统,可实现飞机的自动飞行与最佳性能管理,大大地减轻了驾驶员的操作负担,并可获得很好的经济效益。

随着航空事业的不断发展,天空中的飞机越来越多,推动了空中交通管制的发展。为了提高机场的吞吐量,保证飞机的飞行安全,适应当今空中交通的迅速发展,空中交通管制(ATC)由原来调整各飞机间的间隔距离,改变为调整各飞机间的时间间隔,即对飞机提供时间控制的要求。ATC 的发展又影响了飞行管理系统的发展,为了适应 ATC 的时间控制要求,20 世纪 70 年代末到 80 年代初,开始了新一代的即四维飞行管理系统的研制。四维飞行管理系统是在三维的基础上,通过对软件的修改,引入了四维的导引算法,而发展成一种新一代的飞行管理系统。它能提供四维的制导能力,可很好地吸收空中耽搁时间,以节省大量的燃油消耗,以及按空中交通管制规定的时间精确地到达指定地点,其时间误差不大于 5s。这样不仅可有效地缓和机场空域的拥挤,提高机场的吞吐能力,而且大大减少了机场上驾驶员和 ATC 控制员的工作负担。

飞行管理系统有以下功能。

(1)全面地实现基于性能的导航功能。可在规定的时刻把飞机引导到三维空间的某一个点上,按空中交通管制系统的要求准时进场着陆,既保证飞行安全,又降低油耗。对惯性导航/卫星导航/无线电导航系统提供的数据进行处理,实现远程导航和精确着陆导引能力。结合飞行控制系统、推力控制系统和飞行仪表系统,实现飞行全过程的自动导航,有效地提高飞行安全,明显降低了飞行员的工作负担。

(2)具有全面的性能计算功能,可计算出所需燃油和估计到达的时间(ETA)等参数,可按最大效率或速度设计飞行计划,可以设计航线更远、更复杂的飞行计划,其包含的航路点最多可达 150 个。可按不同的性能选项,对主目的地和备用目的地进行精确的飞行剖面预测。

(3)具有大量数据存储量功能。可存储多达 3000 个航空公司飞行航路。借助世界范围的导航数据库,具有远程、中程、进近和垂直导航功能。

(4)图形式人机接口功能。多功能控制显示单元(MCDU)采用彩色液晶显示器(LCD),具图形显示功能,可显示气象雷达输出的气象图和 TAWS/EGPWS 产生的彩色地形图,重量更轻、功耗更小、可靠性更高。

(5)强大的管理功能。为更好地对飞机进行性能管理和监控,将发动机有关的信息输入飞行管理计算机,并将推力管理系统融入飞行管理系统;同时增强无线电管理功能,可根据信号强弱和导航台位置自动选择最佳 VOR 和 DME 基站。

飞行管理系统通常由以下四个子系统组成,如图 8.1 所示。

(1) 处理子系统,包括飞行管理计算机(FMC)及控制与显示装置(CDU)。

(2) 控制子系统,包括飞行控制计算机系统(FCCS)、推力控制计算机系统(TCCS),以及飞行增稳计算机系统(EACS)。

(3) 显示子系统,包括电子飞行仪表系统(EFIS)、发动机仪表与中央告警系统(EICAS)等。

(4) 传感器子系统,包括惯性导航系统(IRS)、大气数据计算机(ADC)、无线电导航设备(包含测距装置 DME、甚高频全向信标 VOR、奥米加 OMEGA 导航和仪表着陆系统 ILS 等)。

(5) 数据库子系统,包括数据不断更新的导航数据库和性能数据库。它存储了各条航线、各个机场、航路点、高度层的有关数据,如经度、纬度、航行距离、机场标高、跑道方向、地形、通信频率,以及大气数据(气温、风速、风向)和飞机本身的参数(空气动力参数、发动机性能数据)等。

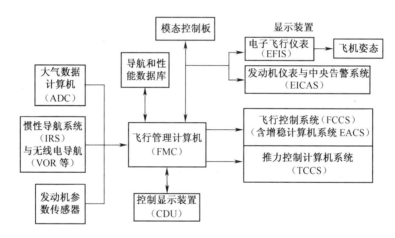

图 8.1 典型飞行管理系统的组成

由图 8.1 可知,飞行管理系统的核心是飞行管理计算机系统。其他各子系统均与它联结,相互传递信息。若飞行管理计算机比作人的大脑,用于思维、决策和发送命令,那么,控制子系统可比作人的手和脚,通过它来操作飞机;传感器子系统和显示子系统可比作人的眼睛和耳朵,通过它们观察飞机的运动,并将信息传递给飞行管理系统计算机,实现对飞机的自动飞行与管理。

飞行管理系统将执行如下四个功能。

(1) 导航功能。导航功能将确定飞机在地面坐标系中的当前位置、飞行速度和方向,并确定到达某一点的距离和时间。该功能主要任务是完成横向飞行管理,使飞机按预定设置航线通过制导系统飞达目的地。它主要完成如下几个方面的任务。

① 导航数据库管理。导航数据由用户数据库装载入计算机的存储器,导航数据库管理程序包括接受计算机各电路运行的要求、检索寻址、承兑数据等。

② 位置计算。计算机把地面无线电信号和惯性基准系统的信号进行综合计算,获得

高精度的飞机实时位置。

③ 风速计算。计算机使用惯性基准系统的南北、东西速度分量进行地速计算,合成速度再与大气计算机输出的空速综合起来计算出风速和风向。

④ 高度计算。对惯性基准系统的垂直加速度计的输出进行两次积分获得原始高度,这个数据经大气计算机输出的气压高度进行修正后得到气压修正高度。

⑤ 导航台的选择和调谐。选择最佳的导航台,并对导航台进行自动调谐,以获得无线电导航台位置数据。

(2) 性能管理功能。飞行管理中的性能管理主要任务是设计纵向飞行剖面,因为飞机在飞行中,纵向(垂直)剖面参数(包括爬升速度和角度、巡航高度和速度、下降起始点、下降速度和下降率等)是决定使用成本的主要参数,因此,必须根据飞行管理性能数据库中的基准数据以及外部条件数据连续计算飞机全重;再根据航路距离、飞机重量、爬升和下降剖面、外界温度计算最佳飞行高度和速度;还可根据飞机重量、发动机推力、大气温度、风速和飞行方式等数据计算出最大飞行高度、最大和最小速度、极限速度等。

(3) 制导功能。按照设定的最佳纵侧向飞行剖面,将飞机应处的位置和实际位置进行比较,由误差信号经制导律处理,给出制导指令,通过自动油门系统和自动驾驶仪实现对飞机进行自动导引。实际位置的获得主要利用惯性基准系统、无线电导航信号或全球定位系统(GPS)来确定。该功能块主要由飞行计划管理、横向导引和纵向导引三部分组成。飞行计划管理包括路径计算和剖面预告,并管理飞行计划和确定飞机在飞行计划中已达到的位置。在驾驶员选定或输入航路点后,飞行计划软件对这些航路点进行预报处理,预计到达各航路点的距离、时间、高度、剩余油量以及两个航路点之间的航迹;横向制导把各个航路点以大圆弧路径连接起来并计算转变路径,构成横向剖面;纵向制导提供爬高、平飞和下降的速度和高度目标。这些数据输入到自动控制驾驶系统来实现飞机的自动导引。

(4) 控制显示功能。用于显示下列类型的信息:飞机当前状态、相对飞行计划的进展、飞至下一个或下面某个航路点飞机的状态预报等。该功能为飞行员与系统之间的数据传送提供了接口,以便制定和更改飞行计划。

飞行管理系统在飞行各阶段的功能如图8.2所示。

● 起飞阶段。输入飞机的重量和外界温度,据此飞行管理计算机计算最优的起飞推力。在这个推力下飞机将在规定时间内达到起飞速度,并可使发动机或部件的寿命最长,如图8.2中的①所示。

● 爬升阶段。飞行管理系统提供最优的爬升剖面,并为驾驶员提供阶梯爬高和爬高的顶点高度的建议,如图8.2中的②、③、④所示。

● 巡航阶段。飞行管理系统根据航线长短、航路情况选定最优巡航高度和巡航速度,如图8.2中的⑤、⑥、⑦、⑧、⑨所示。

● 下降阶段。飞行管理系统根据导航数据确定飞机下降的顶点和下降速度,最大限度地利用飞机的位能,以节省燃油消耗,如图8.2中的⑩、⑪、⑫所示。

● 进近阶段。即在一定的高度位置下,飞行管理系统将以最优速度引导飞机到跑道入口和着陆点,如图8.2中的⑬所示。

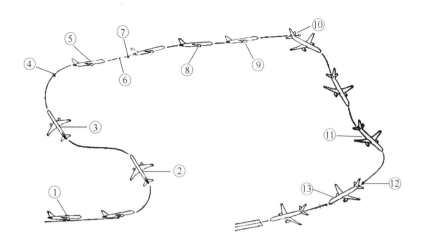

图 8.2　飞行管理系统在飞行各阶段的功能

①—输入飞行计划和性能数据;②—实施航线飞行(L NAV)和垂向导航(V NAV);③—计算最省油的速度和推力指令并遵守速度、高度限制;④—计算爬高顶点;⑤—以最经济速度巡航;⑥—在电子仪表上显示导航信息;⑦—计算分段爬高;⑧—沿计划航路连续制导;⑨—评价和预报燃油消耗;⑩—计算下降点,由巡航自动转为下降;⑪—自动遵守速度和高度限制;⑫—计算下降端点;⑬—转到自动着陆系统。

8.2　飞行管理系统中的导航

飞行管理系统中的导航,其基本功能是定位,也即实时地确定飞行器在地面坐标系中的位置。从导航的发展历史可知,方式与种类很多,主要有仪表导航、无线电导航、惯性导航、卫星导航等。但对飞行管理而言,由于无线电导航精度高,定位速度快,受时间和气候影响较小,设备比较成熟,因此其仍然是目前最常用的主流导航系统。无线电导航包括无线电高度表、罗盘、无线电全向信标、无线电测距仪以及仪表着陆系统等。作为飞行管理的基础设备,本节将重点叙述无线电导航的工作机理、组成及应用。此外,由于现代导航日益趋向组合化,本节亦简要讲述仪表导航、惯性导航及卫星导航的基本知识。

本节在简略叙述导航的发展历史后,重点建立与导航相关的坐标系,简述仪表罗盘导航、惯性导航的基本原理。重点叙述利用无线电导航设备计算飞机位置、速度及风速等状态量,从而为飞行管理的制导系统的建立提供技术基础。

8.2.1　导航的发展

最古老的导航方法是通过观察星座的位置及其变化确定自己的方位,但只能确定方向。指南针是最早的导航仪,经历了近两个世纪,直到现在还广为应用。进入 20 世纪后,逐渐产生了许多定位方法。

基于地基的无线电导航系统的问世,标志着人类进入电子导航时代。在第二次世界大战前,使用的无线电罗盘及航道信标仪等无线电侧向仪,主要用于飞机出航、归航和沿预定航线飞行,只能指示方向,不能定位。

此后,在地球表面(陆基)的适当位置建立无线电基准站,飞机通过接收这些基准站发射的无线电波,经测量与计算与发射台的距离或方位来确定自己的位置,至此定位问题终于解决。其中测距设备为测距仪(DME),它是通过测量飞机与地面台之间的脉冲电波传播时间来计算距离的。而测角设备分别有甚高频全向信标(VOR)、仪表着陆系统(ILS)及微波着陆系统(MLS)的航向台、下滑台。此外,利用多普勒系统进行测速,利用无线电高度表进行测高等。上述无线电导航虽然成功地应用,但飞机必须工作在这些设备的无线电覆盖范围内,或在机载设备自己的能力限度内。

在卫星导航系统出现之前,远程导航与定位主要采用无线电导航系统实现。其中罗兰-C(LORAN-C)通过测距差实现定位,由多个地面导航台组成,工作在100kHz,导航工作区域可达2000km,一般定位精度为200~300m;奥米伽(Omega)系统工作在十几千赫,由8个地面导航台组成,可覆盖全球,导航精度为几英里;多普勒(Doppler)系统利用多普勒频移原理,通过测量频移得到运动物体的参数(地速和偏流角),进而推算出飞行器的位置,属自备的航位推算系统,其缺点是误差随航程的增加而积累,定位精度不高。

另外,由于地基导航系统的无线电发射参考站都建立在地球表面上,因此只能用来确定海平面上和地平面上运动物体的水平位置,即只能进行二维定位。为了对空间飞行器如飞机、宇宙飞船、导弹等进行精密导航,需确定飞行器的三维位置(水平位置和高度),除了另外配备高度表外,只能通过空间的导航系统来实现。人造地球卫星的成功发射使无线电导航技术的发展进入了一个新阶段,进入了空基无线电导航。

第一代卫星导航系统是美国的"子午仪"系统,它可在全球范围内对舰船等进行定位导航,但定位时间长,定位精度差,现在已经停用。此后出现的全球定位系统,即GPS,已获得空前广泛的应用。

利用卫星导航技术,既可以向地面发射无线电波,又可以接收地面的无线电信号,实现对地面和空中运载体的距离、角度、速度、时间等参数的测量,从而实现全球定位。卫星定位基准就是设在空间的导航卫星,故又称为星基系统,由如图8.3所示的三部分组成。

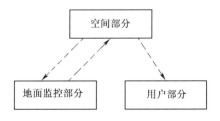

图8.3 卫星导航系统的基本构成

1. 空间部分

这种由一定数量、一定高度、一定分布的卫星组成,统称为卫星星座。空中卫星网由21颗工作卫星和3颗备用卫星组成,等间隔地分布在6个倾角为55°、高度为20183km的近圆形轨道上,绕地球一圈的时间为11h58min,可保证在全球任何区域、任何时刻都能观测到不少于4颗的卫星。目前GPS系统有26颗在轨卫星,但美国只承诺保证其中24颗卫星正常工作。

2. 地面监控部分

此部分由监测站、主控站和注入站等组成,通过接收卫星信号,跟踪卫星运动轨迹,监测每颗卫星的运行情况,制备卫星星历,及时修正卫星参数,并发回卫星,保证系统的正常运行。GPS 地面支持网由 5 个监测站、4 个注入站和 1 个主控站组成,全部位于美国本土。监测站负责收集卫星运行数据并把当地气象资料送给主控站;主控站的作用是根据各监测站对 GPS 卫星的观测数据,计算出卫星轨道等导航参数、卫星星历和时钟的改正参数等,并产生对卫星进行控制和调度的指令;注入站负责将这些数据发给卫星,以便卫星向用户播发导航信息。当工作卫星出现故障时,主控站可以调度备用卫星,替代失效的卫星工作。

3. 用户部分

用户部分主要是指机上的卫星导航接收机,用来接收卫星发射的无线电信号和导航电文,通过测角、测距、测速等方式计算出运载体本身的位置。

卫星导航系统的功能主要包括提供运载体的位置、速度、时间等信息,具有高精度和全天候的特点。在 20 世纪 60 年代美国开始研制卫星导航系统,从 1973 年正式开始研制 GPS,到 1993 年 12 月 GPS 建成,历时 20 年,实现了全球、全天候、连续、实时、高精度的导航定位。

GPS 的基本定位原理是运载体通过测量电波从卫星到运载体的传播时间,得到和 4 颗以上卫星的距离,以确定位置和时间。系统可为运载体提供三维位置、三维速度和时间信息,其间运载体不用发射电波,属于无源工作方式定位。

卫星导航使空中航行系统发生了深刻变化,它可以全面控制飞行,在缺少雷达覆盖的区域(如沙漠、海洋)和地面无线电通信达不到的地方发挥作用。例如,在太平洋上空的飞行,如果不使用卫星导航,将导致许多飞机无条件地按航线飞行。如果空管中心能够通过卫星通信系统了解到每架飞机通过卫星导航系统确定的精确位置和航迹,就可以使飞行时间缩短,使飞机能够自动报告其所处的位置,并把飞机状态显示在屏幕上。因此卫星导航技术的应用将使现代空中交通管制获得前所未有的发展空间。

以上所列各种导航方式,都必须依赖于飞机的外部设备,一旦外部信息出错或受限,导航就会终止,唯有惯性导航才能实现自主导航,它是利用机上的惯性平台、加速度计及计算机进行自动计算,给出飞机的当前位置。为了导航的可靠,以及实现高精度导航,往往将多种导航系统以不同方式组合成组合导航系统。

在实际飞行中,飞机在地球上作等高飞行时,是按某种曲线飞行的,也即飞行中当地的经度与纬度都在变化,为了缩短航程,飞机应沿着通过航线的起点 A 与终点 B 的大圆弧飞行,又称大圆导航。这种飞行,飞行航向不断变化,即大圆弧线与子午线相交的角度各不相同,航向的这种变化是不方便的,但远程飞行时,这种飞行会大大缩短航程与节省燃料和时间。大圆弧可分成许多段,可以不同角度 β_1,β_2,β_3 等与子午线相交的各曲线分段,也可以与子午线相交角度 β 相同的分段来代替,称为等角航线。用这种方法飞行的航线应事先画好,将预定的飞行航线分成几段,并且要使每段的飞行方向保持不变。如在飞行中能测出每段的飞行速度和时间,便能求出飞机在当时的坐标。航程计算法使用起来不方便,因为这种方法要求必须极精确地测出飞行的航向、速度、高度和时间。大圆导航航线如图 8.4 所示。

8.2.2 导航相关坐标系

1. 地球坐标系与地面坐标系

地球坐标系 $O_eX_eY_eZ_e$,如图 8.5 所示。地球坐标系的原点 O_e 设在地球中心,O_eZ_e 和

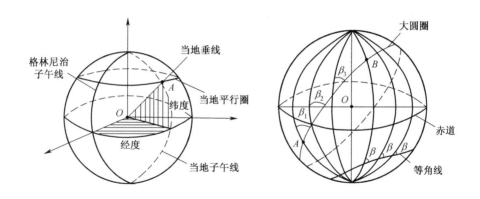

图 8.4　大圆导航航线示意图

地球自转轴重合,O_eX_e在赤道平面内指向格林尼治子午线,O_eY_e在赤道平面内,由右手定则确定它的方向。

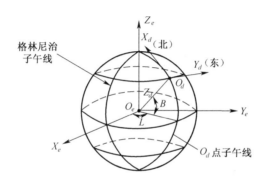

图 8.5　地球坐标系与地面坐标系

　　若已知某点的地理坐标(L,B),则可通过以下公式将该点转换成地球坐标系中的位置,其中,L 为经度,B 为纬度,R_N 为地球近似半径(将地球看成是正球体)。

$$\begin{cases} x_e = R_N\cos B\cos L \\ y_e = R_N\cos B\sin L \\ z_e = R_N\sin B \end{cases} \tag{8.1}$$

2. 地面坐标系

地面坐标系 $O_dX_dY_dZ_d$原点 O_d 的地理位置为其所在的经纬度 L、B,如图 8.5 所示。其中 O_dX_d指向北方,O_dY_d指向东方,O_dZ_d由右手定则决定其方向。该坐标系也被称为北东下坐标系。

3. 飞机的地理坐标转换为地面坐标

由于飞机需要在设定的地面坐标系中导航,当给出飞机确定位置是在地球坐标系 $O_eX_eY_eZ_e$ 中的地理坐标,即经纬度(L,B)时,需要将该坐标转换为地面坐标系 $O_dX_dY_dZ_d$ 中的位置。

设飞机质点 O_a 的经纬度为(L,B),而地面坐标原点 O_d 的经纬度设为(L_0,B_0),如图

8.6 所示。飞机 O_a 在地面坐标系 $O_dX_dY_dZ_d$ 中的位置为

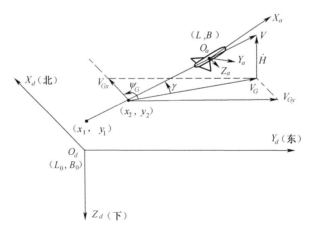

图 8.6　飞机在地面坐标系中的位置

$$\begin{cases} x_d = [A_x - B_x\cos(2\bar{B})](B-B_0) \\ y_d = [A_y\cos\bar{B} - B_y\cos(3\bar{B})](L-L_0) \end{cases} \tag{8.2}$$

式中,$\bar{B} = (B+B_0)/2/57.3$;$A_x = 111132.952\text{m}$;$B_x = 559.849\text{m}$,$A_y = 111412.876\text{m}$,$B_y = 93.503\text{m}$。

此时,考虑地球是一个并不规则的扁椭球体,其长轴半径为 6378.393km,短轴半径为 6356.863km,从椭球向平面的投影就是地图投影。由高斯等角变换投影得到的变换公式依然比较复杂,不利于实时解算,式(8.2)是经过适当的简化和误差控制给出的。

通过下式可将飞行器由地面坐标系中位置转换为地理坐标。

$$\begin{cases} L = y_d/[A_y\cos\bar{B} - B_y\cos(3\bar{B})] + L_0 \\ B = x_d/[A_x - B_x\cos(2\bar{B})] + B_0 \end{cases} \tag{8.3}$$

4. 飞机在地面坐标系中的轨迹运动

图 8.6 描述了飞机相对于地面坐标系的轨迹运动。图中航迹倾斜角 γ 是指飞行器的地速 V 与地面的夹角,向上为正。航迹偏转角 $\chi(\psi_G)$ 是地速 V 在地平面的投影与 O_dX_d 的夹角,右偏航为正。由 γ 和 χ 描述飞机在该坐标系中的飞行方向。设飞机在某一时刻其中心在坐标系中的位置为 (x_d, y_d, z_d),则其相应的线速度为

$$\begin{cases} \dot{x}_d = V\cos\gamma\cos\chi \\ \dot{y}_d = V\cos\gamma\sin\chi \\ \dot{z}_d = -V\sin\gamma = -\dot{H} \end{cases} \tag{8.4}$$

当飞机迎角 α 和侧滑角 β 近似为零时,则地速与机体轴 X_a 重合,且 γ 近似为俯仰角 θ,χ 近似为偏航角 ψ。

飞行轨迹主要取决于三个量,即地速 V,以及由地速 V 构成的在纵向平面中的航迹倾斜角 γ 及横向平面中的航向角 ψ_G。

若由导航获得某一时刻在地平面上的位置为 (x_1, y_1),经 T 时刻飞机的位置为

(x_2, y_2)，则飞机平均地速值在沿 O_dX_d，O_dY_d 轴的分量分别为 V_{Gx} 和 V_{Gy}，且

$$\begin{cases} V_{Gx} = (x_2 - x_1)/T \\ V_{Gy} = (y_2 - y_1)/T \end{cases}$$

飞机在地平面上的地速为 V_G，且

$$V_G = \sqrt{V_{Gx}^2 + V_{Gy}^2}$$

由此可求得航向角

$$\psi_G = a\tan(V_{Gy}/V_{Gx})$$

由惯导系统(IRS)可测得 $\dot{H}$，因此可获得飞机的轨迹角 γ 值，及总的地速 V，且

$$\begin{cases} \gamma = a\tan(\dot{H}/V_G) \\ V = \sqrt{V_G^2 + \dot{H}^2} \end{cases}$$

由 V、γ 及 ψ_G 可获得飞机在地面坐标系中的飞行轨迹。

5. 大圆导航

若已知两点 A_0，A_n，以地球坐标系的原点为原点，通过此两点的圆弧成为大地线，如图 8.7 所示。如果忽略掉地球的椭球特性，以一个与地球体积相等的正球体代替椭球体，则连接两点的大地线即称为大圆航线，按该航线导航飞行的方式称为大圆导航。由于解算球面三角矢量关系较为复杂，不利于飞行管理计算机的实时处理和解算，因此需要进行简化。实际上，由于航线为预先制定的，如图 8.7 所示的航线 A_0 至 A_n 由若干个航路点组成，各航路点长度在一定距离范围内，则该区域的地球表面可视为水平面，这样飞机一开始可以在设置的 $O_{A0}X_{d0}Y_{d0}Z_{d0}$ 地面坐标系中进行导航，即通过制导系统跟踪如图 8.7 所示的 A_0 至 A_1 的首段基准轨迹。当飞机进入 A_1 至 A_2 航路段时，则飞机在 $O_{A1}X_{d1}Y_{d1}Z_{d1}$ 地面坐标系导航，并跟踪 A_1 至 A_2 的基准轨迹，这样以此类推，最终完成了飞机在以各航路点为原点的局部地面坐标系中的导航任务。这样可以利用平面几何的方法简化导航过程，称此方法为大圆导航。

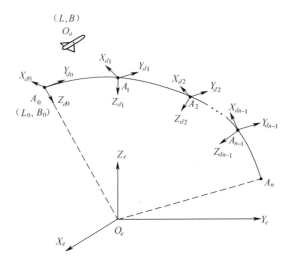

图 8.7 大圆导航

8.2.3 经纬仪导航(仪表导航)

众所周知,欲测量飞机的航向,必须知道一个对地面不变的方向,并以此方向为基准进行读数。此方向可能是地理子午线、磁子午线等。按磁子午线读出的航向称为磁航向,按地理子午线读出的航向称为真航向。而地理子午线与飞行方向(航迹)之间的夹角,则称为真航迹角。真航迹角按顺时针方向从子午线的北向算起。通常,航迹与飞机的机体轴不重合,因为飞机对地面的速度(地速)是两个速度的矢量和,即飞机对空气的相对运动速度(空速)及空气对地面的速度(风速)的矢量和。真航迹角与飞机的真航向角不重合,它等于飞机的真航向与侧滑角β的和。侧滑角β等于飞机机体轴与航迹之间的夹角,其由侧风引起的侧滑角和空气动力(如因多发动机飞机的螺旋桨拉力不同引起的)侧滑角组成,现有的测定侧滑角的方法测出的是总的侧滑角,因此不单独考虑空气动力偏流角。

飞机的航向可用罗盘来测定。

测定飞机的速度较测定量航向复杂。用航程计算法时,应预先知道飞机对地面的速度,即地速。被广泛应用的膜盒式空速表可以指示飞机的空速,更好一点的能指示出真空速。在指示真实空速的真空速表中已进行了仪表方法误差(方法误差是由于空气密度随高度变化而变化所引起的)的修正。

地速的大小和方向也可用航行速度三角形进行测量,如图8.8所示。

图中,V_T为空速,V_W为风速,V_G为地速,ψ_{V_T}为飞机的真航向,ψ_B为风向,ψ_f为飞机的偏流角,χ为航迹角。

航行三角形的一边是飞机的空速矢量V_T,另一边是风速矢量V_W,而第三边则是以上两个矢量之和,即飞机的地速矢量$V_G = V_T + V_W$,飞机的空速由空速表或真空速表来测定。风速矢量可用航行瞄准镜测定。求出航行速度三角形,便能断定风速、风向、

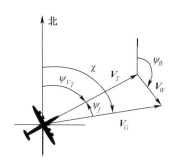

图8.8 航行速度三角形

地速、偏流角和航迹角等,也就是可以测量出航行速度三角形的未知数。

飞机的位置可由地理经度L和纬度B来确定。经度由格林威治子午线算起,向西为西经,向东为东经。纬度由赤道算起,分为北纬和南纬。当飞机沿子午线飞行时,只是纬度变化,其变化量为

$$\Delta B = \Delta S_M \frac{360}{2\pi R}$$

式中,ΔS_M为飞机沿子午线飞过的航程;R为地球半径。

当飞机沿纬度线飞行时,仅经度变化,其变化量为

$$\Delta L = \Delta S_{\Pi} \frac{360}{2\pi r} = \Delta S_{\Pi} \frac{360}{2\pi R \cos B}$$

式中,ΔS_{Π}为飞机沿纬度线飞过的航程;r为当地纬度圆半径;R为地球半径;B为当地纬度。

当飞机沿任意航迹飞行时,其坐标则在不断变化中。分别用 L_0 和 B_0 来表示起飞点的经度和纬度,L 和 B 为当前位置的经纬度,ψ_{V_T} 为飞机的真航向,ψ_B 为风向,V_W 为风速,t 为飞行时间,V_M 为沿子午线飞行的地速分量,V_Π 为沿纬度线飞行的地速分量,如图 8.9 所示,则可写出

$$\begin{cases} V_M = V_T\cos\psi_{V_T} + V_W\cos\psi_B \\ V_\Pi = V_T\sin\psi_{V_T} + V_W\sin\psi_B \end{cases}$$

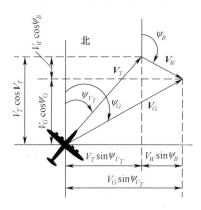

图 8.9　飞机位置的计算

在无限短时间 $\mathrm{d}t$ 内,飞机沿子午线和纬度线所做的位移分别为 $\mathrm{d}S_M$ 和 $\mathrm{d}S_\Pi$,并可由下列方程求出

$$\begin{cases} \mathrm{d}S_M = V_M\mathrm{d}t \\ \mathrm{d}S_\Pi = V_\Pi\mathrm{d}t \end{cases}$$

这时,飞机坐标按下列式子变化

$$\begin{cases} \mathrm{d}B = \dfrac{360}{2\pi R}\mathrm{d}S_M = \dfrac{360}{2\pi R}(V_T\cos\psi_{V_T}+V_W\cos\psi_B)\,\mathrm{d}t \\[2mm] \mathrm{d}L = \dfrac{360}{2\pi R\cos B}\mathrm{d}S_\Pi = \dfrac{360}{2\pi R\cos B}(V_T\sin\psi_{V_T}+V_W\sin\psi_B)\,\mathrm{d}t \end{cases}$$

将上述两个方程式按时间积分后,可得

$$\begin{cases} B = \dfrac{360}{2\pi R}\displaystyle\int_0^t (V_T\cos\psi_{V_T} + V_W\cos\psi_B)\,\mathrm{d}t \\[3mm] L = \dfrac{360}{2\pi R\cos B}\displaystyle\int_0^t (V_T\sin\psi_{V_T} + V_W\sin\psi_B)\,\mathrm{d}t \end{cases} \tag{8.5}$$

在飞行中,领航员可定期测定飞机按航行速度三角形得到的坐标,这就是飞机的航行经纬仪,是一种能在地图上画出飞机全部航迹的自动领航仪。

8.2.4　惯性导航基本原理

惯性导航不依赖于外界条件,是自主式导航系统。惯性导航系统是以陀螺仪和加速度计为基本元件,分为平台式和捷联式两种类型。

平台式惯性导航系统是由陀螺构成高精度的稳定平台,加速度计装在平台上,既可进

229

行高精度水平修正,又可正确测出飞机的飞行加速度。加速度信号经计算可得各种飞行参数,以用于飞行控制。捷联式惯性导航系统是将陀螺仪和加速度计做成一个惯性组件,直接装在飞机或飞行器上,陀螺仪和加速度计测出的信号经计算机计算,得出飞行参数进行导航。前者结构复杂,计算功能要求低,而后者结构简单,体积小,重量轻,但对计算机的功能及计算速度要求较高。随着计算机技术的发展,捷联系统发展很快,尤其在飞行器上应用广泛。下面主要叙述平台惯性导航系统。

1. 惯性导航系统的功能

一般惯性导航系统具有下列功能:

(1)在飞行中提供飞机的地速、位置、航向角和姿态角。

(2)提供三个互相垂直的地速数据。

(3)向飞行控制系统提供飞机姿态角和角速率数据。

2. 平台式惯性导航系统的基本原理

平台式惯性导航系统由惯性平台(陀螺稳定平台)、导航计算机、控制器、转接器、调制器及电源组成。基本工作原理如图 8.10 所示。在惯性平台上装有测量南北向加速度计 A_N,可测量出北向加速度 $\dot{V}_N$。在与其垂直的方向上装有测量东西向加速度的加速度计 A_E,可测出东向加速度 $\dot{V}_E$,飞机北向与东向速度为加速度的连续积分,即

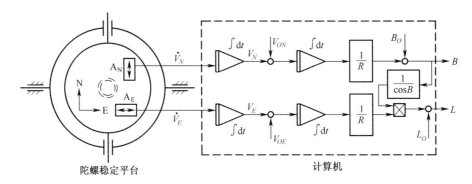

图 8.10 平台式惯导系统工作原理图

$$\begin{cases} V_N = \int_0^t \dot{V}_N \mathrm{d}t \\ V_E = \int_0^t \dot{V}_E \mathrm{d}t \end{cases}$$

北向与东向飞行距离为速度的连续积分,即

$$\begin{cases} L_N = \int_0^t V_N \mathrm{d}t = \int_0^t \int_0^t \dot{V}_N \mathrm{d}t^2 \\ L_E = \int_0^t V_E \mathrm{d}t = \int_0^t \int_0^t \dot{V}_E \mathrm{d}t^2 \end{cases}$$

飞机的航向角为

$$\psi = a\tan(V_E / V_N)$$

飞机纬度变化角速度为

$$\dot{B} = \frac{V_N}{R}$$

230

积分得飞机所在纬度

$$B = B_0 + \frac{1}{R} \int_0^t V_N \mathrm{d}t$$

飞机经度变化角速度为

$$\dot{L} = \frac{V_E}{R\cos B}$$

积分得飞机所在经度

$$L = L_0 + \frac{1}{R\cos B} \int_0^t V_E \mathrm{d}t$$

若纬度和经度都用加速度表示,则

$$\begin{cases} B = B_0 + \frac{1}{R} \int_0^t \int_0^t \dot{V}_N \mathrm{d}t^2 \\ L = L_0 + \frac{1}{R} \int_0^t \frac{1}{\cos B} \int_0^t \dot{V}_E \mathrm{d}t^2 \end{cases}$$

式中,L_0,B_0 为飞机初始经纬度,R 为地球半径。这些数据均在起飞时输入计算机。

由此可见,对平台和加速度计安装经度要求较高,若加速度计同时测出重力加速度 g 的分量,则产生的误差是很严重的。例如平台偏离水平面 $1'$,飞行 1h 后,惯导系统的定位误差可达 18.5km。

3. 捷联式惯性导航系统的基本原理

捷联惯导系统(SINS)是在平台式惯导系统基础上发展而来的,它是一种无框架系统,由三个速率陀螺、三个线加速度计和微型计算机组成。捷联式惯导系统的陀螺和加速度计直接固连在载体上作为测量基准,它不再采用机电平台,惯性平台的功能由计算机完成。捷联式惯性导航系统与平台式惯性导航系统比较有以下区别:

(1)去掉了复杂的平台机械系统,系统结构极为简单,减小了系统的体积和重量,同时降低了成本,简化了维修,提高了可靠性。

(2)无常用的机械平台,缩短了整个系统的启动准备时间,也消除了与平台系统有关的误差。

(3)无框架锁定系统,允许全方位(全姿态)工作。

(4)除能提供平台式系统所能提供的所有参数外,还可以提供沿弹体三个轴的速度和加速度信息。

但是,由于在捷联惯导系统中,惯性元件与载体直接固连,其工作环境恶劣,对惯性元件及机(弹)载计算机等部件也提出了较高的要求。

(1)要求加速度表在宽动态范围内具有高性能、高可靠性,且能数字输出。

(2)因为要保证大攻角下的计算精度,对计算机的速度和容量都提出了较高的要求。

捷联式惯性导航系统原理如图 8.11 所示,主要包括以下关键技术:

(1)矩阵变换和姿态、航向信息的计算。惯性导航的实质是测出飞行器相对导航坐标系(如地理坐标系)的加速度,经过两次积分得到飞过的距离,从而确定飞行器所在的位置。在捷联式惯性导航系统中测得的是沿飞行器机体轴向的加速度,因而需要利用数学方法把机体坐标系轴向的加速度信号换算成地理坐标系轴向的加速度信号。常用的坐

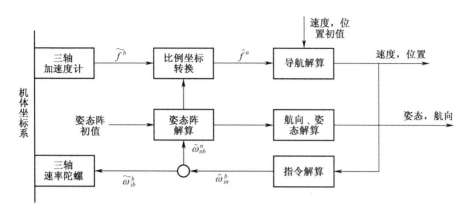

图 8.11　捷联式惯性导航系统原理图

标换算方法有欧拉角法、方向余弦法和四元素法。欧拉角法用动坐标系相对参考坐标系依次绕三个不同坐标轴转动的三个角度来描述它们之间的方位关系。这三个角度称为欧拉角。方向余弦法用动坐标系三个坐标轴和参考坐标系三个轴之间的方向余弦来描述这两个坐标系相对的方位关系。四元素法用动坐标系相对参考坐标系转动的等效转轴上的单位矢量和转动角度构成四元素来描述动坐标系相对参考坐标系的方位关系。用这三种方法都可以算出两种坐标系之间的变换矩阵,进行坐标变换并提取姿态和航向信息。

（2）初始对准。即给定导航参数的初始值,计算初始时刻的变换矩阵。捷联式加速度计测量的重力加速度信号和捷联式陀螺仪测得的地球自转角速度信号经计算机计算即可得出初始变换矩阵。

（3）余度配置。采用多余部件来提高系统可靠性的方法称为余度技术。在捷联式惯性导航系统中,由于惯性元件直接安装在飞行器上而有利于采用余度配置。测量飞行器沿坐标系各轴的加速度和角速度,一般只须分别沿三个坐标轴配置三个加速度计和三个单自由度陀螺仪。但只要一个元件发生故障,系统便不能正常工作。如果在飞行器上适当配置六个加速度计和六个单自由度陀螺仪,使它们的几何位置构成斜置布局,再用计算机适当处理各元件的输出信息,那么即使有两个加速度计和两个单轴陀螺仪损坏,系统也仍能正常工作,这就使得系统的可靠性大大提高。

8.2.5　无线电导航设施及导航数据库

1. 导航设施

飞行管理系统常用的导航设施有:惯导参考系统（IRS）、数字大气数据计算机（DADC）、多普勒导航系统（Doppler）、测距装置（DME）、甚高频全向信标（VOR）、塔康（Tacan）、奥米加导航（Omega）、仪表着陆系统（ILS）、微波着陆系统（MLS）、无线电高度表、磁航系统。飞行管理系统依赖上述导航设备,为飞机提供当前的位置数据。

惯导参考系统（IRS）在飞行管理系统中一般都装有三套,用于提供飞机的当前位置和速度。

测距装置（DME）一般也有两台,它是一种国际标准化的脉冲测距系统,工作于 960~1215MHz 的波段,用于测量飞机对地面无线电导航台的距离。

甚高频全向信标（VOR）又称"伏尔"系统，工作于 112～118MHz 的波段，用于测量飞机相对于地面台的方位，其航向精度一般为±1°。

塔康（Tacan）又称为战术空中导航，是一种军用机的特高频无线电导航系统，其机载设备可测定飞机相对地面台的距离和方位。

奥米加导航是一种甚低频双曲线无线电导航系统，工作于 10～14kHz。用于远程导航，提供飞机到地面台的距离。其导航作用距离可达 8000km，导航精度为 1.85～3.7km。

仪表着陆系统（ILS）包括地面信标台与机载设备，机载接收设备用于测量飞机偏离航向信标（LOC）台与下滑信标（GS）台波束中心的偏差，用于引导飞机进场。

数字大气数据计算机（DADC）用于测量飞机的气压高度、真空速和风速。多普勒导航系统可提供飞机的当前地速与偏流角。

通常导航的方式有很多种，例如：基于 IRS 的自主导航、航位推测导航、无线电导航等，它们均可为飞行管理系统所采用，但在飞行管理系统中主要采用的还是无线电导航。无线电导航的定位方案有：①测距—测距（即 ρ/ρ 导航方式），它是通过机上两台测距装置（DME），测量飞机到两个地面台的距离，由此确定飞机当前位置的一种无线电导航方案。②测距—测角（即 ρ/ψ 导航方式），它是通过机上的一台测距设备（DME）测量飞机到地面的距离，通过机上的 VOR 接收设备，得到飞机相对该地面台的高低角与方位角，由此确定飞机当前位置的一种导航方案。同样，如果用塔康也可实现 ρ/ψ 导航方案。

通过导航管理是可选取导航设备。如果某些导航设备一旦出现故障，可重新选择导航设备。为了实现导航管理，要求给出由电子飞行仪表系统（EFIS）选定的最接近飞机当前位置的 20 个导航台，以供导航管理选择；另外要求导航数据库给出相应的一些导航数据，例如：导航台的位置、频率、海拔高度等。

在编排导航管理模块的软件时，为确保导航正常运行及精度需求，将按照下述准则进行设计

（1）导航设计按导航定位方式的优先级来选择。其优先级按测距—测距（ρ/ρ）、测距—测角（ρ/ψ）排列，前者优先级最高。当无线电导航不能实现时，则只能选用惯性参考系统（IRS）。

（2）当无线电导航的定位方式确定后（即选定 ρ/ρ 或 ρ/ψ 后），选择由电子飞行仪表系统（EFIS）提供 20 个导航台中最佳的导航台。

（3）检验导航台的有效性。当导航台选定以后，必须检验该导航台是否满足要求。

2. 导航数据库

导航数据库如同一张标准的无线电导航图，不同的是，它把图上必要的导航数据信息，以一定的格式存放在计算机中的存储装置内。这些导航数据可为飞机的导航、制导与座舱显示提供必要的信息。

导航数据库存放在飞行管理计算机（FMC）的 EEPROM 中。导航数据库主要有 6 个方面的数据。

（1）导航设备。

① 导航设备类别：测距仪（DME）、甚高频全向信标（VOR）、塔康台（TACAN）等。

② 位置：所有导航台在地球坐标系中的位置（经纬度）。

③ 频率：各导航台使用的频率。

④ 标高:各导航台所在位置的海拔高度。

⑤ 识标:以三个英文字母作为各自的识别标志。

⑥ 级别:导航台分为低高度、高高度和终端级。

（2）机场。

① 归航位置:飞机归航的机场经纬度。

② 登机门基准位置:机场候机楼各登机门处的经纬度位置,用于起飞前初始化惯导系统(IRS)数据。

③ 跑道长度和方位:每条跑道有两个方位数值,若一个为35°,则另一个为215°。

④ 标高:机场的海拔高度。

⑤ 仪表着陆系统(ILS)设备数据。

（3）航路。航路分为高空、低空航路和机场附近的终端航路等。航路数据包括航路类型、高度、航向、航段距离、航路点说明等。

（4）公司航路。由飞机用户规定,是航空公司负责飞行的固定航线数据。

（5）终端区域程序。包含有标准的离港和标准的进港程序,以及进近程序。各程序包含飞机航向、飞行距离、高度等。

（6）仪表着陆系统(ILS)进场数据。包含有 ILS 设备频率和识标,穿越高度、错过进场时的飞行程序及距离等数据。

8.2.6 飞机位置、速度和风速值的计算

确定飞机的当前位置、速度和风速值,是导航的主要功能。当导航管理系统选定了导航方式和相应的导航设备并经调谐后,根据各导航设备输出的相应值,即可计算飞机当前位置、速度和风速、飞行轨迹角、跟踪角和偏流角等值。这些数值是由导航计算给出的,一方面为电子飞行仪表系统(EFIS)和控制与显示装置(CDU)提供必要的显示信息,另一方面也为制导提供所需的参数,其典型功能框图如图 8.12 所示。

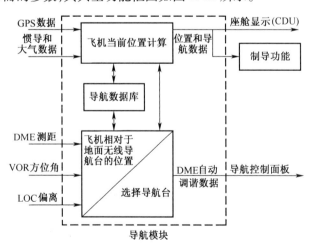

图 8.12 典型导航功能实现配置框图

1. 飞机在地面坐标系中位置的计算

由于无线电导航定位方式的不同,计算飞机当前位置采用的方法也不同。下面分别

研究由 ρ/ρ 和 ρ/ψ 导航方式确定飞机在地面坐标系中当前位置的方法。

（1）由 ρ/ρ 计算飞机位置。

ρ/ρ 即测距—测距方式，是通过机上两台测距装置，测量飞机对两个地面台的距离，来确定飞机当前位置的一种方法，如图 8.13 所示。图中 A 和 B 分别为两个地面台的所在位置。设 A 台的地面坐标为 (X_A, Y_A)；B 台为 (X_B, Y_B)。飞机在该坐标系中的投影点为 C，且坐标假设为 (X_C, Y_C)。

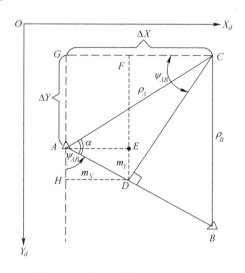

图 8.13　按 ρ/ρ 计算飞机当前位置

因为 A 和 B 两个地面台在坐标系 OX_dY_d 上的位置是已知的（由导航数据库提供），因此两个地面台之间的距离 $|AB|$ 为

$$|AB| = \sqrt{(X_B - X_A)^2 + (Y_B - Y_A)^2} \tag{8.6}$$

直线 AB 相对 OY_d 轴的方位 ψ_{AB} 为

$$\psi_{AB} = a\tan\left(\frac{X_B - X_A}{Y_B - Y_A}\right) \tag{8.7}$$

由机上的测距装置（DME）测得的飞机到 A 台和 B 台的斜距，在地平面上的投影分别为 ρ_A 和 ρ_B，则由余弦定理可得 BC 边的对角 α 的余弦值为

$$\cos\alpha = (\rho_A^2 - \rho_B^2 + \overline{AB}^2)/(2 \cdot \rho_A \cdot \overline{AB}) \tag{8.8}$$

直角三角形 $\triangle ACD$ 的边长 $|AD|$ 与 $|CD|$ 则为

$$|AD| = \rho_A \cdot \cos\alpha = (\rho_A^2 - \rho_B^2 + |AB|^2)/(2 \cdot |AB|) \tag{8.9}$$

$$|CD| = \rho_A \sin\alpha = \sqrt{\rho_A{}^2 - |AD|^2} \tag{8.10}$$

$\triangle AHD$ 的边长 $|AH|$ 和 $|HD|$ 为

$$|AH| = m_Y = |AD| \cdot \cos\psi_{AB} \tag{8.11}$$

$$|HD| = m_X = |AD| \cdot \sin\psi_{AB} \tag{8.12}$$

由图 8.12 可知，$\angle FCD = \angle HAD = \psi_{AB}$。所以

$$|DF| = |CD| \cdot \sin\psi_{AB} \tag{8.13}$$

$$|FC| = |CD| \cdot \cos\psi_{AB} \tag{8.14}$$

因为

$$\Delta X = |FC| + |GF| = |FC| + m_X \qquad (8.15)$$

$$\Delta Y = |DF| - |DE| = |DF| - m_Y \qquad (8.16)$$

因此,综合上述推导过程可得飞机当前位置的坐标值为

$$\begin{cases} X_C = X_A + \Delta X \\ Y_C = Y_A - \Delta Y \end{cases} \qquad (8.17)$$

如果已知 A 台的海拔高度为 h_A,由大气数据计算机可以测得的飞机气压高度为 h_C,则飞机相对于地面的飞行高度为

$$h = h_C - h_A \qquad (8.18)$$

应当说明的是,机上 DME 测得的是飞机到地面的斜距,而上述 ρ_A 和 ρ_B 是各自斜距在水平面上的投影。因此在实际计算中,根据 A 台与 B 台测得飞机的高低角,进而把测得的斜距转化成水平(或地面距离)距离。

(2)按 ρ/ψ 计算飞机的当前位置。

ρ/ψ 即测距—测角方式,是通过机上 DME 和 VOR 装置(或 VORTAC(伏尔塔克)装置),测量飞机到地面台的斜距(ρ)和测量飞机相对该地面台的方位(ψ),从而确定飞机当前位置的一种导航方法。位置的具体计算如图 8.14 所示。

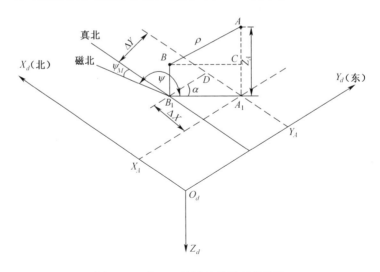

图 8.14 按 ρ/ψ 计算飞机的当前位置

图 8.14 中 $OX_dY_dZ_d$ 为地面坐标系, OX_dY_d 为地平面。假设已知地面台 B 在坐标系上的位置为 (X_B, Y_B, Z_B), B_1 为 B 点在水平面上的投影。飞机 A 在该坐标系的位置为 (X_A, Y_A, Z_A),飞机在水平面上的投影点为 A_1。地面台 B 相对磁北的磁差以 ψ_M 表示。

由机上大气数据计算机可测得飞机当前的气压高度为 H_A,因为地面台的海拔高度已知,则可得飞机相对于地面台 B 的飞行高度 $|AC| = h$ 且

$$h = H_A - H_B$$

由机上 DME 可测得飞机 A 到地面台 B 的斜距离 ρ 值,机上 VOR 测得飞机相对该台的方位角为 ψ 值。因此, $|BC|$ 为

$$|BC| = |A_1B_1| = \sqrt{\rho^2 - (H_A - H_B)^2} \qquad (8.19)$$

由图可见，α 角值为

$$\alpha = \psi - 90° - \psi_M \tag{8.20}$$

则

$$\Delta X = |BC| \cdot \sin\alpha \tag{8.21}$$

$$\Delta Y = |BC| \cdot \cos\alpha \tag{8.22}$$

由此可得，飞机在该坐标系上的坐标值为

$$Y_A = Y_B + \Delta Y$$
$$= Y_B + \sqrt{\rho^2 - h^2} \cdot \sin(\psi - \psi_M) \tag{8.23}$$

$$X_A = X_B - \Delta X$$
$$= X_B + \sqrt{\rho^2 - h^2} \cdot \cos(\psi - \psi_M) \tag{8.24}$$

2. 速度与风速的计算

计算飞机当前速度和风速的原始信息，是由惯性导航系统（IRS）、大气数据计算机（ADC）和无线电导航设备等提供的。IRS 提供飞机的地速、升降速率、真航向和磁航向等信息；ADC 则提供飞机的真空速信息。由此可计算得飞行速度 V、风速 V_W、飞行轨迹角 γ、偏航角 ψ_G 和偏流角 ψ_f。

由上述 ρ / ρ 或 ρ / ψ 可计算飞机每一时刻在地面坐标系中的位置。假设飞机某一时刻在地平面的坐标值为 (X_1, Y_1)，经 T 时刻后飞机的位置移动到坐标 (X_2, Y_2)，如图 8.15 所示。则飞机的平均地速值在沿 OX_d 轴和沿 OY_d 轴上的分量 V_{G_X} 和 V_{G_Y} 分别为

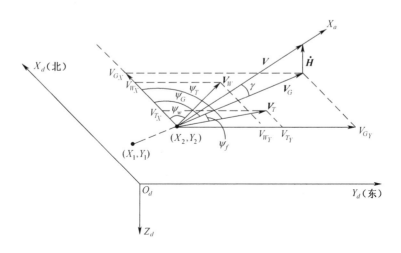

图 8.15　速度与风速的计算

$$V_{G_X} = (X_2 - X_1) / T \tag{8.25}$$

$$V_{G_Y} = (Y_2 - Y_1) / T \tag{8.26}$$

飞机相对于地平面的平均地速 V_G 值则为

$$V_G = \sqrt{V_{G_X}^2 + V_{G_Y}^2} \tag{8.27}$$

此时由飞机地速构成的航迹角 χ，如侧滑角 β 为零，则 χ 为航向角 ψ_G，即有

$$\psi_G = a\tan(V_{G_Y} / V_{G_X}) \tag{8.28}$$

由 IRS 可测得升降速率 $\dot{H}$ 值,因此飞机的轨迹角 γ 为

$$\gamma = atan(\dot{H}/V_G) \tag{8.29}$$

根据 ADC 提供的真空速 V_T 以及上述计算得的地速 V_G 值,即可计算风速值。

因为

$$\boldsymbol{V}_W = \boldsymbol{V}_G - \boldsymbol{V}_T \tag{8.30}$$

式中,$\boldsymbol{V}$、$\boldsymbol{V}_W$、$\boldsymbol{V}_G$、$\boldsymbol{V}_T$ 分别为航迹速度矢量、风速矢量、地速矢量和空速矢量在地球水平面上的投影。所以,风速在 OX_d 和 OY_d 两轴上的分量 V_{W_X} 和 V_{W_Y} 可得

$$\begin{cases} V_{W_X} = V_G\cos\psi_G - V_T\cos\psi_T \\ V_{W_Y} = V_G\sin\psi_G - V_T\sin\psi_T \end{cases} \tag{8.31}$$

风速值 V_W 则为

$$V_W = \sqrt{V_{W_X}^2 + V_{W_Y}^2} \tag{8.32}$$

风速方向 ψ_W 为

$$\psi_W = atan(V_{W_Y}/V_{W_X}) \tag{8.33}$$

由于大气数据计算机提供了 ψ_T,故偏流角(在地平面上空速与地速的夹角)ψ_f 为

$$\psi_f = \psi_T - \psi_G \tag{8.34}$$

称风速 V_W 在地速方向的投影为尾随风 V_{W_T},则有

$$V_{W_T} = V_W\cos(\psi_G - \psi_W) \tag{8.35}$$

称风速 V_W 在地速垂直方向的投影为侧风 V_{W_C},则有

$$V_{W_C} = V_W\sin(\psi_G - \psi_W) \tag{8.36}$$

飞机相对于地面坐标系的总飞行速度为 V,由图 8.14 可知,其标量值为

$$V = \sqrt{V_G^2 + \dot{H}^2} \tag{8.37}$$

8.3　飞行管理系统中的性能管理

飞行管理系统中的性能管理模块的主要任务是在满足飞行计划给定的速度与高度范围内,建立一般的纵向飞行剖面,并对纵向飞行剖面进行优化以达到飞行成本最小的目的。

纵向剖面参数应包括爬升的速度与高度,巡航的速度与高度,下降阶段的起始点,下降速度及下降速率等。

为了完成纵向剖面优化任务,需根据性能管理数据库中已存放的数据以及外界的输入数据(航行距离、温度、风速、发动机推力等),不断计算飞机当前重量,并求得最省油的爬升剖面,最优的巡航高度与速度,以及最优的下降剖面等。

性能数据库存放的数据包括飞机机型及发动机运行数据。其中有飞机动力学模型,以及发动机的额定推力、燃油流量、推力限制等。

外界数据有实时的大气数据(温度、高度、空速),燃油重量等。性能管理的功能框图如图 8.16 中的虚线部分所示。优化后的纵向飞行剖面各基准参数(飞行速度与高度),通过纵向制导系统来实现。

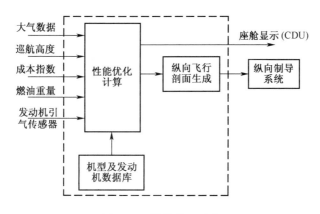

图 8.16　性能管理功能

本节将首先建立一般的非优化飞行剖面,以建立飞行剖面的基本概念。然后再对它进行优化。

8.3.1　三维飞行管理系统非优化飞行剖面的建立

图 8.17 为一般的纵向飞行剖面。由图可知,从起飞到进场着陆前的飞行阶段大致可以分为爬高、巡航和下降三个阶段。飞机起飞后爬升到 10000ft,速度达到 250kn 后从离场转入爬高段。在爬高段上,飞机可以等速或以最大爬升速率 $\dot{H}_{max}$ 爬高,直至巡航高度。在巡航段上,飞机一般作等高度等速或变速飞行,直至下降开始点。下降段,飞机以空油门等速下降,到某一高度后,以等修正空速下降到 10000ft,再转入平飞减速到 250kn,再以 250kn 空速下降,最后转入进场着陆。在爬高段,有时为了获取速度,还附加了一个平飞加速段。

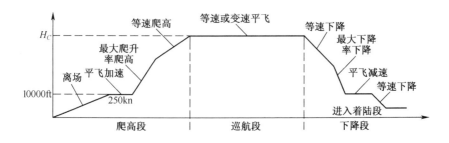

图 8.17　一般纵向飞行剖面

飞机在地面坐标系中,其垂直纵向平面内运动方程,将以飞机中心为质点 O_a 的运动学方程来表示。如图 8.18 所示,设飞机迎角近似为零,飞机在地面坐标系中的飞行速度 V(如图 8.14 所示),沿机体轴的尾随风为 V_{W_a},且设尾风为正,又设飞机轴向空速为 V_{T_a},则

$$V = V_{T_a} + V_{W_a} \tag{8.38}$$

又设飞行高度为 H,飞行航程为 s,飞机重量为 W,推力为 T,阻力为 D,飞行轨迹角为 γ,燃油流量为 $\dot{W}_f$,重力加速度为 g,则由图 8.18 可知

239

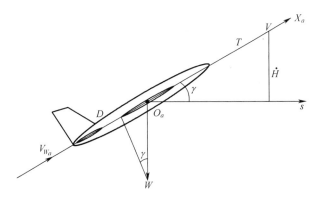

图 8.18　飞机的质点运动

$$\begin{cases} \dfrac{\mathrm{d}V}{\mathrm{d}t} = \dfrac{(T-D)g}{W} - g\sin\gamma \\[2mm] \dfrac{\mathrm{d}H}{\mathrm{d}t} = V\sin\gamma \\[2mm] \dfrac{\mathrm{d}s}{\mathrm{d}t} = V\cos\gamma \\[2mm] \dfrac{\mathrm{d}W}{\mathrm{d}t} = -\dot{W}_f \end{cases} \tag{8.39}$$

1. 水平飞行段剖面的建立

水平飞行段,可作等速飞行,也可作变(加减速)飞行,飞行高度由驾驶员设定。飞机的起始重量为飞机在爬高结束点的重量。等速或变速飞行时的运动方程,只需将轨迹角 $\gamma=0$ 代入式(8.39)即可获得。

$$\frac{\mathrm{d}V}{\mathrm{d}s} = \frac{(T-D)g}{WV} \tag{8.40}$$

若风速 V_{W_a} 为常数,则上式亦可写为

$$\frac{\mathrm{d}V}{\mathrm{d}s} = \frac{(T-D)g}{W(V_{T_a}+V_{W_a})} \tag{8.41}$$

又有

$$\frac{\mathrm{d}V}{\mathrm{d}t} = \frac{\mathrm{d}V_{T_a}}{\mathrm{d}t} = \frac{(T-D)g}{W} \tag{8.42}$$

$$\frac{\mathrm{d}W}{\mathrm{d}s} = \frac{-\dot{W}_f}{V_{T_a}+V_{W_a}} \tag{8.43}$$

$$\frac{\mathrm{d}s}{\mathrm{d}t} = V_{T_a}+V_{W_a} \tag{8.44}$$

为了建立水平飞行段飞行剖面,作出如图 8.19 所示的计算流程图。图中,C_L 为升力系数,C_D 为阻力系数,ρ 为大气密度,S 为机翼面积,a 为声速,t 为时间。

由图 8.19 可知,在水平飞行段,首先由飞行员通过控制显示单元(CDU)选定巡航高度 H,当巡航高度选定后,此时制导系统的高度保持系统接通。然后选择速度模态,也即

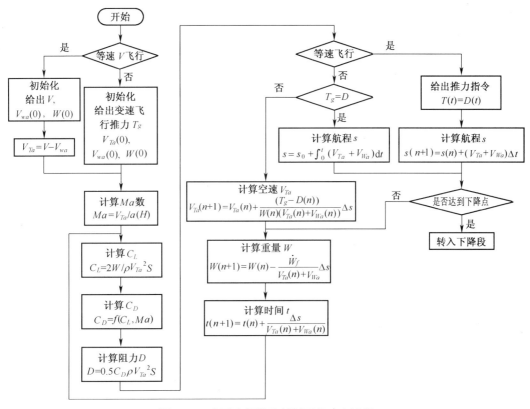

图 8.19　水平飞行段飞行剖面的建立流程

选择等速飞行还是变速飞行(加减速),当选择等速飞行时,按流程图可实时计算出由于燃油 W_f 消耗而引起的飞机重量 W 变化产生的阻力 D 变化而引起的需求推力 T 的变化。此时推力控制系统将获得推力控制指令,即 $T(t)=D(t)$。若选择加速或减速等高飞行,则由飞行员选择推力 T_g(由加速或减速决定其大小)。根据初始的 $V_{T_a}(0)$、$V_{W_a}(0)$ 及 $W(0)$ 按流程图可实时计算出空速、马赫数、飞机重量,以及飞行时间与距离,直至水平飞行段结束。

2. 爬高/下降段飞行剖面的建立

若飞机以等速 V 爬高/下降,则其运动方程如式(8.45)所示。

$$\begin{cases} T=D+W\sin\gamma \\ \dfrac{\mathrm{d}s}{\mathrm{d}H}=\cot\gamma \\ \dfrac{\mathrm{d}W}{\mathrm{d}H}=\dfrac{-\dot{W}_f}{V\sin\gamma} \end{cases} \tag{8.45}$$

若飞机以最大爬高/下降速率 $\dot{H}_{\max}$ 飞行,则

$$\gamma=a\sin\left(\dfrac{\dot{H}_{\max}}{V}\right) \tag{8.46}$$

由以上各式可建立如图 8.20 所示的爬高/下降段的飞行剖面实现流程图。由图可知,当执行等速或以最大爬升速率爬高时,由剖面可实时计算发动机推力 $T(t)$,作为发动

机推力控制指令。同时实时给出爬高轨迹角 γ，作为纵向姿态控制指令。在爬高过程中还可实时给出高度 H 和航程 s。

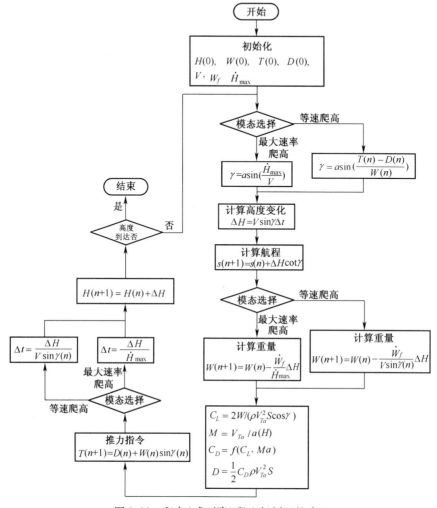

图 8.20 爬高(或下降)段飞行剖面的建立

下降的飞行剖面与爬升段有相似之处,只是此时发动机为空油门($T=0$),并将巡航高度作为起始高度。另外需指出的是,风速 V_{W_a} 采用气象资料提供的预测值,以后的计算应根据实际风速进行不断修正。

8.3.2　三维飞行管理系统优化飞行剖面的建立

飞行剖面的优化技术,早在 20 世纪 50 年代初期就受到重视。其主要是采用分段优化的方法,即对某一飞行阶段按燃油消耗最少,或爬升时间最短等性能指标进行优化。飞行管理系统将这些优化结果存放在飞行性能数据库中,为性能管理提供最优的速度、高度等参数。

本节仅叙述一种计算量少、算法简单、收敛较快并经飞行验证可行的剖面优化方法,即能量状态法(又称三段式 DOC 法)。

242

首先假定飞行距离 d_f 是指定的,即受约束的。按成本最优的性能指标为

$$J = C_t \cdot t + C_f W_f \tag{8.47}$$

式中,C_t 为单位时间内的费用支出,称为时间成本因子($\$/h$);$C_f$ 为燃油成本因子($\$/kg$);$W_f$ 为总燃油消耗;t_0 为起始时间;t_f 为结束时间,对式(8.47)进行积分,则可计算出从时间 t_0 至 t_f 所需支出成本($\$$)。

$$J = \int_{t_0}^{t_f} (C_t + C_f \dot{W}_f) \, \mathrm{d}t = \int_{t_0}^{t_f} P \, \mathrm{d}t \tag{8.48}$$

式中,$P = C_t + C_f \dot{W}_f$。

因为飞机的能量高度为

$$E = H + \frac{V^2}{2g} \tag{8.49}$$

对上式进行微分,得

$$\frac{\mathrm{d}E}{\mathrm{d}t} = \frac{\mathrm{d}H}{\mathrm{d}t} + \frac{V}{g}\frac{\mathrm{d}V}{\mathrm{d}t}$$

将式(8.39)代入上式,可得

$$\begin{cases} \dfrac{\mathrm{d}E}{\mathrm{d}t} = \dfrac{(T-D)V}{W} \\[2mm] \dfrac{\mathrm{d}s}{\mathrm{d}t} = V\cos\gamma \\[2mm] \dfrac{\mathrm{d}W}{\mathrm{d}t} = -\dot{W}_f \end{cases} \tag{8.50}$$

假设飞机的飞行时间 t 是一自由变量,总飞行距离 s_f 为确定值,则式(8.48)可写为

$$J = \underbrace{\int_{t_0}^{t_c} P \, \mathrm{d}t}_{\text{爬高成本}} + \underbrace{(s_f - s_{up} - s_{dn})\lambda}_{\text{巡航成本}} + \underbrace{\int_{t_d}^{t_f} P \, \mathrm{d}t}_{\text{下降成本}} \tag{8.51}$$

式中,λ 为巡航段单位距离的巡航成本;s_{up} 和 s_{dn} 分别为爬高和下降的距离;t_c 为巡航起始时刻;t_d 为下降起始时刻。

假设飞机能量高度 E 在爬高时是单调增加的,下降时 E 单调减小,则以 E 为积分变量重写式(8.50)和式(8.51)得

$$J = \int_{E_0}^{E_c} (P/\dot{E})\,|_{\dot{E}>0}\,\mathrm{d}E + (d_f - d_{up} - d_{dn})\lambda + \int_{E_c}^{E_f} (P/|\dot{E}|)\,|_{\dot{E}<0}\,\mathrm{d}E \tag{8.52}$$

$$\frac{\mathrm{d}s}{\mathrm{d}E} = \frac{\mathrm{d}(s_{up}+s_{dn})}{\mathrm{d}E} = \frac{V_{Tup}+V_{Wup}}{\dot{E}}\bigg|_{\dot{E}>0} + \frac{V_{Tdn}+V_{Wdn}}{\dot{E}}\bigg|_{\dot{E}<0} \tag{8.53}$$

式中,E_0 为 t_0 时刻的起始能量高度;E_f 为 t_f 时刻的终点能量高度;V_{Tup} 和 V_{Tdn} 分别为爬高和下降的空速;V_{Wup} 和 V_{Wdn} 分别为爬高和下降的风速。

作哈密顿函数 $H = P/\dot{E} + \varphi \dfrac{\mathrm{d}s}{\mathrm{d}E}$,式中 φ 为伴随变量,伴随方程为

$$\frac{\mathrm{d}\varphi}{\mathrm{d}E} = -(\partial H/\partial s) = 0 \tag{8.54}$$

因为 $\mathrm{d}\varphi/\mathrm{d}E = 0$,所以伴随变量为一常数。又状态变量 s 的终值必须满足 $s_f > s_{up} + s_{dn}$ 的

条件。如 $s_f = s_{up} + s_{dn}$，表明飞行无巡航飞行段，实际上一般都有巡航飞行段所以通常只考虑 $s_f > s_{up} + s_{dn}$ 的情况，即认为终值 $(s_{up} + s_{dn})$ 是自由的。因此，伴随变量 φ 的末端值，即横截条件则为

$$\varphi(E_c) = \frac{\partial(s_f - s_{up} - s_{dn})\lambda}{\partial(s_{up} + s_{dn})}\bigg|_{E=E_c} = -\lambda \tag{8.55}$$

则使性能指标 J 为最小的优化条件为

$$\begin{cases} H_{up} = \min_{\substack{V_{Tup} \\ T_{up}}} \left(\frac{C_t + C_f \dot{W}_f - \lambda(V_{Tup} + V_{Wup})}{(T-D)V/W} \right)\bigg|_{\dot{E}>0} \\ H_{dn} = \min_{\substack{V_{Tdn} \\ T_{udn}}} \left(\frac{C_t + C_f \dot{W}_f - \lambda(V_{Tdn} + V_{Wdn})}{|(T-D)V/W|} \right)\bigg|_{\dot{E}<0} \\ \lambda = \min_{\substack{V_c \\ H_c}} \left(\frac{C_t + C_f \dot{W}_f}{V_{Tc} + V_{Wc}} \right) \end{cases} \tag{8.56}$$

式中，H_{up} 和 H_{dn} 为哈密顿函数 H 在爬高段和下降段的分量；V_{Tc} 为巡航段上的空速；V_{Wc} 为巡航段上的风速；T_{up} 和 T_{dn} 为爬高段和下降段的推力。

式(8.52)中的积分变量 E_c 为积分的上限，它是自由的，因此哈密顿函数 H 在 E_c 上的值满足：

$$H(E_c) = \frac{\partial(s_f - s_{up} - s_{dn})\lambda(E)}{\partial E}\bigg|_{E=E_c} \tag{8.57}$$

巡航段的飞行距离 $s_c(s_c = s_f - s_{up} - s_{dn})$ 则为

$$s_c = -H(E)/(\partial\lambda/\partial E)|_{E=E_c} \tag{8.58}$$

根据上述优化剖面条件和飞机运动方程，利用寻优的方法（如黄金分割法），可以得到一个满足飞行距离 s_f 要求的，直接操作成本最小的优化剖面。在优化后得到飞行剖面内，飞机空速和马赫数是连续变化的，为了便于控制，常对优化剖面进行简化。

巡航段：制定高度下的优化剖面，巡航马赫数是按单位距离直接操作成本最小求得的。

爬高/下降段：用等空速或马赫数来近似优化，以获取一个近于优化的实用飞行剖面。

除了上述介绍的使直接操作成本最小的剖面优化方法外，还有使燃料最少或固定到达时间等剖面优化方法。

8.3.3　四维飞行管理系统飞行剖面的建立

为了缓和日益繁忙的空中交通拥挤状况，提高机场的吞吐量和飞机飞行的安全，减少空中驾驶员和地面空中交通控制（ATC）人员的操作负担，飞行管理系统由三维的发展成四维的，以减少飞机在空中的耽搁时间，并能按 ATC 要求的时间到达机场和节省燃料的消耗。

四维飞管系统的飞行剖面是在途中建立的，根据 ATC 提出的到达时间要求和指定的

地面迹线,系统计算一个能满足到达时间要求,又易于实现的垂直飞行剖面。经飞行验证过的剖面建立方法有两类,一类是优化的,另一类是按驾驶员操作习惯建立的,本节仅叙述后一种方法。

按驾驶员操作习惯调整飞机的飞行速度,以及吸收耽搁时间,按 ATC 的要求准时到达机场预定地点,这可在巡航段上,也可在下降段上调节飞行速度。因此剖面的建立,可分成调节下降段速度的飞行剖面与调节巡航段速度的飞行剖面。

1. 调节下降段速度的剖面建立

如果飞机在巡航段上以等马赫数 M_c 和等高度 H_c 飞行,假定地面 ATC 要求飞机在 T_{ef} 时刻,从 EF 点(ENTRY FIX)的 H_c 高度上开始下降,到 T_{MF} 时刻飞机下降到 MF(METER-ING FIX)点的 H_{mf} 高度上。为了满足 ATC 提出的 T_{mf} 到达时间要求,下降剖面按照驾驶员的习惯,可人为地分成 5 段(图 8.21),在这 5 个飞行段上调节下降速度。

图 8.21 所示的①段为下降段的底部,它是一个水平减速段,飞机用以从 CAS_d 减速到 ATC 要求在 MF 点上的速度 CAS_{mf}。这一水平飞行段要求越短越好,以减小燃油的消耗。⑤段也是水平飞行段,用以从巡航时的 M_c(巡航马赫数)值减速到下降时的 M_d,附加这一段也是从节油考虑,因为高空减速比低空减速飞行来得省油。④段平飞段是以等 M_d 飞行,用以调节合适的下降点。③与②段为等马赫数与等空速两个下降段。通过选择一个合适的 M_d / CAS_d,来满足到达时间 T_{mf} 的要求。

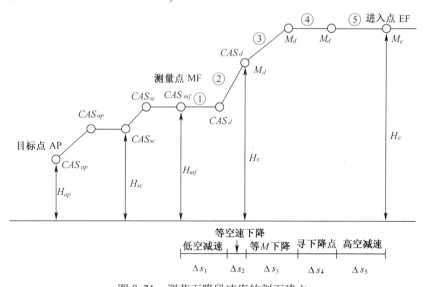

图 8.21 调节下降段速度的剖面建立

对于这种形式的下降剖面来说,其水平飞行减速段(图 8.21 所示的①和⑤段)的飞行时间 Δt_i 和飞行距离 Δs_i(i 为下标,表示段号)可计算如下:

$$\begin{cases} \Delta t_i = \int_{t_{0i}}^{t_{fi}} \mathrm{d}t \\ \Delta s_i = \int_{t_{0i}}^{t_{fi}} V \mathrm{d}t \end{cases} \qquad (8.59)$$

将式(8.42)代入上式,可得

$$\begin{cases} \Delta t_i = \int_{V_{0i}}^{V_{fi}} \dfrac{W}{(T-D)g} \mathrm{d}V \\[3mm] \Delta s_i = \int_{V_{0i}}^{V_{fi}} \dfrac{WV}{(T-D)g} \mathrm{d}V \end{cases} \tag{8.60}$$

式中,t_{oi} 和 t_{fi} 为 i 段起始和终止时间;V_{oi} 和 V_{fi} 为 i 段的起始和减速终止的速度。

等马赫数值下降段(即图 8.21 中的③段)的飞行时间 Δt_3,和飞行距离 Δs_3,则为

$$\begin{cases} \Delta t_3 = \int_{t_{03}}^{t_{f3}} \mathrm{d}t \\[3mm] \Delta s_3 = \int_{t_{03}}^{t_{f3}} V\mathrm{d}t \end{cases} \tag{8.61}$$

因 $\dfrac{\mathrm{d}H}{\mathrm{d}t} = V\sin\gamma$,故

$$\mathrm{d}t = \dfrac{\mathrm{d}H}{V\sin\gamma} \tag{8.62}$$

又因 $\sin\gamma = \dfrac{(T-D)g/W}{M_d \dfrac{\mathrm{d}a(H)}{\mathrm{d}H} V_{T_a} + g}$,结合式(8.62)可得

$$\begin{cases} \Delta t_3 = \int_{H_c}^{H_x} \dfrac{W\left(M_d^2 a(H)\dfrac{\mathrm{d}a(H)}{\mathrm{d}H} + g\right)}{(T-D)gV} \mathrm{d}H \\[5mm] \Delta s_3 = \int_{H_c}^{H_x} \dfrac{W\left(M_d^2 a(H)\dfrac{\mathrm{d}a(H)}{\mathrm{d}H} + g\right)}{(T-D)g} \mathrm{d}H \end{cases} \tag{8.63}$$

式中,t_{o_3} 和 t_{f_3} 为③段起始和终止时间;H_X 为转折高度;$a(H)$ 为声速,是高度 H 的函数。

当飞机以等修正空速 CAS_d 下降时,飞行时间 Δt_2 和飞行距离 Δs_2 的计算方程为

$$\begin{cases} \Delta t_2 = \int_{t_{02}}^{t_{f2}} \mathrm{d}t \\[3mm] \Delta s_2 = \int_{t_{02}}^{t_{f2}} V\mathrm{d}t \end{cases} \tag{8.64}$$

因 $\mathrm{d}t = \dfrac{\mathrm{d}H}{V\sin\gamma}$,且有

$$\sin\gamma = \dfrac{(T-D)g/W}{\dfrac{\partial K}{\partial H} V_{T_a} + g} = \dfrac{(T-D)g/W}{\dfrac{\partial K}{\partial H} K(CAS_d, H) + g} \tag{8.65}$$

式中,$K(CAS_d, H)$ 为由 CAS_d 求得飞机空速,故得

$$\begin{cases} \Delta t_2 = \int_{H_x}^{H_{mf}} \dfrac{\left(\dfrac{\partial K}{\partial H} K(CAS_d, H) + g\right)}{(T-D)K(CAS_d, H)g/W} \mathrm{d}H \\[5mm] \Delta s_2 = \int_{H_x}^{H_{mf}} \dfrac{\left(\dfrac{\partial K}{\partial H} K(CAS_d, H) + g\right)}{(T-D)g/W} \mathrm{d}H \end{cases} \tag{8.66}$$

如已知从 EF 点到 MF 点的总距离为 Δs_{TOT},则图 8.17 中的④段的距离 Δs_4 为

$$\Delta s_4 = \Delta s_{TOT} - (\Delta s_1 + \Delta s_2 + \Delta s_3 + \Delta s_5) \tag{8.67}$$

如果④段上的风速为 V_{W4},则④段的飞行时间 Δt_4 为

$$\Delta t_4 = \frac{\Delta s_4}{V_{T4} + V_{W4}} = \frac{\Delta s_4}{M_d a(H_c) + V_{W4}} \tag{8.68}$$

当给定 M_d/CAS_d 速度排定,则由上述计算公式可以得到 $\Delta t_i (i = 1, 2, \cdots, 5)$,令

$$\Delta t_E = \Delta t_1 + \Delta t_2 + \Delta t_3 + \Delta t_4 + \Delta t_5 \tag{8.69}$$

空中交通管制要求的时间 $\Delta t_{req} = T_{mf} - T_{ef}$,如果

$$|\Delta t_E - \Delta t_{req}| \leqslant 5\text{s} \tag{8.70}$$

表明该速度排定满足要求,否则利用迭代法进行下一次计算,直到得到一个合适的,满足式(8.70)要求的 M_d/CAS_d 速度排定。显然,得到的 M_d/CAS_d 必须在飞机速度极限之间,否则表明飞机无法实现这样的时间要求。

2. 调节巡航段速度的剖面建立

飞机在巡航高度 H_c 上作水平飞行,空中交通管制要求在 T_{mf} 时刻到达 MF 点。为了保证飞机准时到达 MF 点(高度为 H_{mf}),可以通过调节巡航段上的等 M_c 数飞行速度来实现。

当飞机从 EF 点以等 M_c 数、等高度 H_c 飞至 BD 点时,飞行的地面迹线如图 8.22 所示。从 BD 点飞机以 M_d/CAS_d 速度排定下降至 A 点(高度为 H_{mf}),然后飞机作等高度平飞至 MF 点,并由 CAS_d 减速至空中交通管制要求的 CAS_{mf}。假定下降段(BD 点到 MF 点)的飞行时间为 T_d,巡航段(EF 点到 BD 点)的飞行时间为 T_c,即设计飞行剖面就是选择一个等马赫数 M_c,满足

$$|T_{mf} - (T_c + T_d)| \leqslant 5\text{s} \tag{8.71}$$

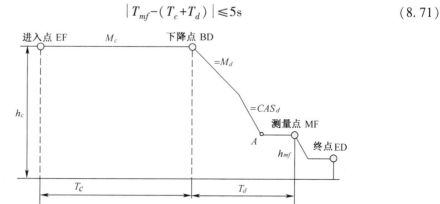

图 8.22　调节巡航段速度的剖面建立

下降段上的 M_d/CAS_d 速度排定是飞行员选取的,当下降速度排定后,可参照前面的方法计算下降段的飞行时间 T_d 和飞行距离,确定起始下降点(BD 点)的位置和飞机当前位置到 BD 点的距离 s_c。

飞机沿地面迹线飞行的轨迹是由一些直线和圆弧段组成的。在平飞段飞行时飞机的地速 V_{Gi}(表示飞行第 i 个航路点时的地速)可按下式进行计算,如图 8.23 所示。

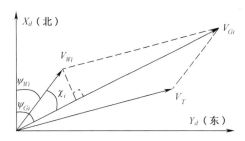

图 8.23　空速、地速和风速在地平面上投影的矢量图

$$V_{Gi} = V_T((1 - A_i^2 \sin^2 \chi_i)^{1/2} + A_i \cos \chi_i) = \frac{V_T}{f_2(A_i, \chi_i)} \qquad (8.72)$$

式中, V_T 为巡航段上的恒值空速; $A_i = \dfrac{V_{Wi}}{V_T}$; $\chi_i = \psi_{Gi} - \psi_{Wi}$; $f_2(A_i, \chi_i) = 1/((1 - A_i^2 \sin^2 \chi_i)^{1/2} + A_i \cos \chi_i)$ 。

飞机沿地面迹线各直线段的飞行时间 t_i 为

$$t_i = \frac{3600 s_i}{V_T} f_2(A_i, \chi_i) \qquad (8.73)$$

式中, s_i 为直线段飞行的距离。沿圆弧段飞行时间 t_i' 的计算如下:

因为

$$\dot{\psi}_{Gi} = \frac{\mathrm{d}\psi_{Gi}}{\mathrm{d}t} = \frac{57.3}{3600}\left(\frac{V_{Gi}}{R_i}\right) \qquad (8.74)$$

所以

$$t_i' = \int_{\psi_{Gi}}^{\psi_{Gi+1}} \frac{3600}{57.3}\left(\frac{R_i}{V_{Gi}}\right) \mathrm{d}\psi_G \approx \frac{3600}{57.3}\left(\frac{R_i}{V_{Gi}}\right) f_1(A_i, \psi_{Gi+1}, \psi_{Gi}) \qquad (8.75)$$

式中, R_i 为转弯半径; ψ_{Gi} 为转弯开始时的航向角; ψ_{Gi+1} 为转弯结束时的航向角, 而

$$\begin{aligned} f_1(A_i, \psi_{Gi+1}, \psi_{Gi}) = \Big\{ &\frac{1}{1 - A_i^2}\left(1 - \frac{A_i^2}{4} - \frac{3}{64}A_i^4\right)\frac{4}{57.3} \\ &- A_i \sin \psi_G + \frac{1}{8}\left(A_i^2 + \frac{A_i^4}{4}\right)\sin(2\psi_G) \\ &- \frac{A_i^4}{256}\sin(4\psi_G)\Big\} \Big|_{\psi_{Gi}}^{\psi_{Gi+1}} \end{aligned} \qquad (8.76)$$

在巡航段上, 飞机从 EF 点到 BD 点沿地面迹线的飞行时间 T_c 为飞机沿各直线段和圆弧段的飞行时间 t_i 和 t_i' 之和, 即

$$T_c = \sum_{i=1}^{N}\left(\frac{3600 s_i}{V_T} f_2(A_i, \chi_i) + \frac{3600}{57.3}\left(\frac{R_i}{V_T}\right) f_1(A_i, \psi_{Gi+1}, \psi_{Gi})\right) \qquad (8.77)$$

式中, N 分别为 EF 点到 BD 点所经过的航路点的总个数。

当给定一个初值 V_T, 即可根据式(8.77)计算得到 T_c, 如果满足式(8.71), 并且满足 $V_{T\min} \leqslant V_T \leqslant V_{T\max}$ (即在飞机允许的空速范围内), 则 V_T 即为期望的巡航空速。如果不满足式(8.71), 则另选 V_T, 再次计算 T_c, 直到满足式(8.71)为止, 计算结束。如果找不到满

足要求的空速 V_T，则要重新选定一个下降段 M_d/CAS_d 速度排定，重复以上计算。如果改变下降速度排定后仍无法得到期望的 V_u，则在控制显示组件上向飞行员报告，再由飞行员作出决定。

8.4 飞行管理系统的制导

制导是当飞机沿基准轨迹飞行时，飞机受到外界扰动、风扰动和导航的不确定性，引起飞机偏离基准轨迹后作出的一种决策，以图使飞机沿基准轨迹飞行。制导一般有垂直制导和侧向（水平）制导之分。在侧向制导设计一条实际待飞的每条支路的基准航迹，以及如何去选择相应的制导律，以生成一个滚动姿态的指令信号。垂直制导是指飞机在垂直面内飞行的各个阶段（爬高、巡航和下降）如何生成俯仰控制指令和油门控制指令，以操纵飞机按照性能管理生成的飞行剖面飞行。本节将就基准轨迹生成和制导律计算进行叙述。

8.4.1 三维飞行管理系统的侧向基准轨迹

地面迹线即飞机的飞行路线在水平面（地面）上投影的一条轨迹线。驾驶员是通过控制与显示装置（CDU），选择飞行航线、途中的各航路点以及起飞机场、目的机场及相应的标准仪表离场路线（SID）、标准的终点到达路线（STAR），然后编写飞行计划，即可对实际的地面迹线进行综合。地面迹线是由航线中各条支路和支路与支路之间的转移等轨迹连接而成的，见图 8.24。

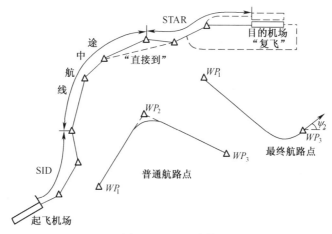

图 8.24　地面迹线

按照支路的起点和终点的不同，划分成不同种类的支路。但每条支路及其转移的轨迹均由直线段或圆弧段，或直线与圆弧段二者组合而构成。因此，为了便于对地面轨迹综合的方便，把途中的航路点分为两种类型：普通航路点和最终航向航路点。作为支路终点的普通航路点，可以是一个确定的，也可以是不确定的无航向要求的支路终点。而作为支路终点的最终航向航路点，则是一个航向有要求的支路终点。地面迹线的综合是按照飞行计划确定的各航路点依次编排的顺序，将不同类型的航路点用直线或圆弧段连接起来，生成一条实际的可飞行的轨迹。

1. 由普通航路点构成的航迹

如图 8.25 所示，WP_2 为普通航路点，WP_1 为支路 1 的起始航路点，WP_3 为支路 2 的终点航路点，图中箭头所示为飞机飞行方向。飞机在支路 1 上以航向角 ψ_2 飞行，当到达 P_2 点时，飞机开始由曲线轨迹转移到 Q_2 点，然后沿支路 2 的航向飞向航路点 WP_3。

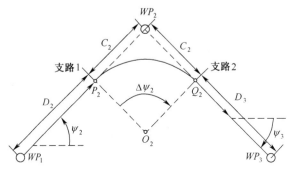

图 8.25　普通航路点的几何关系

假设三个航路点的地平面内的坐标位置分别为 (X_{WP_1}, Y_{WP_1})，(X_{WP_2}, Y_{WP_2}) 和 (X_{WP_3}, Y_{WP_3})，并已知飞机的转弯半径为 R_1。因此对于这样的普通航路点的迹线可以由二条直线段和一个圆弧段来构成。

由图 8.25 可知，支路 1 和支路 2 两二直线段的方向角 ψ_2 和 ψ_3，分别为

$$\psi_2 = -\arctan\left(\frac{Y_{WP_2} - Y_{WP_1}}{X_{WP_2} - X_{WP_1}}\right) \qquad -\pi \leqslant \psi_2 \leqslant \pi \qquad (8.78)$$

$$\psi_3 = -\arctan\left(\frac{Y_{WP_3} - Y_{WP_2}}{X_{WP_3} - X_{WP_2}}\right) \qquad -\pi \leqslant \psi_3 \leqslant \pi \qquad (8.79)$$

由此可得飞机的转弯角度 $\Delta\psi_2$ 为

$$\Delta\psi_2 = \begin{cases} \psi_3 - \psi_2 - 2\pi & \text{如 } sign > 0 \text{ 和 } \psi_3 > \psi_2 \\ \psi_3 - \psi_2 + 2\pi & \text{如 } sign < 0 \text{ 和 } \psi_3 < \psi_2 \\ \psi_3 - \psi_2 & \text{其他} \end{cases} \qquad (8.80)$$

式中

$$sign = \mathrm{sgn}\left((Y_{WP_3} - Y_{WP_2})\cos\psi_2 + (X_{WP_3} - X_{WP_2})\sin\psi_2\right) \qquad (8.81)$$

其中，$(Y - Y_{WP_2})\cos\psi_2 + (X - X_{WP_2})\sin\psi_2 = 0$ 为支路 1 的直线方程，则 $\mathrm{sgn}(\cdot)$ 的定义为

$$\mathrm{sgn}(\,\cdot\,) = \begin{cases} 1 & (\,\cdot\,) > 0 \ (WP_3 \text{点在直线} \overrightarrow{WP_1WP_2} \text{右面}) & \text{右转} \\ 0 & (\,\cdot\,) = 0 \ (WP_3 \text{点在直线} \overrightarrow{WP_1WP_2} \text{上}) & \text{直线} \\ -1 & (\,\cdot\,) < 0 \ (WP_3 \text{点在直线} \overrightarrow{WP_1WP_2} \text{左面}) & \text{左转} \end{cases}$$

它们用以判别飞机的转弯方向。

当飞机转弯半径 R_1 已知时，则可得直线段上的飞行距离 D_2 和 D_3。即

$$D_2 = \left[(X_{WP_2} - X_{WP_1})^2 + (Y_{WP_2} - Y_{WP_1})^2\right]^{\frac{1}{2}} - C_2 \qquad (8.82)$$

$$D_3 = \left[(X_{WP_3} - X_{WP_2})^2 + (Y_{WP_3} - Y_{WP_2})^2\right]^{\frac{1}{2}} - C_2 \qquad (8.83)$$

式中

$$C_2 = R_1 \cdot \tan\left(\frac{|\Delta\psi_2|}{2}\right) \tag{8.84}$$

飞机的转弯半径 R_1 可以给定,也可根据飞机当时地速和飞机最大滚转角来计算,但其大小必须大于或等于飞机允许的最小转弯半径 $R_{\min}$ 值。

飞机从支路 1 转移到支路 2 的起始转移点 P_2 和转移的结束点 Q_2 的在地平面内的坐标为 (X_{P_2}, Y_{P_2}) 和 (X_{Q_2}, Y_{Q_2}),且

$$\begin{cases} X_{P_2} = X_{WP_2} - C_2\cos\psi_2 \\ Y_{P_2} = Y_{WP_2} + C_2\sin\psi_2 \end{cases} \tag{8.85}$$

$$\begin{cases} X_{Q_2} = X_{WP_2} + C_2\cos\psi_2 \\ Y_{Q_2} = Y_{WP_2} - C_2\sin\psi_2 \end{cases} \tag{8.86}$$

相应圆弧的圆心 O_2 的坐标为

$$\begin{cases} X_{O_2} = X_{P_2} + sign \cdot R_1 \cdot \sin\psi_2 \\ Y_{O_2} = Y_{P_2} + sign \cdot R_1 \cdot \cos\psi_2 \end{cases} \tag{8.87}$$

上述的支路转移点 P_2 和 Q_2,当滚转角指令以阶跃形式加入或退出时,即为转弯的起始点和结束点。当滚转指令不以阶跃形式加入时,则转弯的起点较转移点 P_2 提前。转弯结束点也较 Q_2 点早些时候出现。

2. 含最终航向航路点的航迹

在图 8.26 中,设飞机需从航路点 WP_1 飞向航路点 WP_2,并以要求的航向 ψ_3 飞离 WP_2,此时地面迹线可用一段通过航路点 WP_2,并与飞机以航向 ψ_3 飞行的轨迹相切的圆弧段,和一段经航路点 WP_1,并与该圆弧段相切的直线段构成。

假设航路点 WP_1 和 WP_2 的在地平面内的坐标位置已知,并分别为 (X_{WP_1}, Y_{WP_1}),(X_{WP_2}, Y_{WP_2})。又假设已知飞机的转弯半径为 R_2,以及飞离 WP_2 时要求的航向为 ψ_3。

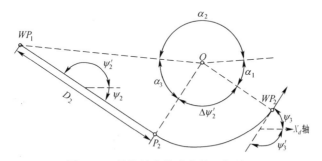

图 8.26　最终航向航路点的几何关系

为综合此种地面迹线,可采用倒过来的方法进行求解,即综合时将航路点 WP_2 作为飞行的起始航路点,倒过来飞向航路点 WP_1,此时起始的飞行航向 ψ_3' 为

$$\psi_3' = \begin{cases} \psi_3 - \pi & \psi_3 \geqslant 0 \\ \psi_3 + \pi & \psi_3 < 0 \end{cases} \tag{8.88}$$

飞机由 WP_2 转弯的圆弧段圆心 O 的坐标 (X_O, Y_O) 为

$$\begin{cases} X_O = X_{WP_2} + (sign) \cdot R_2 \cdot \sin\psi_3' \\ Y_O = Y_{WP_2} + (sign) \cdot R_2 \cdot \cos\psi_3' \end{cases} \tag{8.89}$$

式中

$$sign = \mathrm{sgn} [(Y_{WP_1} - Y_{WP_2}) \cdot \cos\psi_3' + (X_{WP_1} - X_{WP_2}) \cdot \sin\psi_3'] \tag{8.90}$$

其中，$(Y - Y_{WP_2}) \cos\psi_3' + (X - X_{WP_2}) \sin\psi_3' = 0$ 为经过 WP_2 点，斜率为 $-\tan\psi_3'$ 的直线方程，$\mathrm{sgn}(\cdot)$ 定义为

$$\mathrm{sgn}(\cdot) = \begin{cases} 1 \quad (\cdot) > 0 \ (WP_1 \text{点在直线右面}) \qquad \text{右转} \\ 0 \quad (\cdot) = 0 \ (WP_1 \text{点在直线上}) \qquad\quad \text{直线} \\ -1 \ (\cdot) < 0 \ (WP_1 \text{点在直线左面}) \qquad \text{左转} \end{cases}$$

因此可求得该段支路的直线飞行段距离 D_2，即

$$D_2 = [(X_{WP_1} - X_O)^2 + (Y_{WP_1} - Y_O)^2 - R_2^2]^{\frac{1}{2}} \tag{8.91}$$

图 8.26 中 α_1, α_2 和 α_3，可由下列各式计算。

如取

$$\alpha_1' = \psi_3' + (sign) \cdot \frac{\pi}{2} \tag{8.92}$$

则

$$\alpha_1 = \begin{cases} 2\pi + \alpha_1' & \alpha_1' < -\pi \\ 2\pi - \alpha_1' & \alpha_1' > \pi \\ \alpha_1' & -\pi \leqslant \alpha_1' \leqslant \pi \end{cases} \tag{8.93}$$

$$\alpha_2 = \begin{cases} -\arctan\left(\dfrac{Y_{WP_1} - Y_O}{X_{WP_1} - X_O}\right) - \pi & \text{如 } X_{WP_1} - X_O < 0 \\ & \text{和 } Y_{WP_1} - Y_O > 0 \\ -\arctan\left(\dfrac{Y_{WP_1} - Y_O}{X_{WP_1} - X_O}\right) + \pi & \text{如 } X_{WP_1} - X_O < 0 \\ & \text{和 } Y_{WP_1} - Y_O < 0 \\ -\arctan\left(\dfrac{Y_{WP_1} - Y_O}{X_{WP_1} - X_O}\right) & \text{其他} \end{cases} \tag{8.94}$$

$$\alpha_3 = \arctan(D_2 / R_2) \tag{8.95}$$

所以

$$\Delta\psi_2' = \begin{cases} \alpha_2 - \alpha_1 + (sign) \cdot \alpha_3 + 2\pi & \text{如 } sign < 0 \text{ 和} \\ & \alpha_2 < \alpha_1 \\ \alpha_2 - \alpha_1 + (sign) \cdot \alpha_3 - 2\pi & \text{如 } sign > 0 \text{ 和} \\ & \alpha_2 > \alpha_1 \\ \alpha_2 - \alpha_1 + (sign) \cdot \alpha_3 & \text{其他} \end{cases} \tag{8.96}$$

飞机倒过来飞行时直线段航向 ψ_2' 为

$$\psi_2' = \psi_3' + \Delta\psi_2' \tag{8.97}$$

转移点 P_2 的地理坐标位置 (X_{P_2}, Y_{P_2}) 为

$$X_{P_2} = X_O - (sign) \cdot R_2 \cdot \sin\psi_2'$$
$$Y_{P_2} = Y_O - (sign) \cdot R_2 \cdot \cos\psi_2' \tag{8.98}$$

飞机最终的实际该飞行的直线段航向 ψ_2 和飞机实际的转弯角度 $\Delta\psi_2$ 分别为

$$\psi_2 = \begin{cases} \psi_2' - \pi & \psi_2' > 0 \\ \psi_2' + \pi & \psi_2' < 0 \end{cases} \tag{8.99}$$

$$\Delta\psi_2 = -\Delta\psi_2' \tag{8.100}$$

3. 捕获航迹的综合

捕获航迹的综合,是指支路的终点是确定的,其起点是不确定的,以飞机当前位置作为起点的一种地面迹线的综合。该轨迹的综合是利用上述最终航向航路点的方法,通过多次迭代来求得的。

假设飞机当前的位置在 P_a 点(图 8.27),其在地平面内的位置为 (X_A, Y_A),当时飞机的飞行航向为 ψ_a,要求飞机从 P_a 点飞向航路点 WP_K,并以航向 ψ_{k+1} 飞离该航路点。具体的综合步骤简述如下:

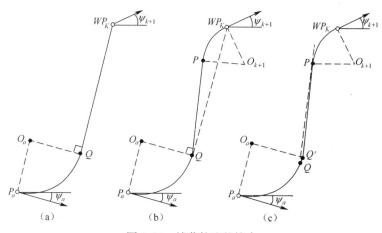

图 8.27　捕获轨迹的综合

(1)以 WP_K 航路点为起点,飞机当前位置 P_a 点为终点,飞离终点的航向为 ψ_a,按上述最终航向航路点的计算方法。计算圆心 O_a 和 Q 点的地理坐标位置(图 8.27(a))。

(2)以 Q 点作为起点,以航路点 WP_K 为终点,飞离终点的航向为 ψ_{k+1},按上述步骤同样的方法计算转移点 P 和圆心 O_{k+1} 的地理坐标位置(图 8.27(b)),并计算 PQ 直线段的航向。

(3)以 P 点作为起始点,飞机当前位置点 P_a 为终点,飞离 P_a 的航向为 ψ_a,按上述步骤同样的方法计算 Q' 点的坐标位置(图 8.27(c)),并计算直线段 PQ' 的航向。

(4)比较 PQ 与 PQ' 二直线段的航向,如二者之差大于 1°,则继续重复上述步骤(2)与(3),直到二者之差小于 1°,结束计算。

最后可得直线段的航向与距离、转移点 P 与 Q 的地理坐标位置。圆心 O_a 与 O_{k+1} 的地理坐标位置及二转弯的角度范围和方向。

通过上述介绍的几种地面迹线的综合,可以提供转移点 P 和 Q 的地面坐标位置、飞机的转弯角度、直线段的航向与距离等,为以后的侧向制导提供基准。

8.4.2 三维飞行管理系统侧向制导律

三维飞行管理系统中,侧向制导律是按照控制的模态不同而分别计算的。其控制模态可划分为航迹控制与航向控制两种,两者通过不同的制导律,都产生一个滚转指令控制信号,输入给飞行管理计算机,控制飞机的滚转姿态,或实现航迹控制,或实现航向控制。

1. 航向角控制的制导律

航向控制在飞行管理计算机中有两种实现方法:航向选择与航向保持。航向选择用于飞机由当前航向,改变到下一支路航向的一种控制。如假设飞机当前支路结束时的航向角为ψ,下一支路的航向为ψ_g,则航向选择的制导律为

$$\phi_g = K_\psi(\psi_g - \psi) \tag{8.101}$$

式中,ϕ_g 为制导律产生的滚转控制指令;K_ψ 为传递系数。

由此可见,如下一航向支路选定的航向 ψ_g 为正,当前支路终止航向小于 ψ_g 时,二者之差为正值,形成正的滚转角控制指令,通过飞行管理系统使飞机右滚转,飞机开始作右转弯飞行,逐渐改变航向,随着航向的改变,$(\psi_g - \psi)$ 误差的减小,ϕ_g 值也随之减小,使飞机逐渐转弯到下一支路要求的航向 ψ_g 上。当飞机转弯到选定的航向后,系统则自动转入航向保持,使飞机保持该选定的航向飞行。

航向保持主要用于航迹控制以及用于对最后一个定义的航向支路的终止航路点的控制。通常,航向保持采用的制导律为

$$\phi_g = K_\psi(\psi_r - \psi) \tag{8.102}$$

式中,ψ_r 为基准航向;ψ 为航向保持时飞机当前的航向。

2. 航迹控制的制导律

在航迹控制模态中,有的飞行管理系统又把它分成航迹捕获、曲线航迹的转移和航迹保持等三种控制方式。通过轨迹控制模态的控制以实现航迹控制,使飞机精确地沿预定的轨迹飞行。一旦飞机受到外界扰动,也能修正飞机返回到预定航迹上来。

(1)直线段飞行的轨迹制导。

由前述地面迹线的计算可知,轨迹有直线和圆弧段之分。对于直线段飞行(即轨迹捕获后要求按直线飞行)而言,飞机的运动学方程可由图8.28来描述。

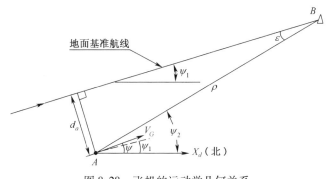

图 8.28　飞机的运动学几何关系

假设飞机以航向 ψ_1 沿地面基准航线飞向 B 点(图8.28)。在飞行途中,飞机受到扰动后处于 A 点位置,其地速和航向分别为 V_G 与 ψ,飞机相对地面迹线的侧向偏差为 d,A 点到 B 点的距离为 ρ 值。由图可知,

$$d = \rho \cdot \sin\varepsilon \approx \rho \cdot \varepsilon \tag{8.103}$$

为纠正误差,若此时飞机航向角为 ψ,则

$$\dot{d}_a = V_G \cdot \sin(\psi - \psi_1) \approx V_G \cdot (\psi - \psi_1) \approx V_G \Delta\psi \tag{8.104}$$

对式(8.103)进行微分可得

$$\dot{d} = \dot{\rho} \cdot \varepsilon + \rho \cdot \dot{\varepsilon} \tag{8.105}$$

比较式(8.104)和式(8.105),可得

$$\dot{\rho} \cdot \varepsilon + \rho \cdot \dot{\varepsilon} = V_G \cdot \Delta\psi \tag{8.106}$$

对上式进行拉普拉斯变换,则

$$\varepsilon(s) = \frac{V_G}{\rho s + \dot{\rho}} \Delta\psi(s) \tag{8.107}$$

由式(8.103)及式(8.107)可得 $d_a(s)$ 为

$$d_a(s) = \frac{\rho \cdot V_G}{\rho s + \dot{\rho}} \Delta\psi(s) = \frac{V_G}{s + \dot{\rho}/\rho} \Delta\psi(s) \tag{8.108}$$

式中,$\varepsilon(s)$、$d_a(s)$ 和 $\Delta\psi(s)$ 分别为 ε、d_a 和 $\Delta\psi$ 的拉普拉斯变换,s 为拉普拉斯变换因子。因为 ρ 远远大于 $\dot{\rho}$,所以式(8.108)可近似写为

$$d_a(s) = \frac{V_G}{s} \cdot \Delta\psi(s) \tag{8.109}$$

即飞机的纠偏距离 d_a 是 $\Delta\psi$ 的积分,并与地速 V_G 成正比。图8.29所示为飞机侧向轨迹制导回路结构图。

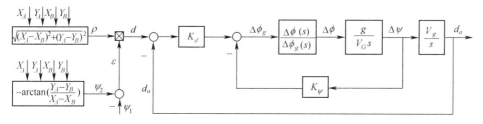

图8.29　侧向轨迹制导结构图

由图8.29可知,相应的侧向制导律

$$\Delta\phi_g = K_d(d - d_a) - K_\psi \Delta\psi \tag{8.110}$$

式中,ϕ_g 为滚转控制指令;K_ψ 和 K_d 为相应的传递系数。规定 $d>0$ 为飞机处于地面迹线的右边,反之,$d<0$ 在左边。

图8.28中 B 点可看作是转移点、转弯起点或航路点,它的坐标位置和地面迹线的航向 ψ_1 由前计算可得,故为已知的。又飞机的当前坐标位置和地速大小,以及跟踪角 ψ 均可由前导航功能计算得到。假设 B 点和飞机当前坐标分别为 (X_B, Y_B) 和 (X_A, Y_A),则

$$\rho = \sqrt{(X_B - X_A)^2 + (Y_B - Y_A)^2} \tag{8.111}$$

式中，ρ 为飞机当前位置 A 点到 B 点的距离。AB 直线段的航向则为

$$\psi_2 = -\arctan\left(\frac{Y_B - Y_A}{X_B - X_A}\right) \tag{8.112}$$

又知

$$\varepsilon = \psi_2 - \psi_1 \tag{8.113}$$

由式(8.112)和式(8.113)，及式(8.103)即可计算飞机当前的侧向偏差 d 值。又 $\Delta\psi = \psi - \psi_1$。因此，根据计算的 $\Delta\psi$ 与 d 值。按式(9-110)计算相应的滚转控制指令 $\Delta\phi_g$ 值，操纵飞机运动，使飞机沿预定的地面迹线飞行。一旦飞机偏离原轨迹，侧向制导能使飞机捕获原轨迹飞行。

（2）圆弧段飞行的轨迹制导。

轨迹控制模态中的曲线轨迹转移，是指飞机从直线段转移到圆弧段的飞行轨迹，如图 8.30 所示。图中 P 点和 Q 点为转移点，O 点为圆弧段的圆心，A 点为飞机当前位置，$\Delta\psi_0$ 为飞机已转弯角度的大小，V_G 为飞机当前地速，ρ 为飞机在 A 点位置到圆心 O 点的距离。飞机从 P 点沿圆弧段转移到 Q 点的侧向制导律为

$$\Delta\phi_c = (\phi_r - \phi) - K_\psi \Delta\psi - K_d d \tag{8.114}$$

式中，K_ψ 和 K_d 含义同前；d 为飞机偏离期望的地面迹线（此处即圆弧段）的垂直距离；$\Delta\psi$ 为飞机当前航向角 ψ_G 与与圆相切的期望航向角之差；ϕ_r 为飞机沿期望地面迹线飞行时要求的基准滚转角值。

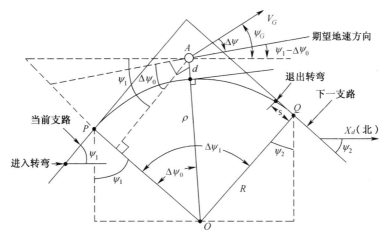

图 8.30　轨迹转移的几何图

已知转移点 P 和 Q 的地面坐标位置为 (X_P, Y_P) 和 (X_Q, Y_Q)，且已知两支路的航向角分别为 ψ_1 与 ψ_2，又地速 V_G 经计算已得到，此时飞机转弯的基准滚转角 ϕ_r 可由图 8.31 求得。

由图 8.31 可知，飞机沿半径为 R 的圆弧转弯时，其离心法向力为 $m\dfrac{V_G^2}{R}$，与飞机滚转 ϕ_r 后所产生的向心力 $L\sin\phi_r$ 相平衡，即

$$L\sin\phi_r = m\frac{V_G^2}{R} \tag{8.115}$$

又由于平飞转弯，垂向升力与重力相平衡，即

$$L\cos\phi_r = W = mg \qquad (8.116)$$

由以上两式可求得

$$\cot\phi_r = \frac{g \cdot R}{V_G^2} \qquad (8.117)$$

由图 8.30 可知

$$R = \frac{X_Q - X_P}{\sin\psi_1 + \sin\psi_2} \qquad (8.118)$$

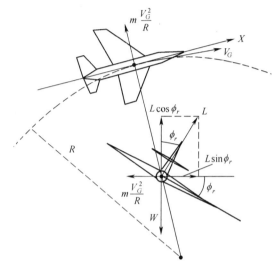

图 8.31　飞机沿圆弧转弯时运动学

综上可得飞机基准滚转角 ϕ_r 为

$$\phi_r = \text{arccot}\left(\frac{X_Q - X_P}{\sin\psi_1 + \sin\psi_2} \cdot \frac{g}{V_G^2}\right) \qquad (8.119)$$

ϕ_r 必须小于 $\phi_{\max}$。

飞机相对曲线基准轨迹的侧向偏差 d 为

$$d = \sqrt{(X_A - X_O)^2 + (Y_A - Y_O)^2} - R \qquad (8.120)$$

式中，(X_O, Y_O) 为圆弧段的圆心坐标位置；(X_A, Y_A) 为飞机当前位置。

飞机航向角误差 $\Delta\psi$ 则为

$$\Delta\psi = \psi_G - (\psi_1 - \Delta\psi_0) = \psi_G - \psi_1 + \Delta\psi_0 \qquad (8.121)$$

式中，ψ_G 为飞机当前地速 V_G 的航向角，而其中飞机已转过的角度 $\Delta\psi_0$ 求解过程如下。

由图 8.29 可知

$$|AP|^2 - \rho^2 \sin^2\Delta\psi_0 = |EP|^2 \qquad (8.122)$$

而

$$|EP| = R - \rho\cos\Delta\psi_0 \qquad (8.123)$$

由以上两式可得

$$|AP|^2 = \rho^2 - 2R\rho\cos\Delta\psi_0 + R^2 \qquad (8.124)$$

故得

$$\Delta \psi_0 = (sign) \cdot \arccos\left(\frac{R^2 + \rho^2 - |AP|^2}{2R\rho}\right) \tag{8.125}$$

其中

$$sign = \mathrm{sgn}(\Delta \psi_r) \tag{8.126}$$

$$|AP| = \sqrt{(X_P - X_A)^2 + (Y_P - Y_A)^2} \tag{8.127}$$

符号函数 sgn 定义为

$$\mathrm{sgn}(\cdot)\begin{cases} 1 & \Delta \psi_r > 0 \\ 0 & \Delta \psi_r = 0 \\ -1 & \Delta \psi_r < 0 \end{cases}$$

由上述各式可求得轨迹转移时的侧向制导律,产生一个滚转控制指令 ϕ_c,通过滚转姿态回路操纵飞机的运动,使飞机自动地从一条支路转移到下一条支路。实际上,飞机的滚转角速度不可能是无穷大的,对 B – 767 飞机来说,其最大滚转角速度 $\dot{\phi}_{\max}$ 限制到 $2°/s$。

由式(8.114)给出的沿圆弧段转弯制导律,可作出如图 8.32 所示的制导实现结构图。由图可知,飞机为了实现沿给定的圆弧曲线转弯,必须满足以下三方面的要求:一是按基准滚转角 ϕ_r 飞行;二是实现侧偏距 $d=0$;三是实现航向角误差。若出现正的距离偏差,由图可知飞机应正滚转,当飞机出现负的航向角误差,亦应正滚。

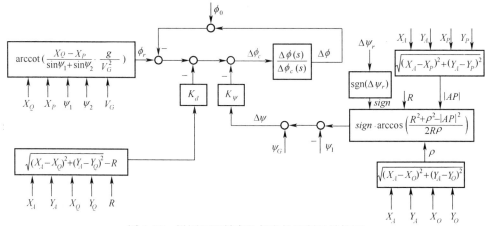

图 8.32 沿圆弧段转弯的侧向轨迹制导结构图

8.4.3 四维飞行管理系统基准航迹的计算

四维飞行管理系统中,基准航迹是指飞机沿地面迹线飞行时在每一时刻的地面位置,从而为侧向制导提供飞机每一时刻的基准位置信息。

四维的地面迹线是在三维地面迹线综合的基础上进行的。由三维地面迹线计算可得直线段的距离和航向,圆弧段的转移点和圆心的地理位置,以及转弯的角度和方向等。在期望的地速剖面(即满足到达时间要求的地速剖面)建立后,即可对四维的水平基准轨迹进行计算。由前面三维地面迹线综合可知:每条支路都是由直线段、圆弧段,或二者的组合构成的,因此四维的水平基准轨迹的计算,也按照是直线段和圆弧段分别进行。

假设在 t_0 时刻位于 A 点位置的飞机如图 8.33 所示。飞机以恒定的航向 ψ_i 作直线飞行。已知 t_0 时刻 A 点坐标值为 $[X_{r_i}(t_0),Y_{r_i}(t_0)]$，在该直线飞行轨迹段，飞机每一时刻的基准位置坐标为 $[X_{r_i}(t),Y_{r_i}(t)]$，且

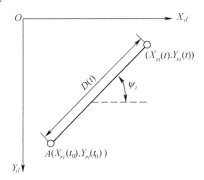

图 8.33　直线段基准轨迹的计算

$$\begin{bmatrix} X_{r_i}(t) \\ Y_{r_i}(t) \end{bmatrix} = \begin{bmatrix} X_{r_i}(t_0) \\ Y_{r_i}(t_0) \end{bmatrix} + D(t)\begin{bmatrix} \cos\psi_i \\ \sin\psi_i \end{bmatrix} \tag{8.128}$$

式中

$$D(t) = \int_{t_0}^{t} V_i(t)\,\mathrm{d}t \tag{8.129}$$

又

$$V_i(t) = V_i(t_0) + \int_{t_0}^{t} \dot{V}_i(t)\,\mathrm{d}t \tag{8.130}$$

其中，i 为下标，表示飞向第 i 个航路点的序列数；$D(t)$ 为自 t_0 时刻到 t 时刻，飞机飞行的距离；$V_i(t)$ 为飞机的期望地速(在 t 时刻值)；$\dot{V}_i(t)$ 为飞机 t 时刻的期望飞行加速度。

飞机作圆周飞行时，沿圆弧段的水平基准轨迹的计算如图 8.34 所示。假设 t_0 时刻飞机位于圆弧段的 A 点，其地理坐标位置为 $[X_{r_i}(t_0),Y_{r_i}(t_0)]$；飞机的转弯半径为 R_i；飞机的起始航向为 $\psi_i(t_0)$，圆弧段的圆心 O_i 的地理坐标位置为 (X_{O_i},Y_{O_i})。则飞机沿圆弧段飞行时每一时刻的地面坐标位置(即基准点) $[X_{r_i}(t),Y_{r_i}(t)]$ 计算过程如下。

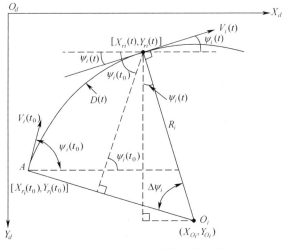

图 8.34　圆弧段基准轨迹的计算

259

$$\psi_i(t) = \psi_i(t_0) + sign \cdot D(t)/R_i \qquad (8.131)$$

其中,$D(t)$ 同上所述,而

$$sign = \mathrm{sgn}(\Delta\psi_i)$$

$$\mathrm{sgn}(\cdot) = \begin{cases} 1 & \Delta\psi_i > 0 \\ 0 & \Delta\psi_i = 0 \\ -1 & \Delta\psi_i < 0 \end{cases}$$

所以,由图 8.34 可知

$$\begin{bmatrix} X_{r_i}(t) \\ Y_{r_i}(t) \end{bmatrix} = \begin{bmatrix} X_{O_i} \\ Y_{O_i} \end{bmatrix} + (sign) \cdot R_i \begin{bmatrix} \sin\psi_i(t) \\ \cos\psi_i(t) \end{bmatrix} \qquad (8.132)$$

由此可得飞机在圆弧段上每一飞行时刻的地面基准坐标位置。

8.4.4　四维飞行管理系统侧向制导规律

四维飞行管理系统不仅要制导飞机精确地沿期望的地面迹线飞行,而且要控制飞机飞行速度,以满足 ATC 提出的对飞机到达时间的控制要求。由于附加了时间控制的要求,四维飞管系统中的侧向制导律与三维的不同,除了要求产生滚转角控制指令外,还要求产生速度控制指令信号,使飞机按 ATC 给定的时间沿预定的基准轨迹,按时到达预定地点。

由图 8.31 可知,飞机沿圆弧做水平质点运动时的法向力 $m\dot{\chi}V_G$ 应与 $L\sin\phi$ 相平衡,升力在垂直方向的分量 $L\cos\phi$ 与重力 W 相平衡,因此有

$$\begin{cases} L\cos\phi = W = mg \\ L\sin\phi = m\dot{\chi}V_G \end{cases} \qquad (8.133)$$

即 $\dot{\chi} = \dfrac{g}{V_G}\tan\phi$,若侧滑角近似等于零(协调转弯)则有

$$\dot{\psi} = \frac{g}{V_G}\tan\phi \qquad (8.134)$$

飞机受扰动后的运动,可看成飞机相对于基准运动的偏离运动。假设飞机基准状态的各值分别为 X_r, Y_r, ψ_r, V_r 和 ϕ_r,则飞机的全量运动状态量可写作:$V = V_r + \Delta V; X = X_r + \Delta X; Y = Y_r + \Delta Y; \psi = \psi_r + \Delta\psi; \phi = \phi_r + \Delta\phi$。于是,可得到飞机偏离基准运动的 $\Delta\dot{X}$, $\Delta\dot{Y}$ 及 $\Delta\dot{\psi}$ 的增量运动方程。在求增量运动方程式,应注意速度 V 也是增量,即存在 ΔV 时的增量运动方程,而通常的增量运动方程认为 $\Delta V = 0$,即速度保持恒定的增量方程。

由于 $\dot{X} = \dot{X}_r + \Delta\dot{X}$,故

$$\Delta\dot{X} = \dot{X} - \dot{X}_r = V\cos\psi - V_r\cos\psi_r \qquad (8.135)$$

将 $V = V_r + \Delta V$ 及 $\psi = \psi_r + \Delta\psi$ 代入上式,可得

$$\Delta\dot{X} = (V_r + \Delta V)\cos(\psi_r + \Delta\psi) - V_r\cos\psi_r \qquad (8.136)$$

将上式展开,并认为 $\cos(\Delta\psi) \approx 1, \sin(\Delta\psi) \approx 0$,又 ΔV 甚小,则最终可得

$$\Delta\dot{X} = -V_r\sin\psi_r \cdot \Delta\psi + \Delta V\cos\psi_r \qquad (8.137)$$

同理,由于 $\dot{Y}=\dot{Y}_r+\Delta\dot{Y}$,故

$$\Delta\dot{Y}=\dot{Y}-\dot{Y}_r=V\sin\psi-V_r\sin\psi_r \tag{8.138}$$

将 $V=V_r+\Delta V$ 及 $\psi=\psi_r+\Delta\psi$ 代入上式,且认为 $\cos(\Delta\psi)\approx 1$,$\sin(\Delta\psi)\approx 0$,$\Delta V$ 甚小,则最终可得

$$\Delta\dot{Y}=V_r\cos\psi_r\cdot\Delta\psi+\Delta V\sin\psi_r \tag{8.139}$$

由于 $\dot{\psi}=\dfrac{g}{V}\tan\phi$,故

$$\dot{\psi}_r+\Delta\dot{\psi}=\frac{g}{V_r+\Delta V}\cdot\tan(\phi_r+\Delta\phi)$$

$$=\frac{g}{V_r+\Delta V}\cdot\frac{\tan\phi_r+\tan\Delta\phi}{1-\tan\phi_r\tan\Delta\phi} \tag{8.140}$$

认为上式中 $\tan(\phi_r)\tan(\Delta\phi)\approx 0$,对上式展开后,且认为 $\Delta V\dot{\psi}\approx 0$,$\tan(\Delta\phi)\approx\Delta\phi$,则最终可得

$$\Delta\dot{\psi}=-\frac{\dot{\psi}_r}{V_r}\Delta V+\frac{g}{V_r}\cdot\Delta\phi \tag{8.141}$$

至此已完成了直线飞行与圆弧飞行时的基准轨迹计算,并建立了由于扰动而引起的偏离基准轨迹的增量运动方程,从而最终建立如图 8.35 所示的侧向运动制导结构图。由图可见,制导系统由两个通道组成。当基准轨迹为直线运动或圆弧运动时,分别对地面坐标中的两个基准运动分量进行跟踪制导。

由图可知,侧向制导结构中对 $Y_r(t)$ 的跟踪制导,首先分别列出了做圆弧运动及直线运动时的 $Y_r(t)$ 基准轨迹生成数学模型,当产生制导误差 ΔY 时,经制导律处理产生滚转角信号 $\Delta\phi_c$,对航向角进行控制,然后通过运动学环节构成制导回路。应特别指出的是,当对圆弧运动进行跟踪时,在制导律中引入了由 ΔX 引起的 $\Delta\dot{Y}$,即引入微分信号,以改善跟踪的动态过程。

侧向制导结构中,对 $X_r(t)$ 的基准运动的跟踪与上述对 $Y_r(t)$ 的跟踪相类似。基准运动也分直线和圆弧运动两种类型。制导律中也引入了由 ΔY 引起的微分信号 $\Delta\dot{X}$,所不同之处,其内回路为速度控制系统,且有自身规律的运动学环节。

在实际飞行过程中,$X(t)$ 和 $Y(t)$ 将由导航装置给出。

8.4.5　飞行管理系统垂直制导结构

由上述已建立的飞行管理系统一般垂直基准剖面(图 8.16)可知,垂直制导主要有以下几种结构。

1. 高度保持,恒速或变速飞行

其制导结构如图 8.36 所示。

相应制导律为

$$\begin{cases} \Delta\theta_c=K_H^\theta(s)(H_r-H)-K_{\dot{H}}^\theta\Delta\dot{H} \\ \Delta\delta_T=\dfrac{K_V(s)}{T_{\delta_T}s+1}(V_r-V) \end{cases} \tag{8.142}$$

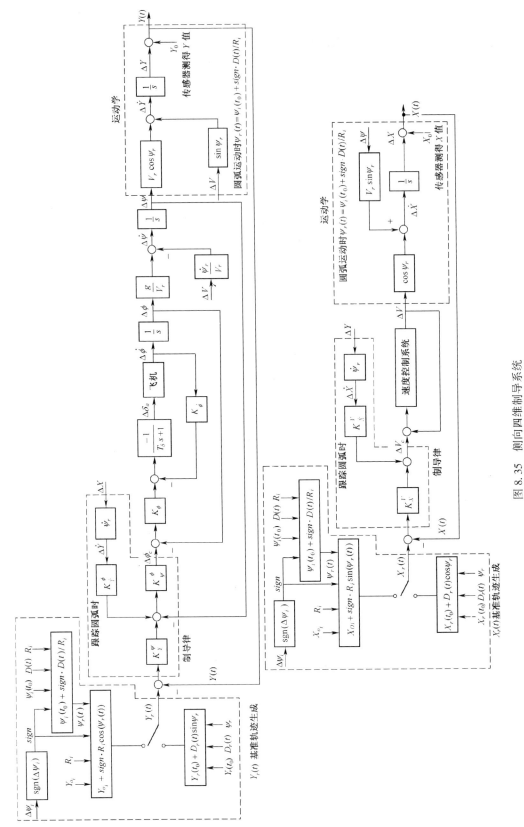

图 8.35 侧向四维制导系统

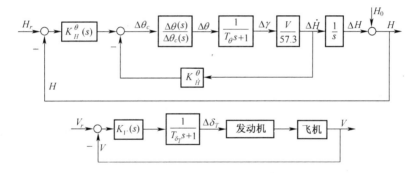

图 8.36 高度保持,恒速或变速飞行制导结构

2. 等上升(下降)速率或最大上升(下降)速率爬高(下滑)飞行

其制导结构如图 8.37 所示。

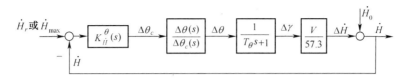

图 8.37 等上升(下降)速率飞行制导结构

相应制导律为

$$\Delta\theta_c = K_{\dot{H}}^{\theta}(s)(\dot{H}_r - \dot{H}) \tag{8.143}$$

$$\Delta\theta_c = K_{\dot{H}}^{\theta}(s)(\dot{H}_{\max} - \dot{H}) \tag{8.144}$$

3. 等轨迹角爬高或下降,速度保持恒定

其制导结构如图 8.38 所示。

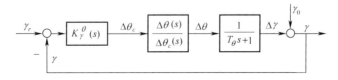

图 8.38 等轨迹角爬高或下降制导结构

相应制导律为

$$\Delta\theta_c = K_{\gamma}^{\theta}(s)(\gamma_r - \gamma) \tag{8.145}$$

思 考 题

1. 简述飞行管理系统的发展、功能与组成。
2. 分析飞行管理系统中用到的坐标体系及其相互转换关系。
3. 简述经纬仪导航技术的原理。
4. 简述捷联惯导技术的原理。

5. 简述无线电导航技术原理,并给出 ρ/ρ 和 ρ/ψ 定位计算过程,编写 MATLAB 程序。

6. 简述三维非优化剖面、三维优化剖面及四维飞行管理系统飞行剖面的建立过程。

7. 简述普通航路点理想轨迹生成过程,编写 MATLAB 实现程序。

8. 简述最终航路点理想轨迹生成过程,编写 MATLAB 实现程序。

9. 简述捕获航迹的综合过程,编写 MATLAB 实现程序。

10. 分析三维飞行管理系统侧向制导与四维飞行管理系统侧向制导结构。

参 考 文 献

［1］张明廉．飞行控制系统．北京：航空工业出版社，1994．

［2］文传源．现代飞行控制系统．北京：北京航空航天大学出版社，1992．

［3］鲁道夫·布罗克豪斯．飞行控制．金长江，译．北京：国防工业出版社，1990．

［4］David Mercler, Robert Duffy. Application of Direct Side Force Control to Commerial Transport . AIAA Guidance and Control Conference. No. 73－886.

［5］D C Norman, R J Hynes, D Gangsaas. An Integrated Maneuver Enhancement and Gust Alleviation Mode for the AFTI/ F－11 MAW Aircraft. AIAA Guidance and Control Conference. No. 83－2217.

［6］D C Anderson, R L Berger, J R Hess. Maneuver Load Control and Relaxed Static Stability Applied to a Contemporary Fighter Aircraft. U. S. Air Force Contract F33615－71－C－1234.

［7］杨一栋．飞机抗侧风着陆系统．航空学报，Vol. 9. No. 7. July 1988.

［8］杨一栋，等．飞机中性稳定的研究．航空学报，Vol. 9 No. 3. Mar 1988.

［9］杨一栋．舰载飞机的着舰控制．国际航空，1993. 9：54－56.

［10］王建培，王忠俊．飞机直接侧力控制律设计．空气动力学学报，Vol. 11, No. 1，1993. 3：18－22.

［11］杨一栋，高莉新．飞机直接力控制模态的综合及转换．航空学报，Vol. 8，No. 9，1987. 9：32－40.

［12］杨一栋，江驹．保持飞行迎角恒定的飞行、推力综合控制．航空学报，Vol. 17，No. 4，1996：460－464.

［13］余勇，杨一栋，代世俊．舰载飞机复飞决策技术研究与实时可视化仿真．飞行力学，Vol. 20, No. 2, 2002. 6：31－36.

［14］杨一栋．机动增强及阵风减缓飞行控制系统设计．航空学报，Vol. 8，No. 4，1987. 4：20－26.

［15］杨一栋．抗侧风自动着陆系统．航空学报，Vol. 9，No. 7，1988. 7：37－42.

［16］杨京．舰载飞机着舰导引特殊技术研究［博士学位论文］．南京：南京航空航天大学，2000．

［17］周凌峰．雷达导引的三维着舰制导系统设计及半物理仿真平台的开发研究［硕士学位论文］．南京：南京航空航天大学，2001．

［18］Yang Yidong, Yang Zhong. Integrated Flight/Thrust Control Systems with Constant Angle－of－Attack. Proceedings of Asia－pacific Conference on Control and Measurement", NUAA, Kunming, 1993. 12：5－7.

［19］Yu Yong, Yang Yidong, Dai Shijun. Flight/Thrust Integrated Control Using H_∞ Synthesis in Automatic Carrier Landing System. Transactions of Nanjing University of Aeronautics and Astronautics, Vol19, No1, 2002：60－67.

［20］Yang Yidong, Zhang Shumei and Guo Suofeng. The Research of the Aircraft Neutral Stability. Chinese Journal of Aeronautics Vo2 No. 1, 1989：56－67.

［21］Fialho I. Linear Fractional Transformation Control of the F－14 Aircraft Lateral－direct ional Axis During Powered Approach Landing. Proceedings of 16th American CONTROL Conference, Vol. 11, 1997：28－32.

［22］Jong－Yeob Shin. H/sub Infinity Control of The V132 X－38 Lateral－directional Axis. Proceedings of 2000 American Control Conference, Vol3, 2000：1862－1867.

［23］Fialho I. Gain－scheduled Lateral Control of the F－14 Aircraft During Powered Approach Landing. Journal of Guidance, Control, and Dynamics, vol. 23, no. 3, 2000：450－458.

［24］Franklin J A. Criteria for Design of Intergrated Flight/Propulsion Control System for STOVL Fighter Aircraft. NASA TP－3356, 1993：232－244.

［25］J M Urnes, R K Hess. Integrated Flight Control System Development, the F/A－18A Automatic Carrier Landing System, AIAA 83－2162.

［26］羊毅，陆祖康，丁贤澄，等．机载火控系统的建模与误差分析．光电工程，2001，28（2）：47－52.

［27］郭治．现代火控理论．北京:国防工业出版社,1996.

［28］陆彦．航空火力控制技术．北京:国防工业出版社,1994.

［29］孙隆和．航空武器火力控制系统概论．电光与控制,1998.2;1－10.

［30］吴树范．综合火力/飞行控制系统的分析与研究［硕士学位论文］．南京:南京航空航天大学．1987.

［31］周波．空—空导弹综合火飞系统［硕士学位论文］．南京:南京航空航天大学,1998.

［32］郝健康．综合火力/飞行/推力矢量控制［博士学位论文］．北京:北京航空航天大学,1997.

［33］杨一栋,张淑梅,郭锁凤．飞机中性稳定的研究．航空学报,1988,9(3):A156－A163.

［34］竺恒达．自动着舰导引系统研究［硕士学位论文］．南京:南京航空航天大学,1998.

［35］杨一栋,张宏军,姜义庆．舰载机着舰引导技术译文集．北京:国防工业出版社,2003.

［36］杨一栋,张宏军,谭玮．自动着舰引导系统验证指南．北京:国防工业出版社,2007.

［37］杨一栋,余俊雅．舰载飞机着舰引导与控制．北京:国防工业出版社,2007.

［38］杨一栋,姜龙光,许卫宝．舰载机光学着舰引导控制要素．北京:国防工业出版社,2008.

［39］杨一栋,江驹,张洪涛,等．舰载机安全复飞技术．北京:国防工业出版社,2013.

［40］杨一栋,郑峰婴,王新华,等．舰载机数学模型与控制规范．北京:国防工业出版社,2013.

［41］杨一栋．舰载机进场着舰规范评估．北京:国防工业出版社,2006.